全国职业院校电力类专业特色教材
国家级示范院校示范专业规划教材

电机技术应用

主编　王晓东

中国商业出版社

图书在版编目(CIP)数据

电机技术应用／王晓东主编． — 北京：中国商业出版社，2019.2
ISBN 978-7-5044-8429-1

Ⅰ.①电… Ⅱ.①王… Ⅲ.①电机学-中等专业学校-教材 Ⅳ.①TM3

中国版本图书馆 CIP 数据核字(2014)第 059970 号

责任编辑：蔡凯

中国商业出版社出版发行
010-63180647　www.c-chook.com
(100053　北京广安门内报国寺 1 号)
新华书店经销
涿州市荣升新创印刷有限公司印刷

*

开本:787×1092 毫米　1/16　印张:14.5　字数:260 千字
2019 年 2 月第 1 版　2019 年 2 月第 1 次印刷
定价:42.00 元

*　*　*

(如有印装质量问题可更换)

前 言

《电机技术应用》是水电厂机电设备运行与维护专业亦或电力技术类专业的一门公共专业核心课程，参照教育部最新颁布的中等职业学校发电厂及变电站电气运行专业"电机学"课程教学大纲编写。

本书以培养适应生产一线技术技能型人才为目标，以培养学生专业基础素质为重点。本教材着重物理概念的阐述，尽量理论联系实际，并在教材内容上力求逻辑清晰、简明扼要，使学生通过学习具有综合职业能力、继续学习的能力和适应职业变化的能力。

本书的最大特点更加注重内容的衔接和逻辑关系，克服了以往类似教材的基础理论离散性，使教材更加符合职业教育的特点和规律，具有明显的职业教育特色。本教材较之以往教材在以下内容均有所突破，尤其从不同视角予以深刻解析，相信对电力技术类专业学生会有很大帮助，这也是本书的最大看点。

变压器篇：变压器参数的测定、三相变压器的联结组别、变压器的并联运行；异步电机篇：异步电动机运行、三相异步发电机、鼠笼式异步电动机起动、星形——三角形变换（Y——△）降压起动；同步电机篇：同步发电机电枢反应、同步发电机磁动势空间图及等效磁极示意图等。

本书可作为职业教育电力技术类专业教学用书，也可作为职工培训用书或水电厂运行人员参考用书。

本书由新疆水利水电学校王晓东高级讲师主编。

由于水平有限，书中难免会有缺点和不妥之处，恳请读者批评指正。

编者
2019 年 2 月

目 录

绪 论 ··· (1)
第一篇 变压器 ··· (3)
第一章 变压器基本结构与电压变换 ··· (5)
1.1 变压器的基本工作原理 ··· (6)
1.2 变压器的基本结构 ·· (7)
1.3 变压器的分类 ··· (10)
1.4 变压器的铭牌 ··· (10)
本章小结 ··· (12)
思考题与习题 ·· (12)

第二章 变压器运行 ··· (13)
2.1 单相变压器的空载运行 ·· (14)
2.2 单相变压器的负载运行 ·· (19)
2.3 变压器参数的测定 ··· (25)
2.4 变压器的运行特性 ··· (30)
本章小结 ··· (33)
思考题与习题 ·· (34)

第三章 三相变压器 ··· (36)
3.1 三相变压器的磁路系统 ·· (37)
3.2 三相变压器的联结组别 ·· (37)
3.3 变压器的并联运行 ··· (43)
3.4 三相变压器的使用、维护及常见故障处理 ····························· (46)
本章小结 ··· (50)
思考题与习题 ·· (50)

第四章 其他变压器 ··· (52)
4.1 自耦变压器 ··· (53)
4.2 仪用互感器 ··· (55)
4.3 电焊变压器 ··· (56)
本章小结 ··· (58)
思考题与习题 ·· (58)

第二篇　异步电机 (59)

第五章　三相异步电动机的基本结构和工作原理 (61)
- 5.1　三相异步电动机的基本结构 (61)
- 5.2　交流电机的绕组、电动势 (64)
- 5.3　三相异步电动机的工作原理 (74)
- 5.4　异步电动机的铭牌 (77)
- 本章小结 (80)
- 思考题与习题 (80)

第六章　异步电机的运行 (82)
- 6.1　异步电动机主磁通和漏磁通 (83)
- 6.2　异步电动机运行 (84)
- 6.3　异步电动机的电磁转矩 (93)
- 6.4　三相异步电动机电磁转矩与转差率的关系 (96)
- 6.5　机械特性 (98)
- 6.6　三相异步发电机 (100)
- 本章小结 (101)
- 思考题与习题 (102)

第七章　异步电动机的电力拖动 (104)
- 7.1　三相异步电动机的起动概述 (105)
- 7.2　鼠笼式异步电动机的起动 (106)
- 7.3　绕线式异步电动机的起动 (111)
- 7.4　异步电动机的调速 (116)
- 7.5　异步电动机的反转与制动 (122)
- 7.6　异步电动机的使用、维护及常见故障的处理 (126)
- 本章小结 (131)
- 思考题与习题 (132)

第三篇　同步电机 (135)

第八章　同步发电机的基本工作原理和结构 (137)
- 8.1　同步发电机的基本工作原理 (138)
- 8.2　同步电机的基本结构 (138)
- 8.3　同步电机的额定值及励磁方式 (141)
- 本章小结 (143)
- 思考题与习题 (143)

第九章　同步发电机运行 （144）

9.1　同步发电机空载运行 （145）
9.2　同步发电机负载运行 （145）
9.3　同步发电机的电动势方程式、相量图、等值电路及时空图 （150）
本章小结 （155）
思考题与习题 （155）

第十章　同步发电机的并联运行 （156）

10.1　并联运行条件与方法 （157）
10.2　同步发电机有功功率的调节 （160）
10.3　同步发电机无功功率的调节及V形曲线 （165）
10.4　同步电动机 （167）
本章小结 （171）
思考题与习题 （172）

第四篇　直流电机 （173）

第十一章　直流电机 （175）

11.1　直流电机的基本工作原理和基本结构 （176）
11.2　直流电机的电枢绕组 （179）
11.3　直流电机的电枢反应 （180）
11.4　直流电动机的基本方程式 （182）
11.5　直流电动机的机械特性 （183）
11.6　直流电动机起动与转向改变 （184）
11.7　直流电动机调速 （185）
11.8　直流电动机的常见故障及其处理方法 （187）
本章小结 （188）
思考题与习题 （189）

第五篇　微控电机 （191）

第十二章　微控电机 （193）

12.1　伺服电机 （194）
12.2　测速发电机 （198）
12.3　自整角机 （203）
12.4　步进电动机 （209）
本章小结 （218）
思考题与习题 （218）

绪 论

本书主要讲解电力系统常用设备:变压器、异步电机、同步电机、直流电机、微控电机的基本结构、基本工作原理、运行维护以及应用。

一、电机的作用

电能是现代工、农业生产的主要能源。而电机是电能生产、输送和使用中不可缺失的设备。在电能生产中,发电机通常由水轮发电机或汽轮发电机驱动,将机械能转变成电能,即发电;在电能传输过程中,可利用变压器升高电压、减小电流,降低输电线路损耗,实现电能远距离、大容量地经济传输,然后在经过变压器降低电压,以满足配电和用户安全用电的需求;在电能使用过程中,往往用电动机将电能转变成机械能,拖动各种生产机械设备运转,实现生产过程的机械化和自动化。其中,变压器和发电机是电力工业的主要设备。而各类电动机则是工业企业中用以拖动各类机械设备的动力来源。另外各种控制电机在自动控制领域中,作为检测、转换、执行等元件也得到广泛地应用。

二、电机的分类

电机是指利用电磁感应原理,实现机电能量转换的机械装置。在实际生产应用中,根据应用需要有各种不同类型的电机。这些电机可按不同类别进行分类。如:按电流的种类来分,有交流电机和直流电机;按电机职能分,有变压器、发电机、电动机、控制电机。现将主要用作机电能量转化的各种电机,归纳如下:

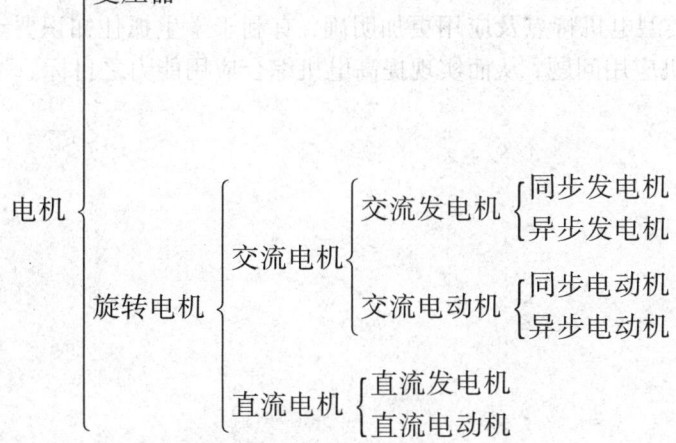

三、电机发展概况

电机的发展起源于 19 世纪初叶,继 1821 年法拉第受到通电导体在磁场中受到电磁力作用的启发,发现电动机作用原理之后,法拉第经过反复多次的实验,终于在 1831 年提出了著名的电磁感应定律,从而奠定了发电机的理论基础。1933 年楞次又证明了可逆原理,1889 年多里-多勃罗沃尔斯基则提出三相制,并设计和制造了第一台三相变压器和三相异步电动机。从此以后,电机技术不断发展和完善,经过一个世纪的发展,电机技术已相当成熟,电机应用也十分普遍。而 20 世纪下半叶,信息技术引发了第三次产业革命,不仅使生产和消费从工业化向自动化、智能化时代转变,而且推动了新一代高性能电机驱动系统与伺服系统的研究与发展。

电机的发展也推动着电力拖动技术的发展。电力拖动系统主要由电动机、传递机构和工作机械等装置组成的机电系统。电力拖动的任务就是使电动机实现由电能向机械能的转换,完成拖动机械装置进行启动、运行、调速、制动等工作,因此电动机是电力拖动的关键。

近年来,计算机技术、微电子技术、电力电子技术、现代控制技术以及网络通讯等新技术的发展和广泛应用,采用微电子、计算机技术与控制技术的结合改造传统产业,从而实现高性能、电子化、小型化、智能化的电机拖动系统。

无论是哪一类电机,无论技术如何向前发展,电机都是通过电磁感应原理,实现能量的转换和控制的,正因为如此,本课程的主要内容始终基于电机基本原理和特性。

四、本课程的性质、任务和内容

《电机技术应用》课程是水电厂机电设备运行与维护、供用电技术等专业的一门专业核心基础课程。本课程主要讲述电机的基本理论及其在电力拖动系统中的应用。

在学习了本课程后,应基本掌握变压器、交流异步电机、同步电机及控制电机的工作原理、电磁过程、基本方程式、等效电路以及异步电动机起动、调速、制动等内容。

五、本课程的特点及学习方法

《电机技术应用》课程既是一门理论性很强的专业核心课程,同时又具有专业课程的属性。本书在每一章节的小结中均列出了重点和要点,因此要特别注意对这些知识点的学习与理解。在学习过程中,还要注意各类电机异同性的归纳与比较,如变压器、异步电机、同步电机之间的共性与差异,尤其要注重理论知识与课程实训的融合,这样不但可以使基本概念得以循序渐进地深化,而且对不同类型电机特点及应用更加明确,有利于学生抓住知识要点立竿见影地解释和解决实践中的电机应用问题,从而实现提高电机综合应用能力之目标。

第一篇 变压器

变压器是根据电磁感应原理，将一种等级电压、电流的交流电能变换成同频率的另一种等级电压、电流的交流电能的静止电气设备。变压器在电力系统中起着传输、分配电能的重要作用。

发电机输出端电压，由于受发电机绝缘水平的限制，通常为 6.3、10.5kV，最高不超过 27kV。这样低的电压进行远距离输送非常不经济。因为当输送一定功率的电能时，电压越低，则电流越大，电能有可能大部分消耗在输电线的电阻上。为此需要采用高压输电，即用升压变压器将电压升高到输电电压（例如 110kV、220kV 或 500kV 等），以降低输送电流，从而减小线路上的电压损失和电能损耗，同时线路金属耗量也相应减少，使得投资、运行费用减少。这样就能比较经济地将电能送出去。一般来说，输电距离越远，输送功率越大，则要求的输电电压越高。

输电线路将几万伏或几十万伏高电压的电能输送到负荷区后，由于用电设备绝缘及安全的限制，必须经过降压变压器将高电压降低到适合于用电设备使用的低电压。通常大型动力设备采用 6kV 或 10kV，小型动力设备和照明则为 380/220V。为此，在供用电系统中需要大量的降压变压器，将输电线路输送的高电压变换成各种不同等级的电压，以满足各类负荷的需要。

电力系统中变压器设备总容量大约为发电机总装机容量的 6~8 倍，此外，变压器还广泛用于电气测量、自动控制、金属冶炼、焊接及其它方面。

以下以双绕组电力变压器为重点，主要讲解变压器基本结构、工作原理和运行特性，对特殊用途的变压器，只作简单介绍。

■ 第一章 变压器基本结构与电压变换

【教学目标】 了解变压器结构组成及其作用；掌握变压器的基本不工作原理；熟悉变压器分类；理解变压器参数含义。

【教学要求】

知识要点	能力要求	相关知识	所占分值（100分）	自评分数
变压器基本工作原理	理解电磁感应定律，掌握变压器基本工作原理	磁路、电路、交变磁通	30	
变压器基本结构	了解变压器主要组成部分及其作用	铁族元素及其合金，磁滞、涡流损耗，热量传导	40	
变压器分类	了解变压器分类原则，能够从用途、结构、调压、冷却方式对变压器分类进行识别	铁芯、绕组	15	
变压器参数	理解变压器参数意义，能够根据已知参数，对未知参数进行简单计算	电气参数单位	15	

【引例】 在水电厂认识实习时，有一个现象时常引起学生好奇，那就是主变和厂用变两侧电压数值均不一样，并且存在一定的对应关系。

1.1 变压器的基本工作原理

变压器主要由铁芯和套装在铁芯上的绕组组成,图1-1所示为一台单相双绕组变压器

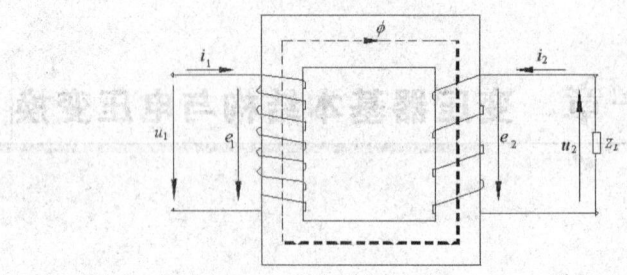

图1-1 变压器工作原理示意图

的原理结构示意图。其中,接于交流电源的绕组称为原绕组(又称一次绕组),各量用下标"1"表示;与负载相接的绕组称为副绕组(又称二次绕组),各量用下标"2"表示。一、二次绕组相互绝缘、匝数不同且分别套装在同一个闭合的铁芯上,显然,两绕组间只有磁的耦合而没有电的联系。

若将变压器的一次绕组接到电压为 u_1 的交流电源上,一次绕组中便有交流电流 i_1 流过,变压器的一次磁势 i_1N_1 便在铁芯中产生交变磁通 Φ,其频率与电源电压 u_1 的频率相同。铁芯中的交变磁通同时交链一次、二次绕组,根据电磁感应定律,一次、二次绕组中将分别产生感应电动势 e_1 和 e_2。

$$e_1 = -N_1 \frac{d\Phi}{dt}$$

$$e_2 = -N_2 \frac{d\Phi}{dt} \qquad (1-1)$$

式中,$\frac{d\Phi}{dt}$——铁芯中磁通变化率;N_1——原绕组匝数;N_2——副绕组匝数。

由式(1-1)可知,原、副绕组感应电动势的大小正比于各自绕组的匝数,而绕组的感应电动势又近似于各自的电压,因此,只要改变一次或二次绕组的匝数比,就能达到改变电压的目的。

若将变压器二次绕组两端接上负载,则在电动势 e_2 的作用下,二次绕组中将通过电流 i_2,并向负载输出电能,实现电能的传递。

变压器在传递电能的过程中,一次、二次的电功率基本相等,因此,当一次、二次电压不等时,其对应电流也不等。高压侧的电流小,低压侧的电流大,故变压器在变换电压的同时也变换了电流。

1.2　变压器的基本结构

变压器的基本结构部件有铁芯、绕组、油箱、冷却装置、绝缘套管和保护装置等。

1. 铁芯

铁芯是变压器的主磁路。为了提高磁路的导磁性能以及减少铁芯中的磁滞和涡流损耗，铁芯通常用 0.35mm 或 0.5mm 厚、表面涂有绝缘漆的冷轧或热轧硅钢片叠成。冷轧硅钢片又分为有取向和无取向两类，有取向冷轧硅钢片沿碾压方向有较高的导磁性能和较小的损耗，因此变压器铁芯通常采用有取向的冷轧硅钢片。

图 1－2　油浸电力变压器结构示意图

铁芯由铁芯柱和铁轭两部分组成，铁芯柱上套装绕组，铁轭的作用则是使整个磁路闭合。

铁芯结构的基本形式有心式和壳式两种。心式变压器的铁芯被绕组包围着，如图 1－3 所示。其结构较为简单，绕组的装配及绝缘也较容易，因而国产电力变压器铁芯主要用心式结构。壳式变压器的绕组被铁芯包围着，如图 1－4 所示。

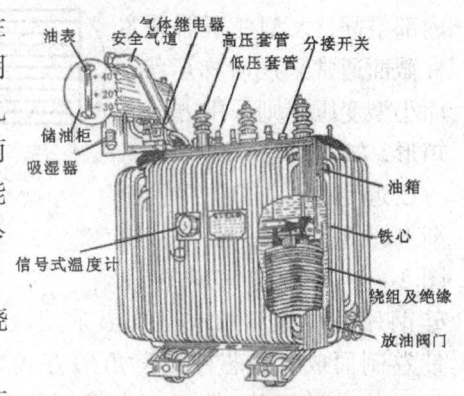

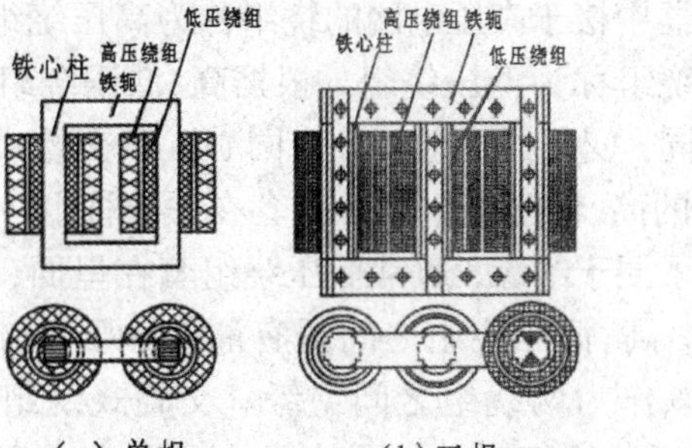

（a）单相　（b）三相

图 1－3　心式变压器绕组和铁芯的装配示意图

（a）单相　（b）三相

图 1－4　壳式变压器结构示意图

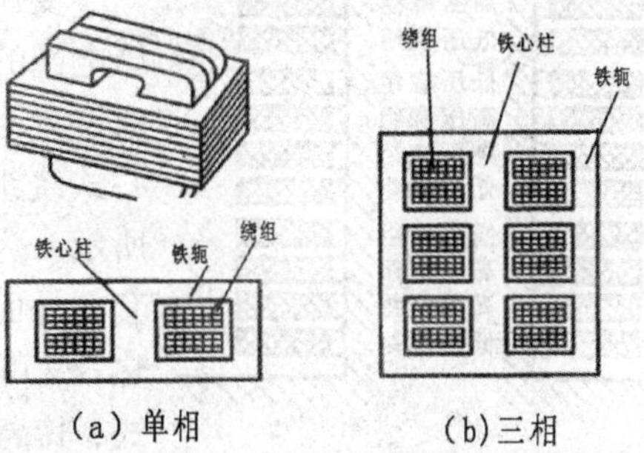

其机械强度高，但制造工艺复杂，使用的材料较多，通常用于一些特殊变压器（如电炉变压器）。

（a）单相（b）三相

图 1－5　叠片式铁心交错的叠装方式

1、3、5 … 层　2、4、6 … 层

图 1－6　斜切冷轧硅钢片的叠装方式

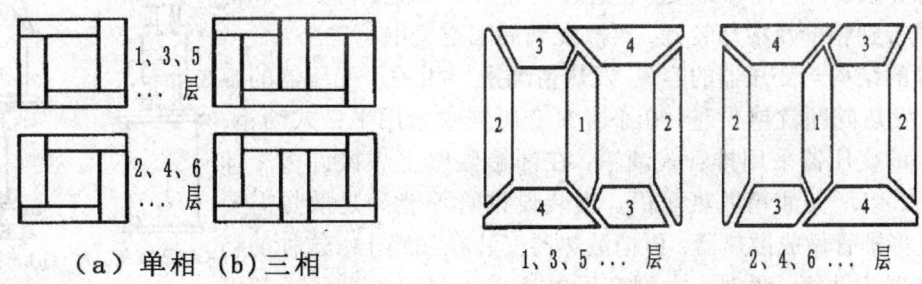

为了尽量减少变压器的励磁电流,铁芯磁回路不能有间隙,因此铁芯硅钢片一般采用交错的叠装方式,使上、下层的接缝错开,如图1-5所示。

若变压器铁芯采用冷轧硅钢片,由于冷轧硅钢片沿碾压方向的导磁系数高、损耗小,所以采用斜切钢片的叠装方式,如图1-6所示。

对于叠装好的铁芯,其铁轭用槽钢(或焊接夹件)及螺杆固定,铁芯柱用环氧无纬玻璃丝粘带绑扎。为了充分利用线圈内部空间,大型变压器铁芯柱截面通常采用阶梯形状,而小型变压器则采用方形或矩形,如图1-7所示。

近年来,出现了一种渐开线形铁芯变压器,如图1-8所示。其铁芯柱

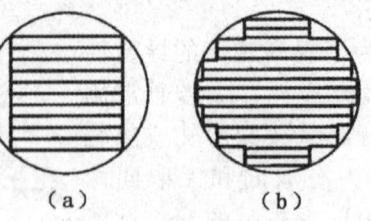
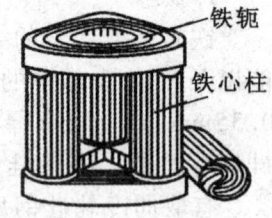

图1-7 铁芯柱截面　　图1-8 三相渐开线形铁芯

硅钢片是在专门的成型机上采用冷挤压成型方法轧制而成,铁轭则是由同一宽度的硅钢带卷制而成,铁芯柱按三角形方式布置,三相磁路完全对称。这种变压器的主要优点是可以节省硅钢片、便于生产机械化和减少装配工时。

2. 绕组

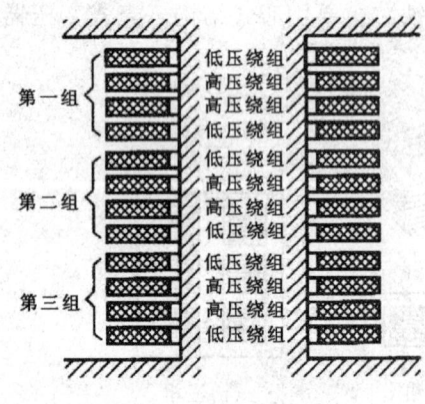

图1-9 交叠式绕组

绕组是变压器的电路部分,一般用绝缘的铜线或铝线绕制而成。

变压器中接于高压电网的绕组称为高压绕组,接于低压电网的绕组称为低压绕组。根据高、低压绕组之间的相对位置不同,变压器绕组可分为同心式和交叠式两种。同心式绕组的高、低压绕组同心地套在铁心柱上,如图1-3所示。为了便于绝缘,通常低压绕组套在里面,高压绕组套在外面,高、低压绕组之间留有油道,既有利于绕组散热,又可以作为两绕组之间绝缘。交叠式绕组都做成饼式,其高、低压绕组互相交叠放置,如图1-9所示。为了减少绝缘距离,通常靠近铁轭处放置低压绕组。

3. 油箱和冷却装置

油浸式变压器的器身浸在充满变压器油的油箱里。变压器油既是绝缘介质,又是冷却介质,它通过受热后的对流,将铁芯和绕组的热量带到箱壁及冷却装置,再散发到周围空气中。

油箱的结构与变压器的容量、发热情况密切相关。变压器的容量越大,发热问题就越严重。在小容量变压器中采用平板式油箱;容量稍大的变压器采用排管式油箱,在油箱侧壁上焊接许多冷却用的管子,以增大油箱散热面积。当装设排管不能满足散热需要时,则先将排管做成散热器,再把散热器安装在油箱上,这种油箱称为散热器式油箱。此外,大型变压器还采用强迫油循环冷却等方式,以增强冷却效果。强迫油循环的冷却装置称为冷却器,不强

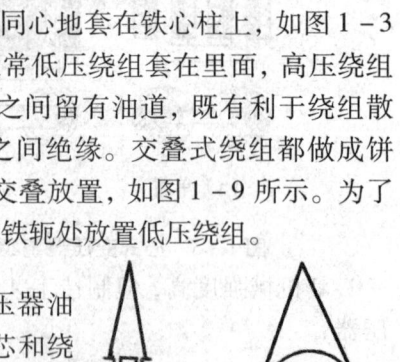
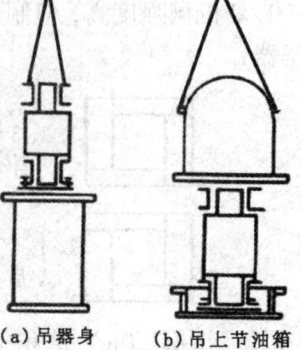

(a) 吊器身　(b) 吊上节油箱

图1-10 器身检修时的起吊

迫油循环的冷却装置称为散热器。

为了检修方便,变压器器身重量大于15t时,通常将变压器做成钟罩式油箱,检修时只需把上节油箱吊起,避免了必须使用重型起重设备。图1-10所示为器身检修时的起吊状况。

4.绝缘套管

变压器套管是将线圈的高、低压引线引到箱外的绝缘装置,它是引线对地(外壳)的绝缘,又担负着固定引线的作用。套管大多数装于箱盖上,中间穿有导电杆,套管下端伸进油箱与绕组引线相连,套管上部露出箱外与外电路连接。套管的结构型式主要决定于电压等级。1kV以下采用纯瓷套管,10~35kV采用空心充气或充油套管,110kV以上采用电容式套管。为增加表面放电距离,高压绝缘套管外部做成多级伞形。图1-11为35kV充油式绝缘套管的结构示意图。

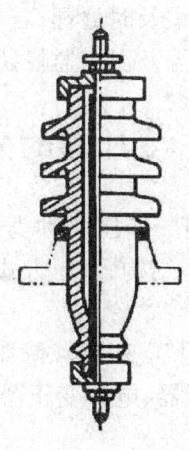

图1-11 35kV充油式绝缘套管结构示意图

5.分接开关

为了使变压器的输出电压控制在允许范围内,要求变压器高压绕组匝数能在一定范围内进行调节。因此,高压绕组一般都有3~5个引出抽头,称为分接头。所有分接头都接在分接开关上,利用分接开关切换分接头的位置,从而改变高、低压绕组的匝数比,已达到调节二次绕组输出电压的目的。相邻分接头相差+5%,多分接头的变压器相邻分接头相差+2.5%。

分接开关分为无载调压和有载调压两种。有载分接开关可在不停电的情况下进行调压操作;无载分接开关则必须在切断电源后才能进行调压操作。因此无载分接开关又称为无励磁分接开关。分接开关的操作部分装于变压器顶部,经传杆伸入变压器油箱内。

6.安全保护装置

安全保护装置分为油保护装置(储油柜、吸湿器、净油器)和安全装置(安全气道、气体继电器)等。

(1)储油柜(又称油枕)。它是一种圆筒形容器,水平地安装在变压器油箱顶部,用弯曲联管与油箱连通,柜内油面高度随变压器油的热胀冷缩而变动。储油柜的作用,一是调节油量,既保证变压器油箱内充满油,又能使油随温度变化而热胀冷缩;二是减少变压器油和空气的接触面积,从而降低变压器油受潮和老化的速度。

(2)吸湿器(又称呼吸器)。储油柜通过它与大气连通。当变压器油因热胀冷缩而使油面高度发生变化时,空气通过吸湿器进出储油柜,形成"呼吸"现象。吸湿器内装有变色硅胶，用以吸收进入油枕中空气的水份和杂质。吸湿器的外壳用透明玻璃制成，可观察硅胶的吸潮程度，当硅胶受潮到一定程度时，硅胶就会由蓝色变为粉红色。

（3）安全气道（又称防爆筒）。它装于油箱顶部，如图1-2所示。它是一个长钢圆筒，上端口封有有一定厚度的玻璃板或酚醛纸板，下端口与油箱连通。其作用是当变压器发生严重故障造成油分解而产生大量气体，使油箱内压力达到一定数值时，气体和油将冲破防爆膜而喷出，以免造成箱壁爆裂。

（4）净油器（又称热虹吸净油器）。它是利用油的自然循环，使油通过吸附剂进行过滤，以改善运行中变压器油的性能。

（5）气体继电器（又称瓦斯继电器）。装在油枕和油箱的连通管中间，见图1-2。当变压器内部发生故障（如绝缘击穿、匝间短路、铁芯事故等）产生气体时或油箱漏油使油面降低时，气体继电器动作，发出信号以便运行人员及时处理；若事故严重，可使断路器自动跳闸，对变压器起保护作用。此外，变压器还有测温及温度监控装置等。

1.3 变压器的分类

为适应不同的使用目的和工作条件，变压器种类很多，因此变压器的分类方法也有多种，通常可按用途、绕组数目、相数、铁芯结构、调压方式和冷却方式等划分类别。

1. 按用途分类

按用途不同，可分为电力变压器（升压变压器、降压变压器、配电变压器、联络变压器等）、特种变压器（如试验用变压器、电炉变压器、电焊变压器和整流变压器等）和仪用变压器（电压互感器、电流互感器）。

2. 按绕组数分类

根据变压器绕组数目不同，可分为单绕组（自耦）变压器、双绕组变压器、三绕组变压器和多绕组变压器。

3. 按相数分类

按电源相数不同，可分为单相变压器、三相变压器和多相变压器（例如整流用六相变压器）。

4. 按铁芯结构分类

按变压器铁新结构不同，可分为心式变压器和壳式变压器。

5. 按调压方式分类

按变压器调压方式不同，可分为有无励磁调压变压器和有载调压变压器。

6. 按按冷却方式分类

根据变压器冷却介质不同，可分为干式变压器、油浸变压器（包括油浸自冷式、油浸风冷式、油浸强迫油循环式和强迫油循环导向冷却式）和充气式冷却变压器。

1.4 变压器的铭牌

每台变压器在醒目的位置上都装有一个铭牌，上面标明了变压器的型号和额定值。所谓额定值是指变压器制造厂按国家标准，对变压器正常使用时的有关参数（主要有型号、额定值、器身重量、制造编号和制造厂家等有关技术数据）所做的限额规定。在额定工况下，可保证变压器在设计时限内可靠地工作,并具有优良性能。

1. 变压器型号

变压器的型号表示一台变压器的结构、额定容量、电压等级、冷却方式等内容。例如：

SL——500/10 为三相油浸自冷双绕组铝线、额定容量 500kVA、高压绕组额定电压 10kV 级电力变压器。

SFPL——63000/110 表示三相强迫油循环风冷式双绕组铝线、额定容量 63000kVA、高压绕组额定电压 110kV 级电力变压器。

2. 额定值

(1) 额定容量 S_N (kVA 或 MVA)

指在额定工况下,变压器输出的视在功率。对三相变压器而言,额定容量指三相容量之和。由于变压器效率很高,双绕组变压器原、副边的额定容量按相等设计。

(2) 额定电压 U_{1N}/U_{2N} (kV 或 V)

U_{1N} 为一次额定电压,U_{2N} 为二次额定电压。指变压器一次接额定电压而二次侧空载(开路)时的电压。U_{1N} 是指根据绝缘强度规定加到一次侧的工作电压;U_{2N} 是指变压器一次加额定电压,分接开关位于额定分接头时,二次空载端电压。在三相变压器中,额定电压指的是线电压。

(3) 额定电流 I_{1N}/I_{2N} (A)

I_{1N} 和 I_{2N} 是分别根据额定容量和额定电压计算出来的一、二次侧电流数值。三相变压器的额定电流指线电流。

对于单相变压器　　$S_N = U_{1N}I_{1N} = U_{2N}I_{2N}$ （3 - 2）

对于三相变压器　　$S_N = \sqrt{3} U_{1N}I_{1N} = \sqrt{3}U_{2N}I_{2N}$ （3 - 3）

(4) 额定频率 f_N (Hz)

我国规定电力系统额定频率 50。

此外,铭牌上还标有变压器的相数、联结组别、阻抗电压(或短路阻抗相对值或标幺值)、额定温升等。

【应用实例 1 - 1】　一台三相油浸自冷式铝线变压器,$S_N = 200kVA$,$U_{1N}/U_{2N} = 10/0.4 kV$,Y,yn 接线,求变压器一、二次额定电流。

[解]

$$I_{1N} = \frac{S_N}{\sqrt{3}U_{1N}} = \frac{200 \times 10^3}{\sqrt{3} \times 10 \times 10^3}A = 11.55A$$

$$I_{2N} = \frac{S_N}{\sqrt{3}U_{2N}} = \frac{200 \times 10^3}{\sqrt{3} \times 0.4 \times 10^3}A = 288.68A$$

【案例点评】

本案例中由于变压器空载损耗很小,输入、输出容量基本相同 $S_N = \sqrt{3} U_{1N}I_{1N} = \sqrt{3} U_{2N}I_{2N}$,所以电压高的一侧电流反而低且电压与电流成反比。

【本章小结】

电力变压器是依据电磁感应原理,将一种电压等级的交流电能变换为同一频率的另一种电压等级交流电能的静止电气设备。

变压器一次、二次绕组是靠铁芯中交变的磁通联系起来的,一次、二次绕组匝数不同,对应的一次、二次电压就不同。因此改变一次、二次绕组匝数比,即可调节变压器输出电压的大小。

当忽略变压器内部损耗,一次绕组的输入功率等于二次绕组的输出功率。因此变压器变压的同时也可变换电流。高电压侧电流小,低电压侧电流大。

变压器的主要结构部件是铁芯和绕组。铁芯作为变压器的磁路部分,绕组则是变压器的电路部分。

变压器铭牌上的额定值是正确、安全、可靠使用变压器的依据。对于三相变压器额定电压或额定电流均指线电压或线电流。

【思考题与习题】

1-1 变压器是怎样实现变压的?为什么能变电压,而不能变频率?

1-2 变压器铁芯的作用是什么?为什么要用 0.35 mm 厚、表面涂有绝缘漆的硅钢片叠成?

1-3 变压器一次绕组若接在直流电源上,二次会有稳定的直流电压吗?为什么?

1-4 变压器有哪些主要部件,其功能是什么?

1-5 变压器二次额定电压是怎样定义的?

1-6 双绕组变压器一、二次侧的额定容量为什么按相等进行设计?

1-7 有一台单相变压器,$S_N = 50\text{kVA}$,$U_{1N}/U_{2N} = 10500/230\text{V}$,试求一、二次绕组的额定电流。

1-8 有一台 $S_N = 5000\text{kVA}$,$U_{1N}/U_{2N} = 10/6.3\text{kV}$,Y,d 联结的三相变压器,试求:(1) 变压器的额定电压和额定电流;(2) 变压器一、二次绕组的额定电压和额定电流。

第二章 变压器运行

【**教学目标**】 了解变压器空载、负载运行的物理过程,理解变压器空载、负载运行时的基本方程式、等值电路及相量图;初步学会变压器参数的测试方法。

【**教学要求**】

知识要点	能力要求	相关知识	所占分值(100分)	自评分数
变压器运行物理量	了解空载电流、主磁通、漏磁通物理意义,理解电磁感应定律,掌握变压器基本工作原理	磁路饱和、磁化电流	50	
变压器基本方程式	了解变压器参数正方向选定,能够根据电路图求得基本方程式	假定电源和负载的电压、电流方向惯例,确定电流与磁通方向的右手螺旋定则。	20	
变压器等值电路	掌握变压器等值电路	变压器空载、短路试验	15	
变压器相量图	掌握变压器相量图,能够应用相量图对变压器运行进行定性分析	变压器基本方程式、等值电路、相量图之间的相互关系	15	

【**引例**】 变压器结构特点决定了一、二次侧只有磁耦合,没有电联系,因而变压器等值电路从何说起?带着这一悬念,我们将步入磁电本源的奇妙秘境。通过磁势平衡、绕组折算等层层剥离,一个轮廓逐渐清晰的等值电路图映入脑际。

2.1 单相变压器的空载运行

变压器的空载运行是指变压器一次绕组接在额定频率、额定电压的交流电源上,而二次绕组开路时的运行状态。此时由于二次绕组开路,故 $\dot{I}_2 = 0$。

2.1.1 空载运行时的电磁关系

1. 空载运行时的物理情况

图 2-1 所示为一单相变压器空载运行时的原理接线图。当一次绕组接入交流电压为 $\dot{U}_1$ 的电源后,一次绕组内便有一个交变电流 $\dot{I}_0$ 流过,此电流称为空载电流 $\dot{I}_0$。空载电流 $\dot{I}_0$ 在一次绕组中产生空载磁动势 $\dot{F}_0 = \dot{I}_0 N_1$。空载磁通可分成两部分。由于铁芯磁阻比空气或油的磁阻小得多,因此,绝大部分磁通沿铁芯磁路闭合,并同时交链一次、二次绕组,这一磁通称作主磁通,用 $\dot{\Phi}_0$ 表示;另

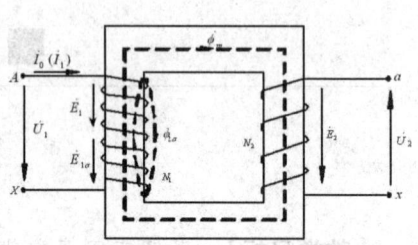

图 2-1 单相变压器空载运行示意图

一部分仅交链于一次绕组,以非磁性介质(空气或油)作闭合回路的磁通,称为一次漏磁通,用 $\dot{\Phi}_{1\sigma}$ 表示。根据电磁感应原理,交变的主磁通 $\dot{\Phi}_0$ 将在一、二次绕组中感应产生电动势 $\dot{E}_1$ 和 $\dot{E}_2$;漏磁通 $\dot{\Phi}_{1\sigma}$ 在一次绕组中感应一次漏磁电动势 $\dot{E}_{1\sigma}$。此外空载电流 $\dot{I}_0$ 还将在一次绕组产生电阻压降 $\dot{I}_0 r_1$。

变压器空载运行时的物理过程以及各物理量之间的关系如下:

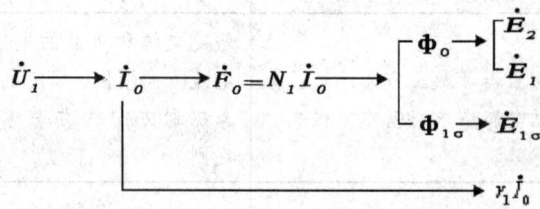

由于路径不同,主磁通和漏磁通有很大差异:①在性质上,主磁通磁路由铁磁材料组成,具有饱和特性,$\dot{\Phi}_0$ 与 $\dot{I}_0$ 呈非线性关系;而漏磁通磁路不饱和,$\dot{\Phi}_{1\sigma}$ 与 $\dot{I}_0$ 呈线性关系;②在数量上,因为铁芯的磁导率比空气(或变压器油)的磁导率大很多,铁芯磁阻小,所以磁通的绝大部分通过铁芯而闭合,故主磁通远大于漏磁通,一般主磁通可占总磁通的 99% 以上,而漏磁通仅占 1% 以下。③在作用上,主磁通在二次绕组中感应电动势,若接负载,就有电功率输出,故起了传递能量的媒介作用;而漏磁通只在一次绕组中感应漏磁电动势,仅起漏抗压降的作用。

2. 感应电动势分析

(1) 主磁通感应的电动势

设主磁通按正弦规律变化,即 $\Phi_0 = \Phi_m \sin\omega t$

按照图 2-1 中参考方向的规定，一、二次绕组感应电动势瞬时值为

$$e_1 = -N_1 \frac{d\Phi}{dt} = -N_1 \omega \Phi_m \cos\omega t = N_1 \omega \Phi_m \sin(\omega t - 90°) = E_{1m}\sin(\omega t - 90°) \tag{2-1}$$

$$e_2 = -N_2 \frac{d\Phi}{dt} = -N_2 \omega \Phi_m \cos\omega t = N_2 \omega \Phi_m \sin(\omega t - 90°) = E_{2m}\sin(\omega t - 90°) \tag{2-2}$$

一、二次感应电动势的有效值分别为

$$E_1 = \frac{E_{1m}}{\sqrt{2}} = \frac{\omega N_1 \Phi_m}{\sqrt{2}} = \frac{2\pi f N_1 \Phi_m}{\sqrt{2}} = 4.44 f N_1 \Phi_m \tag{2-3}$$

$$E_2 = \frac{E_{2m}}{\sqrt{2}} = \frac{\omega N_2 \Phi_m}{\sqrt{2}} = \frac{2\pi f N_2 \Phi_m}{\sqrt{2}} = 4.44 f N_2 \Phi_m \tag{2-4}$$

一、二次感应电动势的相量表达式为

$$\dot{E}_1 = -j4.44 f N_1 \dot{\Phi}_m \tag{2-5}$$

$$\dot{E}_2 = -j4.44 f N_2 \dot{\Phi}_m \tag{2-6}$$

由此可知，一、二次感应电动势的大小与电源频率、绕组匝数及主磁通最大值成正比，且在相位上滞后主磁通 90°。

(2) 漏磁通感应的电动势

用同样的方法可推得

$$E_{1\sigma} = \frac{E_{1\sigma m}}{\sqrt{2}} = \frac{\omega N_1 \Phi_{1\sigma m}}{\sqrt{2}} = \frac{2\pi f N_1 \Phi_{1\sigma m}}{\sqrt{2}} = 4.44 f N_1 \Phi_{1\sigma m} \tag{2-7}$$

$$\dot{E}_{1\sigma} = -j4.44 f N_1 \dot{\Phi}_{1\sigma m} \tag{2-8}$$

式(2-8)也可用电抗压降的形式来表示，即

$$\dot{E}_{1\sigma} = -j\frac{\omega N_1 \dot{\Phi}_{1\sigma m}}{\sqrt{2}} = -j\frac{\omega \dot{\Psi}_{1\sigma m}}{\sqrt{2}} = -j\omega L_{1\sigma} \dot{I}_0 = -j\dot{I}_0 X_1 \tag{2-9}$$

式中，$L_{1\sigma} = \frac{\Psi_{1\sigma}}{I_0} = \frac{N_1 \Phi_{1\sigma}}{I_0}$ 称为一次绕组的漏感系数；$X_1 = \omega L_{1\sigma} = 2\pi f L_{1\sigma}$ 称为一次绕组漏电抗。

因漏磁通主要经过非铁磁路径，磁路不饱和，故磁阻很大且为常数，因而漏电抗 x_1 很小也为常数，它不随电源电压及负载情况而变。

2.1.2 空载电流和空载损耗

1. 空载电流

(1) 空载电流的作用与分解

变压器的空载电流 $\dot{I}_0$ 包含两个分量，一个是励磁分量，其作用是建立主磁通 $\dot{\Phi}_0$，相位与主磁通 $\dot{\Phi}_0$ 相同，为一无功电流，用 $\dot{I}_{0q}$ 表示。另一个是铁损耗分量，其作用是供给主磁通在铁芯中交变时产生的磁滞损耗和涡流损耗(统称为铁耗)，此电流为一有功分量，用 $\dot{I}_{0r}$ 表示。故

空载电流 $\dot{I}_0$ 可写成

$$\dot{I}_0 = \dot{I}_{0q} + \dot{I}_{0r} \qquad (2-10)$$

(2)空载电流的性质和大小

电力变压器空载电流的无功分量总是远远大于有功分量,故变压器空载电流可近似认为是无功性质的。即: $I_{0r} << I_{0q}$,当忽略 I_{0r} 时,则 $I_0 \approx I_{0q}$ 故有时把空载电流近似称作励磁电流。

空载电流越小越好,其大小常用百分值 $I_0\%$ 表示,即

$$I_0\% = \frac{I_0}{I_N} \times 100\% \qquad (2-11)$$

由于采用导磁性能良好的硅钢片,一般的电力变压器,$I_0\% = (0.5 - 3)\%$,容量越大,$\dot{I}_0$ 相对越小,大型变压器 $I_0\%$ 在 1% 以下。

(3)空载电流的波形

空载电流波形与铁芯磁化曲线有关,由于磁路的饱和,空载电流 i_0 与由它所产生的主磁通呈非线性关系。如图图2-2所示,从图可知,当磁通按正弦规律变化时,由于磁路饱和的影响,空载电流呈尖顶波形。

根据谐波分析,尖顶波的空载电流,除基波分量外,三次谐波分量为最大。并且铁芯的饱和度愈大,波形愈尖。

综上所述,实际的空载电流并不是正弦波形。但在工程上,为了便于分析、测量和计算,通常用等效正弦波空载电流代替实际的尖顶波空载电流。

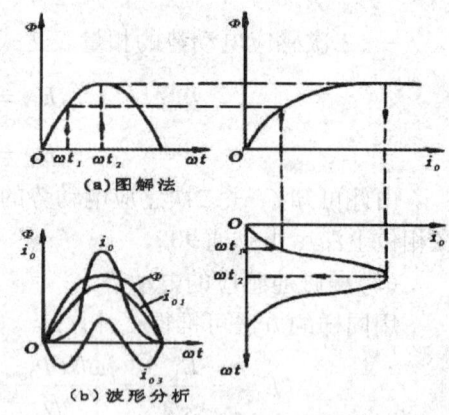

图2-2 空载电流波形

2. 空载损耗

变压器空载运行时,一次绕组从电源中吸取了少量的电功率 P_0,这个功率主要用来补偿铁芯中的铁损耗 P_{Fe} 以及少量的绕组铜损耗 $I_0^2 r_1$,由于 I_0 和 r_1 均很小,故 $P_0 \approx P_{Fe}$,即空载损耗可近似等于铁损耗。这部分功率变为热能散发至周围。

对已制成的变压器,P_{Fe} 可用试验方法测得,也可用如下的经验公式计算:不过

$$P_{Fe} = P_{1/50} B_m^2 \left(\frac{f}{50}\right)^{1.3} G \qquad (2-12)$$

式中,$P_{1/50}$ 为频率为50Hz、最大磁通密度为1 T时,每公斤材料的铁芯损耗,可从有关材料性能数据中查得;G 为铁芯重量(kg)。

从式(2-12)可知,铁损耗与材料性能、铁芯中最大磁通密度、交变频率及铁芯重量等有关。

对于电力变压器来说,空载损耗不超过额定容量的1%,而且随变压器容量的增大而下降。但由于电力变压器在电力系统中使用量大,且常年接在电网上,所以减少空载损耗具有重要意义。

2.1.3 空载时的电动势方程式、等效电路和相量图

1. 电动势平衡方程式和变比

(1)电动势平衡方程式

① 一次侧

按图 2-1 所规定的各量正方向，运用基尔霍夫第二定律，可得一次电动势方程式为

$$\dot{U}_1 = -\dot{E}_1 - \dot{E}_{1\sigma} + \dot{I}_0 r_1 = -\dot{E}_1 + \dot{I}_0 r_1 + j\dot{I}_0 X_1 = -\dot{E}_1 + \dot{I}_0 Z_1 \quad (2-13)$$

式中，$Z_1 = r_1 + jX_1$，为一次绕组的漏阻抗。

由于和 Z_1 均很小，故漏阻抗压降 $\dot{I}_0 Z_1$ 更小（$< 0.5\% U_{1N}$），若忽略不计，式(2-13)可变成：$\dot{U}_1 \approx -\dot{E}_1$ (2-14)

其有效值为 $U_1 \approx E_1 = 4.44 f N_1 \Phi_m$

则 $$\Phi_m = \frac{E_1}{4.44 f N_1} \approx \frac{U_1}{4.44 f N_1} \quad (2-15)$$

由此可知，影响变压器主磁通大小的因素，除有电源电压 U_1 和频率 f_1 两个因素外，还有结构因素 N_1。当电源电压和频率不变时，变压器主磁通大小基本不变。

② 二次侧

由于二次电流 $\dot{I}_2 = 0$，故由基尔霍夫第二定律得：

$$\dot{U}_2 = \dot{E}_2 \quad (2-16)$$

说明变压器空载时二次端电压与二次绕组电动势相平衡。

2. 变比

变压器变定义为一、二次绕组电动势之比，用 表示，即

$$k = \frac{E_1}{E_2} = \frac{N_1}{N_2} \approx \frac{U_1}{U_{20}} \quad (2-17)$$

由上式可知，变比亦为两侧绕组匝数比或空载时两侧电压之比。

对三相变压器，变比指一、二次侧相电动势之比，也就是一、二次侧额定相电压之比。而三相变压器的额定电压是指线电压，故其变比与原、副边额定电压之间的关系为：

$$Y, d \text{ 联结 } k = \frac{U_{1N}}{\sqrt{3} U_{2N}} \quad (2-18)$$

$$D, y \text{ 联结 } k = \frac{\sqrt{3} U_{1N}}{U_{2N}} \quad (2-19)$$

而对于 Y, y 和 D, d 联结，其关系式与式(2-17)相同，前面提到的符号 $Y(y)$ 是指三相绕组星形联结，而 $D(d)$ 则指三相绕组为三角形联结，逗号前面的大写字母表示高压绕组的接法，逗号后面的小写字母表示低压绕组的接法。

2. 空载时的等效电路和相量图

1）空载时的等效电路

在变压器运行时，既有电路、磁路问题，又有电和磁之间的相互耦合问题，尤其当磁路存在饱和现象时，将给分析和计算变压器带来很大困难。若能将变压器运行中的电和磁之间的相互关系用一个模拟电路的形式来等效，就可以使分析与计算大为简化。所谓等效电路就是基于这一概念而建立起来的。

前已述及，空载电流 $\dot{I}_0$ 在一次绕组产生的漏磁通 $\Phi_{1\sigma}$ 感应出一次漏磁电动势 $\dot{E}_{1\sigma}$，其在数值上可用空载电流 $\dot{I}_0$ 在漏抗 X_1 上的压降 $\dot{I}_0 X_1$ 表示。同样，空载电流 $\dot{I}_0$ 产生主磁通 Φ_0 在一次绕

组感应出主电动势 $\dot{E}_1$，它也可用某一参数的压降来表示，但交变主磁通在铁芯中还产生铁损耗，还需引入一个电阻 r_m 参数，用 $I_0^2 r_m$ 来反映变压器的铁损耗，因此可引入一个阻抗参数 Z_m，将 $\dot{E}_1$ 与 $\dot{I}_0$ 联系起来，此时，$-\dot{E}_1$ 可看作空载电流 $\dot{I}_0$ 在 Z_m 上的阻抗压降，即

$$-\dot{E}_1 = \dot{I}_0 Z_m = \dot{I}_0 (r_m + jX_m) \qquad (2-20)$$

式中，Z_m 为励磁阻抗；r_m 为励磁电阻，是对应于铁损耗的等效电阻；x_m 为励磁电抗，是对应于主磁通的电抗。

将式(2-20)代入式(2-13)，便得

$$\dot{U}_1 = -\dot{E}_1 + \dot{I}_0 Z_1 = \dot{I}_0 Z_m + \dot{I}_0 Z_1 = \dot{I}_0 (r_1 + jX_1 + r_m + jX_m) \qquad (2-21)$$

式(2-21)对应的电路即为变压器空载时的等效电路，如图2-3所示。

由前面分析可知，一次漏阻抗 $Z_1 = r_1 + jX_1$ 为定值。由于铁芯磁路具有饱和特性，励磁阻抗 $Z_m = r_m + jX_m$ 随着外加电压 $\dot{U}_1$ 增大而变小。在变压器正常运行时，外施电压 $\dot{U}_1$ 波动幅度不大，基本上为恒定值，故 Z_m 可近似认为是个常数。

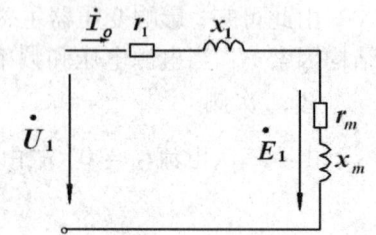

图2-3 变压器空载等效电路

对于电力变压器，由于 $r_1 < r_m$，$X_1 < X_m$，$Z_1 < Z_m$，例：一台容量为 1000 kVA 的三相变压器其 $Z_1 = 2.75 \Omega$，$Z_m = 2000 \Omega$，故有时可将一次漏阻抗 $Z_1 = r_1 + jX_1$ 忽略不计，则变压器空载等效电路就成为只有一个励磁阻抗 Z_m 元件的电路了。所以在外施电压一定时，变压器空载电流的大小主要取决于励磁阻抗的大小。从变压器运行的角度看，希望空载电流越小越好，因而变压器采用高导磁率的铁磁材料，以增大 Z_m，减小 $\dot{I}_0$，提高其运行效率和功率因数。

2）空载时相量图

（1）空载时基本方程式

归纳本节所学过的方程式，有：

$$\begin{cases} \dot{U}_1 = -\dot{E}_1 + \dot{I}_0 (r_1 + jX_1) \\ \dot{U}_{20} = \dot{E}_2 \\ \dot{E}_1 = -j4.44 f N_1 \dot{\Phi}_m \\ \dot{E}_2 = -j4.44 f N_2 \dot{\Phi}_m \\ -\dot{E}_1 = \dot{I}_0 Z_m = \dot{I}_0 (r_m + jX_m) \\ \dot{I}_0 = \dot{I}_{0q} + \dot{I}_{0r} \end{cases} \qquad (2-22)$$

（2）空载相量图

为了直观地看出变压器空载运行时各电磁量的大小和相位关系，由式(2-22)可画出变压器空载时的相量图，如图2-4所示。其作图步骤如下：

① 作出 $\dot{\Phi}_m$ 为参考相量，画于水平线上。

② 根据电动势 $\dot{E}_1$、$\dot{E}_2$ 滞后于 $\dot{\Phi}_m$ 90°可作出 $\dot{E}_1$ 和 $\dot{E}_2$。

③ 作出无功分量 $\dot{I}_{0q}$ 与 $\dot{\Phi}_m$ 同相,有功分量 $\dot{I}_{0r}$ 超前 $\dot{\Phi}_m$ 90°,两者相加即得空载电流 $\dot{I}_0$。

④ 在 $-\dot{E}_1$ 相量末端作 $\dot{I}_0 r_1$ 与 $\dot{I}_0$ 同相,再接着作 $j\dot{I}_0 X_1$ 超前 $\dot{I}_0$ 90°,其末端与原点相连即得电源电压 $\dot{U}_1$ 相量。

⑤ 作出二次端电压 $\dot{U}_{20} = \dot{E}_2$。

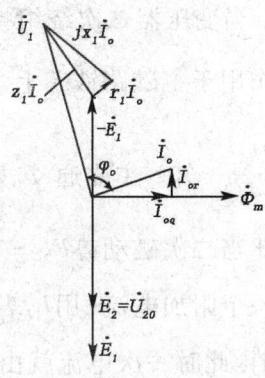

图 2-4 变压器空载相量图

$\dot{U}_1$ 与 $\dot{I}_0$ 之间的夹角 φ_0,即为变压器空载运行时的功率因数角,由图可见,$\varphi_0 \approx 90°$,即变压器空载运行时的功率因数 $\cos\varphi_0$ 很低,一般在 0.1~0.2 之间。

相量图中,各相量均应按比例画得,但为清楚起见,相量 $\dot{I}_0 r_1$ 和 $j\dot{I}_0 X_1$ 被局部放大。

【应用实例 2-1】 一台单相变压器,已知 $S_N = 5000 \text{kVA}$,$U_{1N}/U_{2N} = 35\text{kV}/6.6\text{kV}$,铁芯的有效面积为 $S_{Fe} = 1120 \text{cm}^2$,若取铁芯中最大磁通密度 $B_m = 1.5\text{T}$,试求高、低压绕组的匝数和电压比(不计漏磁)。

[解] 变压器的电压比为

$$k = \frac{U_{1N}}{U_{2N}} = \frac{3.5}{6.6} = 5.3$$

铁芯中的磁通 $\Phi_m = B_m S_{Fe} = 1.5 \times 1120 \times 10^{-4} = 0.168 Wb$

高压绕组匝数 $N_1 = \dfrac{U_1}{4.44 f \Phi_m} = \dfrac{35 \times 10^3}{4.44 \times 50 \times 0.168} = 938$

低压绕组匝数 $N_1 = \dfrac{N_1}{k} = \dfrac{938}{5.3} = 177$

2.2 单相变压器的负载运行

变压器的一次侧接在额定频率、额定电压的交流电源上,二次侧接上负载的运行状态,称为变压器的负载运行。此时,二次绕组有电流流 $\dot{I}_2$ 向负载,电能就从变压器的一次侧传递到二次侧。如图 2-5 所示。

2.2.1 负载运行时的电磁关系

变压器空载运行时,只在一次绕组中流过空载电流 $\dot{I}_0$,建立作用在铁芯上的磁动势 $\dot{F}_0 = \dot{I}_0 N_1$,它在铁芯中产生主磁通 $\dot{\Phi}_0$,而 $\dot{\Phi}_0$ 在一、二次绕

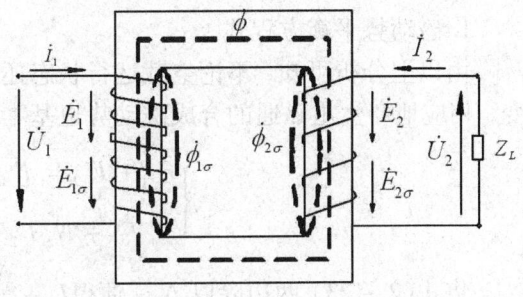

图 2-5 变压器负载运行示意图

组中感应主电动势 $\dot{E}_1$ 和 $\dot{E}_2$,电源电压 $\dot{U}_1$ 与一次绕组的反电动势($-\dot{E}_1$)和漏阻抗压降 $\dot{I}_0 Z_1$ 相

平衡，此时变压器处于空载时的电磁平衡状态。

当变压器二次绕组接上负荷后，便有电流 $\dot{I}_2$ 流过，它将建立二次磁动势 $\dot{F}_2 = \dot{I}_2 N_2$，也作用于主磁路铁芯上。由于电源电压 $\dot{U}_1$ 为一常值，根据（2-15）式 $\Phi_m = \dfrac{E_1}{4.44 f N_1} \approx \dfrac{\dot{U}_1}{4.44 f N_1}$ 知，主磁通 Φ_0 始终保持不变，相应地产生主磁通的合成磁动势也应保持不变。因此当二次磁动势 $\dot{F}_2 = N_2 \dot{I}_2$ 力图改变铁芯中产生主磁通的磁动势时，一次绕组中将产生一个附加电流（用 $\dot{I}_{1L}$ 表示），附加电流产生磁动势为 $N_1 \dot{I}_{1L}$，恰好与二次磁动势 $N_2 \dot{I}_2$ 相抵消。此时一次电流就由 $\dot{I}_0$ 变成了 $\dot{I}_1 = \dot{I}_0 + \dot{I}_{1L}$，而作用在铁芯中的合成磁动势始终维持 $\dot{F}_0$，即 $\dot{F}_1 + \dot{F}_2 = \dot{F}_0$ 也就是 $N_1 \dot{I}_1 + N_2 \dot{I}_2 = N_1 \dot{I}_0$，它产生负载时的主磁通 $\dot{\Phi}_m$。

变压器负载运行时，除由合成磁动势 $\dot{F}_1 + \dot{F}_2$ 产生的主磁通在一、二次绕组中感应交变电动势 $\dot{E}_1$ 和 $\dot{E}_2$ 外，$\dot{F}_1$ 和 $\dot{F}_2$ 还分别产生只交链于各自绕组的漏磁通 $\dot{\Phi}_{1\sigma}$ 和 $\dot{\Phi}_{2\sigma}$，并分别在一、二次绕组中感应漏磁电动势 $\dot{E}_{1\sigma}$ 和 $\dot{E}_{2\sigma}$。

另外，由于绕组有电阻，一、二次绕组电流 $\dot{I}_1$ 和 $\dot{I}_2$ 分别产生电阻压降 $\dot{I}_1 r_1$ 和 $\dot{I}_2 r_2$。各电磁量之间的关系如下：

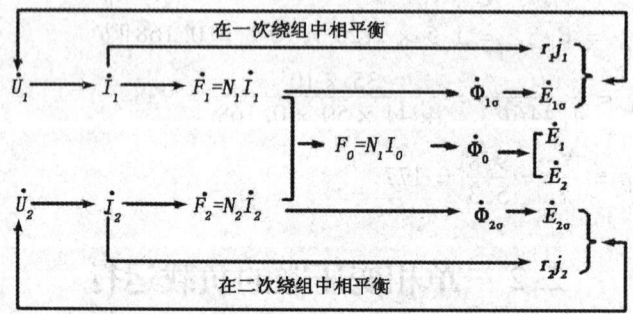

2.2.2 负载运行时的基本方程式

1. 磁动势平衡方程式

由以上分析可知，不论空载运行状态还是负载运行状态，变压器铁芯中的主磁通基本不变，相应地产生主磁通的合成磁动势也基本不变，即

$$\begin{cases} \dot{F}_1 + \dot{F}_2 = \dot{F}_0 \\ N_1 \dot{I}_1 + N_2 \dot{I}_2 = N_1 \dot{I}_0 \end{cases} \tag{2-23}$$

将式（2-23）两边除以 N_1，便得 $\dot{I}_1 + \dfrac{N_2}{N_1} \dot{I}_2 = \dot{I}_0$

改写为 $\dot{I}_1 = \dot{I}_0 + \left(-\dfrac{N_2}{N_1} \dot{I}_2\right) = \dot{I}_0 + \left(-\dfrac{1}{k} \dot{I}_2\right) \tag{2-24}$

式(2-24)表明，一次绕组电流$\dot{I}_1$包含两个分量，其一是励磁电流$\dot{I}_0$，用来建立负载时的主磁通$\dot{\Phi}_0$，它不随负载大小而变动；另一个是用以抵消二次磁动势影响负载分量电流$-\frac{1}{k}\dot{I}_2$，它随负载大小而变动。

从(2-23)磁动势平衡关系可以看出，二次绕组电流增加或减少的同时必然引起一次电流的增加或减少，相应地当二次输出功率增加或减少时，一次绕组从电网吸取的电流必然跟着发生相应的变化。

变压器负载运行时，由于$I_0 \ll I_1$，故可忽略I_0，于是一、二次侧的电流关系变为

$$\dot{I}_1 \approx -\frac{1}{k}\dot{I}_2 = -\frac{N_2}{N_1}\dot{I}_2 \tag{2-25}$$

上式表明，一、二次侧电流的大小近似与绕组匝数成反比。因此改变一、二次绕组匝数比，即可变换电压，又能变换电流。

2. 电动势平衡方程式

由图(2-5)并依据基尔霍夫第二定律，可列出变压器负载时的一、二次绕组电动势平衡方程式。

(1) 一次电动势平衡方程式

$$\dot{U}_1 = -\dot{E}_1 - \dot{E}_{1\sigma} + \dot{I}_0 r_1 = -\dot{E}_1 + \dot{I}_1(r_1 + jX_1) = -\dot{E}_1 + \dot{I}_1 Z_1 \tag{2-26}$$

式中，$\dot{E}_{1\sigma}$为一次漏磁电动势，$\dot{E}_{1\sigma} = -j\dot{I}_1 X_1$；$Z_1$为一次漏阻抗，$Z_1 = r_1 + jX_1$。

(2) 二次电动势平衡方程式

$$\dot{U}_2 = \dot{E}_2 + \dot{E}_{2\sigma} - \dot{I}_2 r_2 = \dot{E}_2 - \dot{I}_2(r_2 + jX_2) = \dot{E}_2 - \dot{I}_2 Z_2 \tag{2-27}$$

式中，$\dot{E}_{2\sigma}$为二次漏磁电动势，$\dot{E}_{2\sigma} = -j\dot{I}_2 x_2$；$Z_2$为二次漏阻抗，$Z_2 = r_2 + jx_2$。

从负载阻抗看，变压器二次绕组输出电压与阻抗压降相平衡，即

$$\dot{U}_2 = \dot{I}_2 Z_L \tag{2-28}$$

式中，Z_L——负载阻抗。

将变压器负载时的基本电磁关系归纳起来，可得到变压器负载运行时的基本方程式

$$\left.\begin{aligned}
\dot{U}_1 &= -\dot{E}_1 + \dot{I}_1(r_1 + jx_1) \\
\dot{U}_2 &= \dot{E}_2 - \dot{I}_2(r_2 + jx_2) \\
\dot{I}_1 + \dot{I}_2/k &= \dot{I}_0 \\
\dot{E}_1 &= k\dot{E}_2 \\
\dot{E}_1 &= -\dot{I}_0 Z_m \\
\dot{U}_2 &= \dot{I}_2 Z_L
\end{aligned}\right\} \tag{2-29}$$

2.2.3 变压器负载时的等值电路及相量图

表示变压器内部基本电磁关系的电路称为等值电路。由于变压器一、二次绕组匝数不同，二者之间又无直接电联系，因此，建立等值电路首先要对变压器绕组进行折算。

1. 绕组折算

绕组折算就是在保持变压器基本电磁关系不变的前提下,将一、二次绕组匝数变换成相同匝数的方法。通常是将二次绕组折算到一次绕组。即假想一个匝数为 N_1 的新绕组去取代实际的二次绕组。这样,变比 k 就变为了1,并且在此情形下一、二次绕组的感应电动势变为相等,因此,一、二次绕组的磁耦合变为直接电联系,使得变压器等值电路的建立成为可能。

从上述分析可知,折算就是变压器二次侧物理量反映到一次侧的对应值。折算值在原物理量符号的右上角加"'"表示。

根据定义,可得:$k = \dfrac{E_2'}{E_2} = \dfrac{U_2'}{U_2} = \dfrac{I_2}{I_2'} = \dfrac{N_1}{N_2}$,对照变压器变比公式,可得:

$$\dot{E}_2' = k\dot{E}_2 \tag{2-30}$$

$$\dot{U}_2' = k\dot{U}_2 \tag{2-31}$$

$$\dot{I}_2' = \dfrac{\dot{I}_2}{k} \tag{2-32}$$

$$Z_2' = r_2' + jx_2' = \dfrac{\dot{U}_2'}{\dot{I}_2'} = \dfrac{k\dot{U}_2}{\dot{I}_2/k} = k^2 Z_2 = k^2(r_2 + jx_2) \tag{2-33}$$

将公式 $(2-37)$ $\dot{U}_2 = \dot{E}_2 - \dot{I}_2(r_2 + jx_2)$ 两边乘以 k,即:$k\dot{U}_2 = k\dot{E}_2 - \dfrac{\dot{I}_2}{k}k^2(r_2 + jx_2)$,由此可得:

$$\dot{U}_2' = \dot{E}_2' - \dot{I}_2' r_2' - j\dot{I}_2' x_2' \tag{2-34}$$

综上所述,把变压器二次侧物理量折算到一次侧后,电动势和电压的折算值等于实际值乘以变比 k,电流的折算值等于实际值除以变比 k,而电阻、漏抗及阻抗的折算值等于实际值乘以 k^2。

折算以后,变压器负载运行时的基本方程式变为

$$\left.\begin{aligned} \dot{U}_1 &= -\dot{E}_1 + \dot{I}_1(r_1 + jx_1) \\ \dot{U}_2' &= \dot{E}_2' - \dot{I}_2'(r_2' + jx_2') \\ \dot{I}_1 + \dot{I}_2' &= \dot{I}_0 \\ \dot{U}_2' &= \dot{I}_2' Z_L' \end{aligned}\right\} \tag{2-35}$$

2. 等效电路

(1)"T"形等效电路

由于折算后的一、二次绕组电动势相等,因此,就可将实际由磁耦合的一、二次绕组用一条通过电流 $\dot{I}_0$,阻抗为 Z_m 的励磁支路来代替,从而实现建立一、二次绕组直接电联系的等值电路。根据折算后的基本方程式,可画出变压器负载时的"T"型等值电路,如图 $2-6$ 所示。

图 $2-6$ 中,一次绕组漏阻抗 $Z_1 = r_1 + jx_1$ 支路通过电流 $\dot{I}_1$;二次绕组漏阻抗 $Z_2' = r_2' + jx_2'$ 支路通过电流 $\dot{I}_2'$;励磁阻抗 $Z_m = r_m + jx_m$ 支路通过电流 $\dot{I}_m$,三条支路形如"T"型,故称之为

"T"型等值电路。

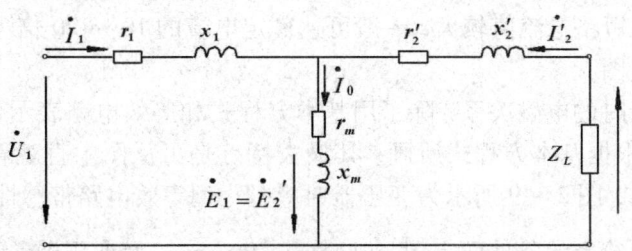

图 2-6 变压器 T 形等值电路

（2）近似等效电路

"T"形等效电路能够准确表达变压器内部的电磁关系，但其结构为串、并联组合的混合电路，计算比较繁杂，由于 $I_0 \ll I_1$，$Z_m \gg Z_1$，$I_1 Z_1$ 仅有额定电压的 2%~5% U_{1N}，为简化计算，可将励磁支路从"T"形电路的中部移至电源端为，得到近似此提出在一定条件下将等效电路简化，如图 2-7 所示。

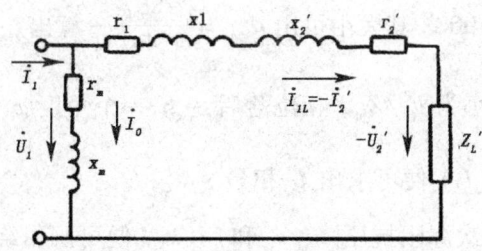

图 2-7 变压器的近似等效电路

（3）简化等效电路

由于一般变压器 $I_0 \ll I_{1N}$，通常 I_0 约占 I_{1N} 的 (2~10)%，因此，在工程计算时，可将励磁电流 I_0 忽略，即去掉励磁支路，而得到一个由一、二次侧的漏阻抗构成的更为简单的串联电路，如图 2-8 所示，称为变压器的简化等效电路。

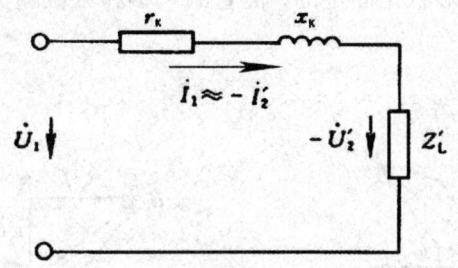

图 2-8 变压器的简化等效电路

$$\left. \begin{array}{l} r_k = r_1 + r_2' \\ x_k = x_1 + x_2' \\ Z_k = r_k + jx_k \end{array} \right\} \quad (2-36)$$

式中，r_k——短路电阻；x_k——短路电抗；z_k——短路阻抗。

即变压器的短路阻抗为原、副边漏阻抗之和，其值较小且为常数。由简化等效电路可见，如变压器发生稳定短路,则短路电流 $I_k = U_1/Z_k$,可见,短路阻抗能起到限制短路电流的作用,由于 Z_k 很小,故短路电流值较大,一般可达额定电流的 10 ~ 20 倍。

3. 负载时的相量图

变压器负载运行时的电磁关系,除了用基本方程式和等效电路表示外,还可以用相量图表示。变压器相量图根据基本方程式所画,其最大特点是可从图中直观看出变压器中各物理量的大小和相位关系,图 2 – 9 所示为变压器对应"T"型等效电路带感性负载时的相量图。

相量图的画法视给定的条件而定。假如已知 $\dot{U}_2$、$\dot{I}_2$、$\cos\varphi_2$ 及变压器各结构参数,画图的步骤是:

(1) 根据变比 k 求出 $\dot{U}_2'$、$\dot{I}_2'$、r_2'、x_2',按比例尺画出 $\dot{U}_2'$ 和 $\dot{I}_2'$ 相量,它们的夹角是 φ_2。

(2) 在 $\dot{U}_2'$ 的末端加上二次漏阻抗压降 $\dot{I}_2' r_2'$ 和 $j\dot{I}_2' x_2'$,便得电动势 $\dot{E}_2'$,其中 $\dot{I}_2' r_2'$ 平行于 $\dot{I}_2'$,$j\dot{I}_2' x_2'$ 超前于 $\dot{I}_2$ 90°。

(3) 由于 $\dot{E}_1 = \dot{E}_2'$,将它转 180° 便得 $-\dot{E}_1$ 相量。

(4) 主磁通 $\dot{\Phi}_m$ 领先 $\dot{E}_1$ 90°,其大小可由 $\Phi_m = \dfrac{E_1}{4.44 f N_1}$ 算出。

(5) 励磁电流 I_0 的大小为 E_1/Z_m,相位落后 $-\dot{E}_1$ 一个角度 $\varphi = \arctan\dfrac{x_m}{r_m}$。

(6) 根据 $\dot{I}_1 = \dot{I}_0 + (-\dot{I}_2')$ 便可求出 $\dot{I}_1$ 相量。

(7) 在 $-\dot{E}_1$ 上加上一次漏阻抗压降 $\dot{I}_1 r_1$ 和 $j\dot{I}_1 x_1$,便可画出绕组端电压 $\dot{U}_1$,其中 $\dot{I}_1 r_1$ 与 $\dot{I}_1$ 平行,$j\dot{I}_1 x_1$ 比 $\dot{I}_1$ 超前 90°。$\dot{U}_1$ 与 $\dot{I}_1$ 之间的夹角 φ_1 为绕组输入功率的功率因数角。

从简化等效电路中看出,$\dot{U}_2' = \dot{I}_2' Z_L$,$\dot{I}_1 = -\dot{I}_2'$,$\dot{U}_1 = -\dot{U}_2' + \dot{I}_1(r_k + jx_k)$,这三个关系式是画简化相量图的依据。变压器带感性负载时的简化相量图如图 2 – 10 所示。

图中短路阻抗 $Z_k = r_k + x_k$ 的压降构成一个三角形 ABC,称短路阻抗压降三角形。对已制成的变压器,这个三角形的形状是固定的,但它的大小和方位随负载而变。

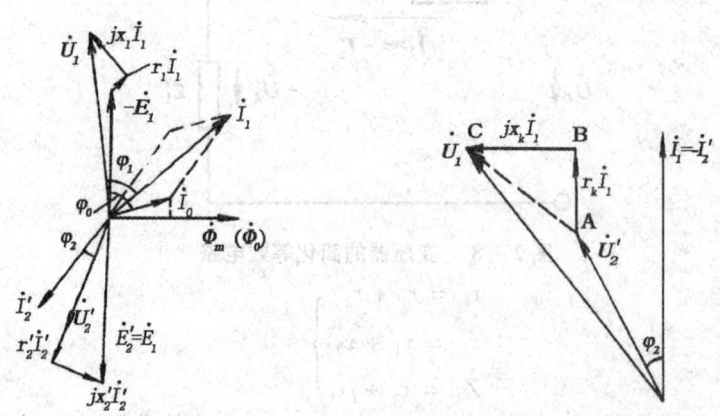

图 2 – 9 变压器感性负载时的相量图　　图 2 – 10 变压器感性负载时的简化相量图

2.3 变压器参数的测定

从上节可知,当用基本方程式、等效电路或相量图分析变压器的运行性能时,必须知道变压器的参数。这些参数直接影响变压器的运行性能,在设计变压器时,可根据所使用的材料及结构尺寸把它们计算出来,而对已制成的变压器,可用试验的方法求得。

2.3.1 空载试验

空载试验可测定空载电流 I_0、一、二次电压 U_0 和 U_{20} 以及空载功率 p_0,以便计算变比 k、空载电流百分值 $I_0\%$、铁芯损耗 p_{Fe} 和励磁阻抗 $Z_m = r_m + jx_m$,从而判断铁芯质量和检查绕组是否有匝间短路故障等。

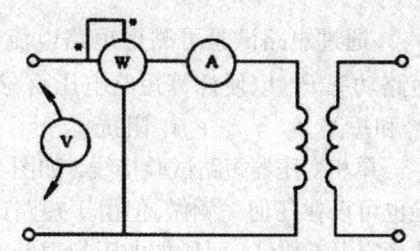

图 2-11 单相变压器空载试验接线图

单相变压器空载试验的接线图,如图 2-11 所示。空载试验可以在任何一侧做,但考虑到空载试验时所加电压较高(为额定电压),电流较小(为空载电流),为了试验安全及仪表选择便利,通常选在低压侧加压,而高压侧开路。由于空载电流小,电流表应接在靠近变压器侧,以减少误差。

空载试验时,调压器接交流电源,调节其输出电压 U_0 由零逐渐升至 U_N(变压器低压侧额定电压),分别测出它所对应的 U_{20}、I_0 及 P_0 值。

由所测数据可求得:

$$\left.\begin{array}{l} k = \dfrac{U_{20}(高压)}{U_0(低压)} \\[6pt] I_0\% = \dfrac{I_0}{I_{1N}} \times 100\% \\[6pt] p_{Fe} = p_0 \end{array}\right\} \quad (2-37)$$

依据单相变压器空载等值电路,如图 2-12 所示。变压器空载时没有输出功率,此时测得的有功功率 p_0 包含一次绕组铜损耗 p_{cu1} 和铁芯中铁损耗 $p_{Fe} = I_0^2 r_m$ 两部分。由于 $r_1 \ll r_m$,因此 $p_0 \approx p_{Fe}$。

由空载等效电路所测得的参数,且忽略 r_1、x_1,可求得

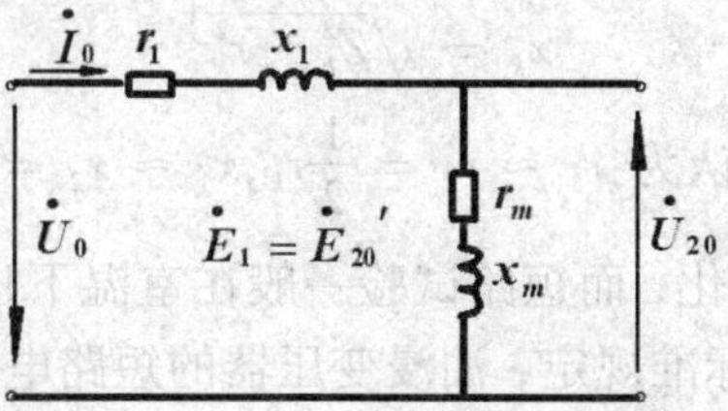

图 2-12 单相变压器空载等值电路

$$\left.\begin{array}{l} Z_m = \dfrac{U_0}{I_0} \\[6pt] r_m = \dfrac{P_0}{I_0^2} \\[6pt] x_m = \sqrt{Z_m^2 - r_m^2} \end{array}\right\} \quad (2-38)$$

应当注意，因空载电流、铁芯损耗及励磁阻抗均随电压大小而变，即与铁芯饱和程度有关，所以，空载电流和空载功率常取额定电压时的值，并以此求取励磁阻抗的值。若要求取折算到高压侧的励磁阻抗，必须乘以变比的平方，即高压侧的励磁阻抗为是 k_2。

尤其要指出，变压器空载运行时功率因数很低（$\cos\varphi_0 < 0.2$），为减小误差，应采用低功率因数功率表来测量空载功率。

2.3.2 短路试验

通过短路试验可测得短路电流 I_k，短路电压 U_k 及短路功率 P_k，以便计算短路电压百分值 $U_k(\%)$、铜损耗 P_{cu} 和短路 $Z_k = r_k + jx_k$ 阻抗。

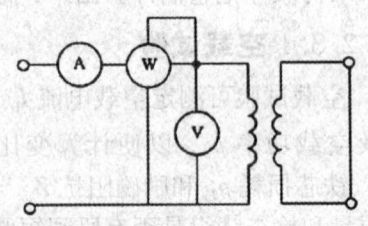

图 2-13 单相变压器短路试验接线图

单相变压器短路试验接线，如图 2-13 所示。短路试验也可以在任何一侧做，但由于短路试验时电流较大，可达额定电流数倍，而所加电压却很低，一般为额定电压的 (4~15)% 左右，因此一般在高压侧加压，而低压侧短路。由于试验电压低，电压表接在靠近变压器侧，以减少误差。

短路试验时，用调压器调节输出电压 U_k 由零值逐渐升高，使短路电流 I_k 由零升至 I_N（变压器高压侧额定电流），分别测出它所对应的 I_k、U_k 和 P_k 的值。试验时，同时记录试验室的室温 $\theta(\text{℃})$。

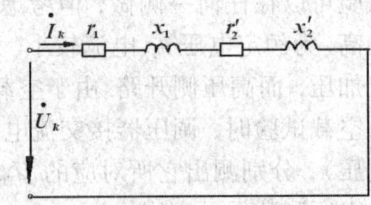

图 2-14 单相变压器短路等值电路

依据单相变压器短路等值电路，如图 2-14 所示，而且短路试验时外加电压较额定值低得多，铁芯中主磁通更小，铁耗和励磁电流更小。此时短路损耗为一、二次绕组电阻上的铜损耗，即 $P_k = P_{cu}$。

由短路等值电路所测数据可求得短路参数：

$$\left. \begin{array}{r} Z_k = \dfrac{U_k}{I_k} \\ r_k = \dfrac{P_k}{I_k^2} \\ x_k = \sqrt{Z_k^2 - r_k^2} \end{array} \right\} \tag{2-39}$$

对于 "T" 形等效电路，可认为：$r_1 \approx r_2' = \dfrac{1}{2} r_k$，$x_1 \approx x_2' = \dfrac{1}{2} x_k$。

由于线圈电阻随温度而变化，而短路试验一般在室温下进行，故测得的电阻须换算到基准工作温度时的数值。按国家标准规定，油浸变压器的短路电阻应换算到 75℃ 时的数值。

对于铜线变压器 $r_{k(75℃)} = \dfrac{235 + 75}{235 + \theta} r_k$

对于铝线变压器 $x_{k(75℃)} = \dfrac{235 + 75}{235 + \theta} x_k$ \hfill (2-40)

式中，θ—— 试验时的室温，单位为 ℃。

75℃ 时的短路阻抗为

$$Z_{k(75℃)} = \sqrt{r_{k(75℃)}^2 + x_{k(75℃)}^2} \tag{2-41}$$

短路损耗 P_k 和短路电压 U_k 也应换算到 75℃ 时的数值，即

$$P_{k(75℃)} = I_{1N}^2 r_{k(75℃)} \qquad (2-42)$$

$$U_{k(75℃)} = I_{1N} Z_{k(75℃)} \qquad (2-43)$$

应当注意，由于短路试验一般在高压侧进行，故测得的短路参数是属于高压侧的数值，若需要折算到低压侧时，应除以 k^2。

短路试验时，当短路电流为额定电流时一次侧所加的电压，称为短路电压，记作 U_{kN}，

$$U_{kN} = I_{1N} Z_{k(75℃)} \qquad (2-44)$$

它为额定电流在短路阻抗上的压降，故亦称作阻抗电压。

短路电压通常以额定电压的百分值表示，即：

$$\left. \begin{aligned} U_k &= \frac{I_{1N} Z_{k(75℃)}}{U_{1N}} \times 100\% \\ U_{kr} &= \frac{I_{1N} r_{k(75℃)}}{U_{1N}} \times 100\% \\ U_{kx} &= \frac{I_{1N} x_{k(75℃)}}{U_{1N}} \times 100\% \end{aligned} \right\} \qquad (2-45)$$

式中，U_k 为短路电压百分值；U_{kr} 为短路电压电阻（或有功）分量的百分值；U_{kx} 为短路电压电抗（或无功）分量的百分值。

短路电压的大小直接反映了短路阻抗的大小，而短路阻抗又直接影响变压器的运行性能。从正常运行的角度看，希望它小些，因负载变化时，副边电压波动小些；但从短路故障的角度，则希望它大些，相应的短路电流就小些。一般中、小型电力变压器的 $U_k = 4\% \sim 10.5\%$，大型电力变压器的 $U_k = 12.5\% \sim 17.5\%$。

【应用实例 2-2】 一台三相电力变压器型号为 SL-750/10，$S_N = 750$kVA，$U_{1N}/U_{2N} = 10000/400$ V，Y，yn 接线。在低压侧做空载试验，测得数据为 $U_0 = 400$ V，$I_0 = 60$ A，$P_0 = 3800$ W。在高压侧做短路试验，测出数据为 $U_k = 440$ V，$I_k = 43.3$ A，$P_k = 10900$ W，室温 20℃。试求：(1) 以高压侧为基准的"T"形等效电路参数（$r_1 \approx r_2', x_1 \approx x_2'$）。(2) 短路电压百分值及其电阻分量和电抗分量的百分值。

[解] (1) 由空载试验数据求励磁参数

励磁阻抗 $Z_m = \dfrac{U_0/\sqrt{3}}{I_0} = \dfrac{400/\sqrt{3}}{60}\Omega = 3.86\ \Omega$

励磁电阻 $r_m = \dfrac{P_0/3}{I_0^2} = \dfrac{3800/3}{60^2}\Omega = 0.35\Omega$

励磁电抗 $x_m = \sqrt{Z_m^2 - x_m^2} = 3.83\Omega$

折算到高压侧的值

$$k = \frac{U_{1N}/\sqrt{3}}{U_{2N}/\sqrt{3}} = \frac{1000/\sqrt{3}}{400/\sqrt{3}} = 25$$

变比

$$Z_m' = k^2 Z_m = 25^2 \times 3.85\ \Omega = 2406.25\Omega$$

$$r_m' = k^2 x_m = 25^2 \times 0.35\ \Omega = 218.75\Omega$$

$$x'_m = k^2 x_m = 25^2 \times 3.83\Omega = 2393.75\Omega$$

由短路试验数据求短路参数

短路阻抗 $Z_k = \dfrac{U_k/\sqrt{3}}{I_k} = \dfrac{400/\sqrt{3}}{43.3}\Omega = 5.87\ \Omega$

短路电阻 $r_k = \dfrac{P_k/3}{I_k^2} = \dfrac{10900/3}{43.3^2}\Omega = 1.94\Omega$

短路电抗 $x_k = \sqrt{Z_k^2 - r_k^2} = 5.54\Omega$

换算到 75℃：$r_{k'c} = \dfrac{225+75}{225+20} \times 1.94\Omega = 2.38\ \Omega$

$$Z_{rx'c} = \sqrt{r_{rx'c}^2 + x_k^2} = 6.03\ \Omega$$

则 $r_1 = r'_2 = \dfrac{1}{2} r_{k75℃} = \dfrac{1}{2} \times 2.38\ \Omega = 1.19\Omega$

$$x_1 = x'_1 = \dfrac{1}{2} x_k = \dfrac{1}{2} \times 5.54\ \Omega = 2.77\Omega$$

（2）一次额定电流 $I_{1N} = \dfrac{S_N}{\sqrt{3} U_{1N}} = \dfrac{750}{\sqrt{3} \times 10}\text{A} = 43.3\text{A}$

短路电压百分值及其分量的百分值

$$U_k = \dfrac{I_{1NP} Z_{k75℃}}{U_{1N}/\sqrt{3}} \times 100\% = \dfrac{43.3 \times 6.03}{10000/\sqrt{3}} \times 100\% = 4.52\%$$

$$U_{kr} = \dfrac{I_{1NP} x_k}{U_{1N}/\sqrt{3}} \times 100\% = \dfrac{43.3 \times 5.54}{10000/\sqrt{3}} \times 100\% = 4.15\%$$

2.3.3 标幺值

在电力工程计算中，各物理量的大小，除了用有名值表示外，还常用标幺值（即相对值）来表示。所谓标幺值，就是指某一物理量的实际值与同一单位的某一选定的基值之比。即

$$\text{标幺值} = \dfrac{\text{实际值}}{\text{基值}} \qquad (2-46)$$

标幺值是一个相对值，没有单位。其表示方法就是在各物理量的原来符号的右上角加一个"＊"来表示。

例如有两个电压，它们分别是 $U_1 = 198\ \text{kV}$，$U_2 = 220\ \text{kV}$。当选 220 kV 作为电压的基准值时，这两个电压的标幺值，用符号 U_1^* 和 U_2^* 表示。分别为

$$U_1^* = \dfrac{U_1}{U_2} = \dfrac{198}{220} = 0.9$$

$$U_2^* = \dfrac{U_2}{U_2} = \dfrac{220}{220} = 1.0$$

这就是说，电压 U_1 是所选定基准值 220 kV 的 0.9 倍，电压 U_2 是基准值的 1 倍。

1. 基值的选取

在电机和电力工程计算中，对于"单个"的电气设备，通常都是选其额定值作基准值。各基准值之间也应符合电路定律。

(1) 线电流、线电压的基值选额定线值；相电流、相电压的基值选额定相值。
(2) 电阻、电抗、阻抗共用一个基值，即

$$Z_j = \frac{U_{NPh}}{I_{NPh}} \qquad (2-47)$$

(3) 有功功率、无功功率、视在功率共用一个基值，以额定视在功率为基础；单相功率的基值为 $U_{NPh}I_{NPh}$，三相功率的基值为 $3U_{NPh}I_{NPh}$（或 $\sqrt{3}U_N I_N$）。

(4) 变压器有高、低压侧之分，各物理量的基值，应选择自侧的额定值。

2. 标么值的特点

(1) 额定电压、额定电流、额定视在功率的标么值为1。

(2) 变压器各物理量在本侧取标么值和折算到另一侧取标么值，两者相等，例如

$$U_{2*} = \frac{U_2}{U_{2N}} = \frac{kU_2}{kU_{2N}} = \frac{U_2'}{U_{1N}} = U_{2*}'$$

(3) 某些物理量的标么值具有相同的数值，例如

$$Z_{k*} = \frac{Z_k}{\frac{U_{1N}}{I_{1N}}} = \frac{I_{1N}Z_k}{U_{1N}} = u_{k*} \qquad (2-48)$$

同理

$$Z_{k*} = u_{kr*}$$
$$x_{k*} = u_{kx*} \qquad (2-49)$$

顺便指出，在变压器的分析与计算中，常用负载系数这一概念，用 β 表示，其定义为 $\beta = \frac{I_1}{I_{1N}} = \frac{I_2}{I_{2N}} = \frac{S_1}{S_{1N}} = \frac{S_2}{S_{2N}}$，可见

$$\beta = I_{1*} = I_{2*} = S_{1*} = S_{2*} \qquad (2-50)$$

(4) 标么值乘以100可得到以同样基值表示的百分值，同理，百分值除以100也可得到相对应的标么值。例如，$u_k = 5.5\%$ 时，其标么值为 $U_{k*} = 0.055$。

【应用实例2-3】 一台 $S_N = 100\ \text{kVA}$，$U_{1N}/U_{2N} = 6300/400\ \text{V}$，Y，d 接线的三相电力变压器 $I_0\% = 7\%$，$P_0 = 600\ \text{W}$，$U_k = 4.5\%$，$P_{kN} = 2250\ \text{W}$。试求：(1) 近似等效电路参数的标么值；(2) 短路电压及其各分量的标么值。

[解] (1) 近似等效电路参数标么值

励磁阻抗 $Z_m^* = \dfrac{1}{I_0^*} = 14.29$

励磁电阻 $r_m^* = \dfrac{P_0^*}{I_0^{*2}} = \dfrac{P_0/S_N}{I_0^{*2}} = \dfrac{0.6/100}{0.07^2} = 1.225$

励磁电抗 $x_m^* = \sqrt{Z_m^{*2} - r_m^{*2}} = \sqrt{14.29^2 - 1.225^2} = 14.24$

短路阻抗 $Z_k^* = U_k^* = 0.045$

短路电阻 $r_k^* = P_{kN}^* = \dfrac{P_{kN}}{S_N} = \dfrac{2.25}{100} = 0.0225$

短路电抗 $x_k^* = \sqrt{Z_k^{*2} - r_k^{*2}} = \sqrt{0.045^2 - 0.0225^2} = 0.039$

(2) 短路电压及其各分量标么值

$$U_k^* = 0.045 \quad U_{kr}^* = r_k^* = 0.0225 \quad U_{kr}^* = x_k^* = 0.039$$

2.4 变压器的运行特性

变压器的运行特性主要有外特性与效率特性。外特性反映变压器二次侧端电压随负载变化而变动的规律;效率特性表示变压器效率随负载变化的关系。表征变压器运行性能的主要指标有电压变化率和效率。电压变化率是变压器供电的质量指标,效率是变压器运行时的经济指标。

2.4.1 变压器的外特性与电压变化率

1. 电压变化率

电压变化率是指当变压器一次侧接在额定频率和额定电压的交流电源时,二次侧额定电压与二次侧带负载时的实际电压之差的标么值,用 $\triangle U$ 表示。即

$$\triangle U = \frac{U_{2N} - U_2}{U_{2N}} \times 100\% = 1 - U_2^* \tag{2-51}$$

影响变压器电压变化率的因素可利用简化相量图分析,图2-15是用标么值表示的变压器简化相量图。图中表示变压器的负载系数,即 $\beta = \frac{I_1}{I_{1N}} = \frac{I_2}{I_{2N}} = I_1^* = I_2^*$ \qquad (2-52)

从图2-15可以看出,$\dot{U}_1^*$ 与 $-\dot{U}_2^*$ 的夹角很小,一、二次电压标么值的算术差近似为

$$\dot{U}_1^* - \dot{U}_2^* = 1 - U_2^* \approx m + n$$

其中 $m = \beta r_k^* \cos\varphi_2$,$n = \beta x_k^* \sin\varphi_2$,因此

$$\triangle U = m + n = \beta (r_k^* \cos\varphi_2 + x_k^* \sin\varphi_2) \tag{2-53}$$

式(2-53)表明,变压器的电压变化率与其内部漏阻抗标么值的大小、负载的大小及负载的性质有关。当变压器带感性负载时,φ_2 为正值,$\triangle U$ 也为正值,说明变压器二次侧实际电压 U_2 低于二次侧额定电压 U_{2N};当变压器二次侧带容性负载时,φ_2 为负值,$\sin\varphi_2$ 也为负值,若 $|x_k^* \sin\varphi_2| > r_k^* \cos\varphi_2$,则 $\triangle U$ 为负值,此时的二次侧实际电压 U_2 高于二次侧额定电压 U_{2N}。

2. 变压器的外特性

当电源电压和负载的功率因数等于常数时,变压器二次侧电压随负载电流的变化关系称为变压器的外特性,即 $U_2 = f(I_2)$。图2-16所示为 $U_1 = U_{1N}$、$\cos\varphi_2 =$ 常数时的外特性曲线。

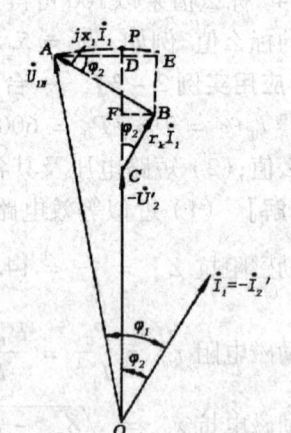

图2-15 感性负载时的简化向量图

为了保证供电质量,保持变压器二次侧电压的稳定,需要对变压器进行调压。电力系统的调压方式很多,例如调节发电机出口电压、采用同步调相机、在负载端并联电容器等。但采用最多、最普遍的方法是利用变压器分接开关调压,中、小型电力变压器一般有三个分接头,一般可在额定电压的 ±5% 范围内进行调节;大型电力变压器则采用五个或更多的分接头,例如,±2×2.5%

或 ±8×1.5% 范围内进行调节。

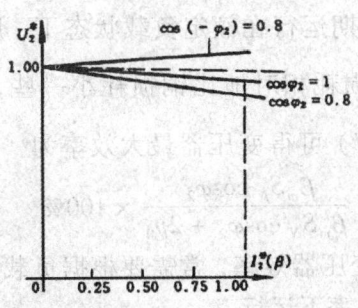

图 2-16 变压器外特性曲线

2.4.2 变压器的效率和效率特性

变压器效率是指变压器的输出功率 P_2 与输入功率 P_1 之比，用百分数表示，即

$$\eta = \frac{P_2}{P_1} \times 100\% = \frac{P_2}{P_2 + \sum p} \times 100\% \quad C \tag{2-54}$$

式中 $\sum p = p_{cu} + p_{Fe}$ — 变压器内部铜损耗和铁损耗之和；

P_2 — 变压器的输出有功功率。

效率的大小反映了变压器运行的经济性能的好坏，是表征变压器运行性能的重要指之一。

由式（2-54）可知，变压器的效率可用直接负载法通过测量输出功率 P_2 和输入功率 P_1 来确定。但工程上常用间接法来计算变压器的效率，即通过空载试验和短路试验，求出变压器的铁损耗 p_{Fe} 和铜损耗 p_{cu}，然后按下式计算效率

$$\eta = 1 - \frac{\sum p}{P_1} \times 100\% = 1 - \frac{p_{cu} + p_{Fe}}{P_2 + p_{cu} + p_{Fe}} \times 100\% \tag{2-55}$$

可近似认为 $P_2 = U_{2n}I_2\cos\varphi_2 = \beta U_{2N}I_{2N}\cos\varphi_2 = \beta S_N\cos\varphi_2$，由于铁损耗 p_{Fe} 近似等于空载损耗 p_0，当变压器电源电压和频率不变时，主磁通幅值大小不变，铁损耗基本不变，故可假定铁损耗恒定，即 $p_{Fe} = p_0 =$ 常值。而铜损耗随负载大小变化，称为可变损耗，则有

$$p_{cu} = I_1^2 r_{k(75℃)} = \beta^2 I_{1N}^2 r_{k(75℃)} = \beta^2 p_{kN} \tag{2-56}$$

于是（2-54）可改写为

$$\eta = \frac{\beta S_N \cos\varphi_2}{\beta S_N \cos\varphi_2 + p_0 + \beta^2 p_{kN}} \times 100\% \tag{2-57}$$

式（2-57）表明，变压器的效率与负载的大小及性质有关。

当 $\cos\varphi_2$ 为一定值时，变压器的效率与负载系数的关系称为效率特性。变压器的效率特性曲线如图（2-17）所示。从图可见，随着负载的增加，效率 $\eta = f(\beta)$ 由零很快升高至最大值，然后略有下降。数学分析可以证明，在某一负载系数下，可变损耗等于不变损耗，变压器的效率达到最大值，该条件是

$$p_0 = \beta_m^2 p_{kN} \tag{2-58}$$

由式（2-58）可求得变压器以最大效率运行时的负载系数 β_m 为

$$\beta_m = \sqrt{\frac{p_0}{p_{kN}}} \tag{2-59}$$

考虑到电力变压器不是长期运行在额定负载状态下,所以 β_m 一般取 0.5~0.6,故值应在 $\frac{1}{4}$ ~ $\frac{1}{3}$ 之间,可见铁损耗相对地比铜损耗小一些,对变压器运行经济效果更有利。将式(2-59)代入(2-57)可得变压器最大效率为

$$\eta = \frac{\beta_m S_N \cos\varphi_2^*}{\beta_m S_N \cos\varphi_2 + 2p_0} \times 100\% \tag{2-60}$$

在实际运行中,为了提高变压器效率,常需要根据负载情况决定投入运行变压器的台数,使变压器尽可能在较高的效率下运行。

【应用实例 2-4】 一台三相电力变压器,其铭牌数据见[例 2-3]试求:(1)额定负载且功率因数 $\cos\varphi_2 = 0.8$(滞后)时的二次端电压;(2)额定负载且功率因数 $\cos\varphi_2 = 0.8$(滞后)时的效率;(3) $\cos\varphi_2 = 0.8$(滞后)时的最大效率。

[解] (1)额定负载且功率因数 $\cos\varphi_2 = 0.8$(滞后)时的二次端电压
$\triangle U = \beta(r_k^* \cos\varphi_2 + x_k^* \sin\varphi_2) \times 100\% = 1(0.2225 \times 0.8 + 0.039 \times 0.6) \times 100\% = 4.2$
$U_2 = (1 - \triangle U) U_{2N} = (1 - 0.0414) \times 400V = 383.4V$

(2)额定负载且功率因数 $\cos\varphi_2 = 0.8$(滞后)时的效率

$$\eta = \left[1 - \frac{p_0 + \beta^2 p_{kN}}{\beta S_N \cos\varphi_2 + p_0 + \beta^2 p_{kN}}\right] \times 100\%$$

$$= \left[1 - \frac{0.6 + 1^1 \times 2.25}{1 \times 100 \times 0.8 + 0.6 + 1^1 \times 2.25}\right] \times 100\% = 96.56\%$$

(3) $\cos\varphi_2 = 0.8$(滞后)时的最大效率

$$\beta_m = \sqrt{\frac{p_0}{p_{kN}}} = \sqrt{\frac{0.6}{2.25}} = 0.516$$

$$\eta = \frac{\beta_m S_N \cos\varphi_2^*}{\beta_m S_N \cos\varphi_2 + 2p_0} \times 100\%$$

$$= \left[1 - \frac{2p_0}{\beta_m S_N \cos\varphi_2 + 2p_0}\right] \times 100\%$$

$$= \left[1 - \frac{2 \times 0.6}{0.516 \times 100 \times 0.8 + 2 \times 0.6}\right] \times 100\%$$

$$= 97.18\%$$

【本章小结】

空载运行是变压器一次绕组电源,二次绕组输出端开路的一种运行状态。变压器空载运行时,二次绕组无电流,铁芯中的主磁通仅有一次绕组空载电流激磁,一、二次绕组由主磁通耦合。一次绕组电动势,$E_1 = 4.44fN_1\phi_m$,二次绕组电动势,$E_2 = 4.44fN_2\phi_m$,二者在相位上均滞后主磁通$90°$。变压器空载电流的大小约为额定电流的$(0.5 \sim 3)\%$,基本上为无功电流,主要用于建立磁场,所以又称励磁电流,空载电流的波形视铁芯饱和程度而定。在单相变压器中,当外加电压为正弦波,磁路未饱和时,空载电流为正弦波;磁路饱和时的空载电流波形为尖顶波。变压器空载损耗基本上是铁损耗,约占额定容量的$0.2\% \sim 1\%$。

负载运行是变压器一次绕组接电源,二次绕组输出端带负载的一种运行状态。变压器负载运行时,二次绕组中流过负载电流,铁芯中的主磁通由一次、二次电流共同建立。因此,负载运行时的变压器内部既有电动势平衡关系,又有磁势平衡关系。变压器正是根据磁势平衡关系$\vec{F}_1 + \vec{F}_2 = \vec{F}_0$,一次电流$\dot{I}_1 = \dot{I}_0 - \dot{I}_2'$也要相应发生变化。

分析变压器内部各电磁量之间关系的三种基本方法是:基本方程式、等值电路和相量图。基本方程式用数学表达式概括变压器的电磁关系;等值电路是从基本方程式出发,用电路来模拟实际的变压器;相量图则是基本方程式的一种图形表示法。三者彼此一致,相辅相成,是同一问题的三种表述形式。定性分析时,采用相量图较为直观;定量计算时,采等值电路较为方便。

变压器的变比定义为一次、二次绕组电动势之比。实际应用时可扩展到按下式计算:

$$k = \frac{E_1}{E_2} = \frac{N_1}{N_2} \approx \frac{U_1}{U_2} = \frac{I_2}{I_1}$$

当变压器的电源电压和频率不变时,主磁通的幅值大小基本不变,这是变压器的一个重要特征,对变压器负载至关重要。

变压器按其磁通的实际分布和所起作用不同,分成主磁通和漏磁通两部分,前者以铁芯作闭合磁路,在一、二次绕组中均感应电动势,起着传递能量的媒介作用;而漏磁通主要以非铁磁性材料闭合,只起电抗压降的作用。

励磁阻抗Z_m和漏电抗x_1、x_2是变压器的重要参数。每一种电抗都对应磁场中的一种磁通,如励磁电抗对应于主磁通,漏电抗对应于漏磁通,励磁电抗受磁路饱和影响不是常量,而漏电抗基本上不受铁芯饱和的影响,因此它们基本上为常数。励磁阻抗和漏阻抗参数可通过空载和短路试验的方法求出。

电压变化率$\triangle U$和效率η是衡量变压器运行性能的两个主要指标。电压变化率$\triangle U$的大小反映了变压器负载运行时二次端电压的稳定性,而效率η则表明变压器运行时的经济性。$\triangle U$和η的大小不仅与变压器的本身参数有关,而且还与负载的大小和性质有关。

【思考题与习题】

2-1 一台 380/220 V 的单相变压器,如不慎将 380 V 加在低压绕组上,会产生什么现象?

2-2 为什么要把变压器的磁通分成主磁通和漏磁通,它们有哪些区别?并指出空载和负载时产生各磁通的磁动势。

2-3 变压器空载电流的性质和作用如何?其大小与哪些因素有关?

2-4 变压器空载运行时,是否要从电网中取得功率?起什么作用?为什么小负荷的用户使用大容量变压器无论对电网还是对用户都不利?

2-5 一台 220/110 V 的单相变压器,试分析当高压侧加 220 V 电压时,空载电流 I_0 呈何波形?加 110 V 时又呈何波形?若 110 V 加到低压侧,此时 I_0 又呈何波形?

2-6 当变压器原绕组匝数比设计值减少而其他条件不变时,铁芯饱和程度、空载电流大小、铁损耗、副边感应电动势和变比都将如何变化?

2-7 一台频率为 60 Hz 的变压器接在 50 Hz 的电源上运行,其他条件都不变,问主磁通、空载电流、铁损耗和漏抗有何变化?为什么?

2-8 变压器的励磁电抗和漏电抗各对应于什么磁通?对已制成的变压器,它们是否是常数?当电源电压降至额定值的一半时,它们如何变化?我们希望这两个电抗大好还是小好,为什么?并比较这两个电抗的大小。

2-9 变压器运行时电源电压降低,试分析对变压器铁芯饱和程度、励磁电流、励磁阻抗和铁损耗有何影响?

2-10 变压器负载时,一、二次绕组各有哪些电动势或电压降?它们产生的原因是什么?并写出电动势平衡方程式。

2-11 试比较变压器空载和负载的励磁磁动势的区别。

2-12 为什么变压器的空载损耗可近似看成铁损耗,短路损耗可否近似看成铜损耗?

2-13 试说明磁通势平衡关系的概念及如何使用它来分析变压器运行。

2-14 试绘出变压器"T"形、近似和简化等效电路,并说明各参数的意义。

2-15 变压器二次侧接电阻、电感和电容负载时,从一次侧输入的无功功率有何不同?为什么?

2-16 变压器空载试验一般在哪侧进行?将电源加在低压侧或高压侧所测得的空载电流、空载电流百分值、空载功率及励磁阻抗是否相等?

2-17 变压器短路试验一般在哪一侧进行?将电源加到高压侧或低压侧所测得的短路电压、短路电压百分值、短路功率及计算出的短路阻抗是否相等?

2-18 变压器外加电压一定,当负载(阻感性)电流增大,一次电流如何变化?二次电压如何变化?当二次电压偏低时,对于降压变压器该如何调节分接头?

2-19 变压器负载运行时引起副边端电压变化的原因是什么?副边电压变化率是如何定义的,它与哪些因素有关?当副边带什么性质负载时有可能使电压变化率为零?

2-20 电力变压器的效率与哪些因素有关?何时效率最高?

2-21 为何电力变压器设计时,一般取 $p_0 < p_{sN}$?如果取 $p_0 = p_{sN}$,变压器最适合带多

大负载?

2-22 有一台单相变压器,额定容量为 5 kVA,高、低压绕组均由两个线圈组成,高压边每个线圈的额定电压为 1100 V,低压边每个线圈的额定电压为 110 V,现将它们进行不同方式的联结。试问:可得几种不同的变比?每种联结时,高、低压边的额定电流为多少?

2-23 某三相变压器容量为 500 kVA,Y,yn 联结,电压为 6300/400V,现将电源电压由 6300V 改为 10000V,如保持低压绕组匝数每相40匝不变,试求原来高压绕组匝数及新的高压绕组匝数。

2-24 某单相变压器数据如下:$S_N = 2kVA$, $U_{1N}/U_{2N} = 1100/110$ V, 50 Hz, 短路阻抗 $Z_k = (8 + j28.91)\Omega$, 额定电压时空载电流 $I_0 = (0.01 - j0.09)$A, 负载阻抗 $Z_L = (10 + j5)\Omega$。试求:(1)变压器近似等效电路,各参数用标幺值表示;(2)原、副边电流及副边电压;(3)输入功率、输出功率。

第三章 三相变压器

现代电力系统均采用三相制,因而三相变压器的应用极为广泛。三相变压器可由三台单相变压器组合而成,称为三相组式变压器;也可用铁轭将三个铁芯连在一起构成三相芯式变压器。从运行原理来看,三相变压器在对称负载下运行时,各相电压、电流大小相等,相位上彼此相差120°,就其一相来说,与单相变压器没有什么区别。因此单相变压器的基本方程式、等效电路、相量图以及运行特性的分析方法及其结论等完全适用于三相变压器。

【教学目标】 掌握三相变压器连接方法;掌握三相变压器并列条件;初步学会变压器连接组别测定方法;初步掌握变压器常见故障检查、处理方法。

【教学要求】 了解三相组式和芯式变压器变压器磁路特点,理解掌握三相变压器连接方法及并列条件,了解变压器常规维护项目、内容及常见故障检查、处理方法。

知识要点	能力要求	相关知识	所占分值（100分）	自评分数
磁路系统	了解三相组式和芯式变压器变压器磁路特点	$\Phi_u + \Phi_v + \Phi_w = 0$	50	
连接组别	初步学会变压器连接组别测定方法	绕组"Y"或"△"接线	20	
并列条件	理解三相变压器并列运行意义	变压器简化等值电路	15	
使用维护	掌握变压器常见故障种类、现象、产生原因及处理方法	变压器铁芯、绕组、基本基本工作原理	15	

第三章 三相变压器

【引例】 发电厂和变电所中的若干台三相变压器通常采用并列运行方式,但变压器并列运行需遵循一定原则,否则将产生不良后果。遵循什么原则?这些原则的理论依据为何?随着学习的深入,谜底将被一一揭示。

3.1 三相变压器的磁路系统

三相变压器的磁路系统按其铁芯结构可分为组式磁路和心式磁路。

1. 三相组式变压器的磁路

因三相组式变压器由三台单相变压器铁芯组合而成组成,因此每相的主磁通 ϕ 各沿自己的磁路闭合,彼此不相关联。三相组式变压器的磁路系统如图 3-1 所示。

2. 三相芯式变压器的磁路

因三相芯式变压器三个铁芯柱用铁轭连在一起,因此,三相心式变压器每相有一个铁芯柱,如图 3-2 所示。从图上可以看出,任何一相的主磁通都要通过其他两相的磁路作为自己的闭合磁路。这种磁路的特点是三相磁路彼此相关。

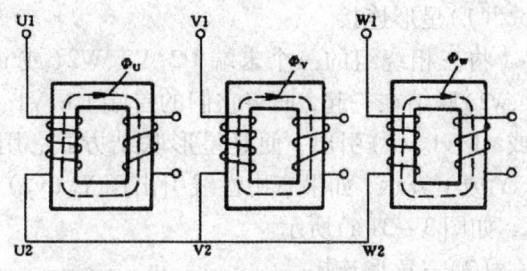

图 3-1 三相组式变压器的磁路系统

三相芯式变压器可以看做由三相组式变压器演变而来,如果将三台单相变压器的铁芯合并成图 3-2(a)的形式,在外施对称三相电压时,由于三相主磁通是对称的,中间铁芯柱的磁通为 $\dot{\phi}_U + \dot{\phi}_V + \dot{\phi}_W = 0$,即中间铁

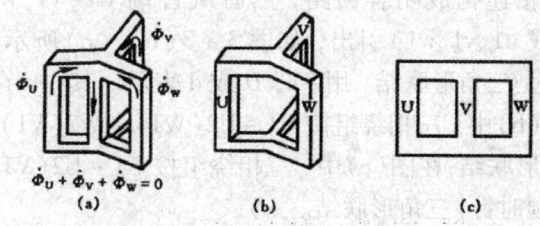

图 3-2 三相心式变压器的磁路系统

芯柱无磁通通过,因此可将中间铁芯柱省去,形成图 3-2(b)所示形状。为制造方便和降低成本,把 V 相铁轭缩短,并把三个铁芯柱置于同一平面,便得到三相心式变压器铁芯结构,如图 3-2(c)所示。

三相芯式变压器与三相组式变压器相比,具有耗材少、效率高、占地少、成本低及运行维护方便等优点,故得到广泛应用。但在大容量的巨型变压器中以及受运输条件限制的地方,为便于运输及减少备用容量,往往采用三相组式变压器。

3.2 三相变压器的联结组别

三相变压器的联结组别对其应用具有重要作用,关系到变压器电动势的相位及波形问题。

1. 三相变压器绕组的首尾端标记

为了表明绕组的接法,对绕组的首、尾端标记规定如表 3-1 所示。

表3-1　　　　　　　　　　绕组的首端和末端的标志

绕组名称	单相变压器		三相变压器		中性点
	首端	末端	首端	末端	
高压绕组	U1	U2	U1、V1、W1	U2、V2、W2	N
低压绕组	u1	u2	u1、v1、w1	u2、v2、w2	n

2. 三相变压器绕组的连接方式

在三相变压器中，不论一次绕组或二次绕组，主要采用星形和三角形两种联结方式。

（1）星形连接

将三相绕组的三个末端U2、V2、W2（或u2、v2、w2）联结在一起，而将它们的首端U1、V1、W1（或u1、v1、w1）引出，便是星形联结方式，用字母Y或y表示，如果有中性线引出用$Y_N(y_N)$表示，如图3-3（a）所示。

（2）三角形连接

将一相绕组的末端和另一相绕组的首端依次相连构成闭合回路，然后从首端U1、V1、W1（或u1、v1、w1）引出，如图3-3（b）、（c）所示，便是三角形联结，用字母D或d表示。其中，在图（b）中，三相绕组按U1-U2(W1)-W2(V1)-V2(U1)的顺序联结，称为逆序（逆时针）三角形联结；在图（c）中，三相绕组按U1-U2(V1)-V2(W1)-W2(U1)的顺序联结，称为顺序（顺时针）三角形联结。

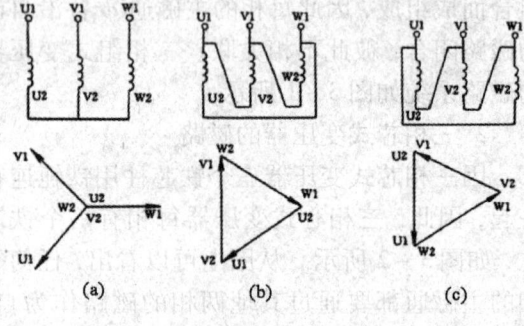

图3-3　三相绕组联结方法及相量图

3. 单相变压器的联结组别

单相变压器联结组别反映变压器一次、二次绕组电动势（电压）之间的相位关系。

单相变压器（或三相变压器任一相）的主磁通及一次、二次绕组的感应电动势都是交变的。

（1）同极性端

某一瞬间，高压绕组的某一端点的电位为正（高电位）时，低压绕组必有一个端点的电位也为正（高电位），这两个具有正极性或另两个具有负极性的端点，称为同极性端，用符号"＊"或"·"表示。

同极性端可能在绕组的对应端，如图3-4（a）所示，也可能在绕组的非对应端，如图3-4（b）所示，这取决于绕组的绕向。当一次、二次绕组的绕向相同时，同极性端在两个绕组的对应端；当一次、二次绕组的绕向相反时，同极性端在两个绕组的非对应端。

（2）单相变压器的首端和末端标法

一种是将一次、二次绕组的同极性端都标为首端（或末端），如图3-5（a）所示，这时一次、二

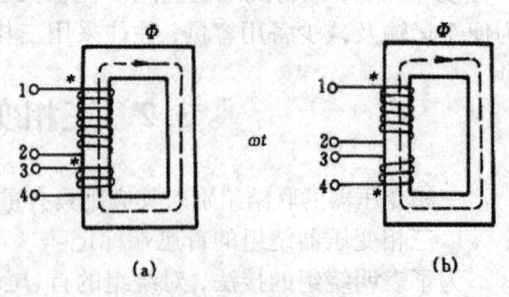

图3-4　线圈同极性端

次绕组电动势 $\dot{E}_U$ 与 $\dot{E}_u$ 同相位(感应电动势的正方向规定从末端指向首端)。

另一种标法是将一次、二次绕组的异极性端标为首端(或末端),如图 3-5(b)所示,这时 $\dot{E}_U$ 与 $\dot{E}_u$ 反相位。

综上分析,在单相变压器一次、二次绕组感应电动势之间的相位关系要么同相位要么反相位,它取决于绕组的绕向和首末端标记。

(3)联结组别时钟表示法

为了形象地表示变压器的高、低压绕组电动势之间的相位关系,目前变压器广

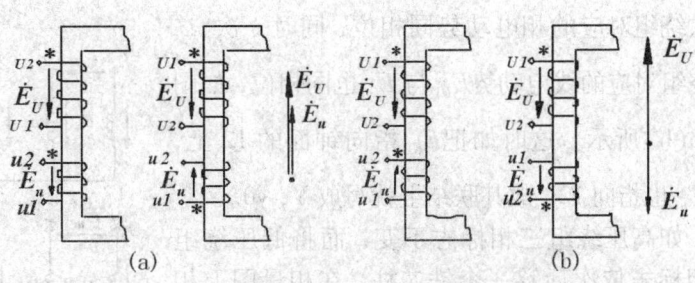

图 3-5 不同标志和绕向时原、副绕组感应电动势之间相位关系

泛采用所谓"时钟表示法"。即将高压绕组电动势相量 $\dot{E}_U$ 作为时钟的长针,并固定指在"12"上,低压绕组电动势相量 $\dot{E}_u$ 作为时钟的短针,其所指的数字即为单相变压器联结组的组别号,图 3-5(a)可写成 I,I0,图 3-5(b)可写成 I,I6,其中 I,I 表示高、低压线圈均为单相线圈,0 表示两线圈的电动势(电压)同相,6 表示反相。我国国家标准规定,单相变压器以 I, I0 作为标准联结组。

4. 三相变压器的联结组别

前已述及,三相变压器一次、二次绕组均可采用 Y(y)联结或 YN(yn)联结,也可采用 D(d)联结,括号内为低压三相绕组联结方式的表示符号。因此三相变压器的联结方式有 Y,yn、Y,d、YN,d、Y,y、YN,y、D,yn、D,y、D,d 等多种组合,其中前三种为最常见的联结方式,逗号前的大写字母表示高压绕组的联结,逗号后的小写字母表示低压绕组的联结,N(或 n)表示有中性点引出。

由于三相绕组可以采用不同联接,使得三相变压器一次、二次绕组的线电动势之间出现不同的相位差,因此按一次、二次线电动势的相位关系把变压器绕组的连接分成各种不同的联结组别。由于无论怎样联结,原、副边线电动势的相位差总是 30°的整数倍。因此,仍采用时钟表示法,具体方法是:分别作出高、低压侧

电动势相量图,把高压绕组线电动势相量 $\dot{E}_{UV}$ 作为时钟的长针,并固定指在"12"上,其对应的低压绕组线电动势相量 $\dot{E}_{uv}$ 作为时钟的短针,这时短针所指的数字即为三相变压器联结组别的组别号,将该数字乘以 30°,就是副绕组线电动势滞后于原绕组相应线电动势的相位角。

三相变压器联结组别由联结方式和组别号两部分组成,分别表示高、低压绕组联结方式及其对应线电动势之间相位关系。三相变压器联

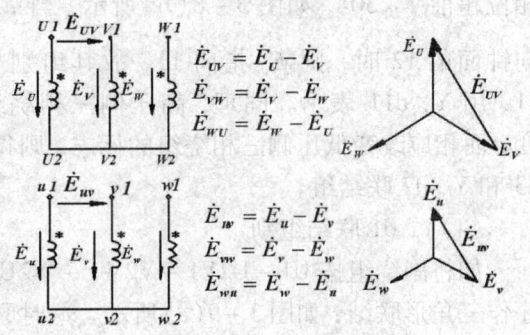

图 3-6 Y,y0 联结组

结组别不仅与绕组的绕向和首末端的标记有关,而且还与三相绕组的联结方式有关。下面具体分析不同联结方式变压器的联结组别。

(1) Y,y 联结组别

图3-6(a)为三相变压器 Y,y 联结时的接线图。在图中同极性端子在对应端,这时一次、二次绕组对应的相电动势同相位,同时一次、二次绕组对应的线电动势 $\dot{E}_{UV}$ 与 $\dot{E}_{uv}$ 也同相位,如图3-6(b)所示。这时如把 $\dot{E}_{UV}$ 指向钟面的12上,则 $\dot{E}_{uv}$ 也指向12,故其联结组就写成 Y,y0。

如高压绕组三相标志不变,而将低压绕组三相标志依次后移一个铁芯柱,在相量图上相当于把各相应的电动势顺时针方向转了 $120°$(即4个点),则得 Y,y4 联结组;如后移两个铁芯柱,则得8点钟接线,记为 Y,y8 联结组。

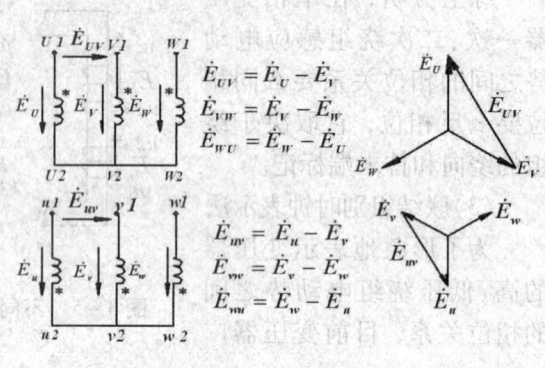

图3-7 Y,y6 联结组

(2) Y,y6 联结组别

在图3-6(a)中,如将一次、二次绕组的异极性端子标在对应端,如图3-7(a)所示,这时原、副边对应相的相电动势反向,则线电动势 $\dot{E}_{UV}$ 与 $\dot{E}_{uv}$ 的相位相差 $180°$,如图3-7(b)所示,因而就得到了 Y,y6 联结组。同理,将低压侧三相绕组依次后移一个或两个铁芯柱,便得 Y,y10 或 Y,y2 联结组。

(3) Y,d 联结组别

图3-8(a)是三相变压器 Y,d 联结时的接线图。图中将一次、二次绕组的同极性端标为首端(或末端),副绕组则按 U1-U2W1-W2V1-V2U1 顺序作三角形联结,这时一次、二次绕组对应相的相电动势也同相位,但线电动势 $\dot{E}_{uv}$ 相位超前 $\dot{E}_{UV}$ $30°$,如图3-8(b)所示,当 $\dot{E}_{UV}$ 指向钟面的12时,则 $\dot{E}_{uv}$ 指向11,故其组别号为11,用 Y,d11 表示。同理,高压侧三相绕组不变,而相应改变低压侧三相绕组的标志,则得 Y,d3 和 Y,d7 联结组。

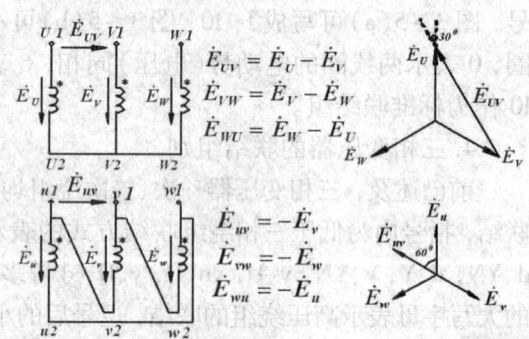

图3-8 Y,d11 联结组

(4) Y,d1 联结组别

如将副绕组按 U1-U2V1-V2W1-W2U1 顺序作三角形联结,如图3-9(a)所示。这时原、副

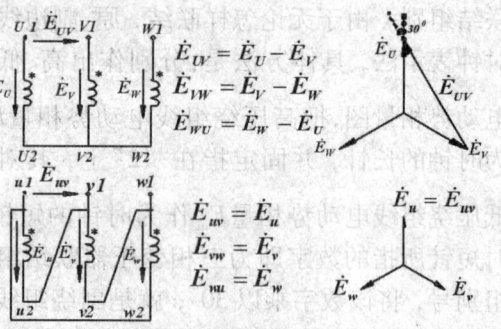

图3-9 Y,d1 联结组

边对应相的相电动势也同相,但线电动势 $\dot{E}_{uv}$ 相位超前 $\dot{E}_{UV}$ $30°$,如图3-9(b)所示,当 $\dot{E}_{UV}$ 指向钟面的12时,则 $\dot{E}_{uv}$ 指向1,故其组别号为1,则得到 Y,d1 联结组。同理,高压侧三相绕组

不变,而相应改变低压侧三相绕组的标志,则得 Y,d5 和 Y,d9 联结组。

综上所述可得,对 Y,y 联结而言,可得 0、2、4、6、8、10 等六个偶数组别;而 Y,d 联结而言,可得 1、3、5、7、9、11 等六个奇数组。

变压器联结组别的种类很多,为便于制造和并联运行,国家标准规定 Y,yn0;Y,d11;YN,d11;YN,y0 和 Y,y0 等五种作为三相双绕组电力变压器的标准联结组。其中以前三种最为常用。Y,yn0 联结组的二次绕组可引出中性线,成为三相四线制,用作配电变压器时可兼供动力和照明负载。Y,d11 联结组用于低压侧电压超过 400V 的线路中。YN,d11 联结组主要用于高压输电线路中,使电力系统的高压侧可以接地。

5. 磁路系统和绕组联结方式对电动势波形的影响

在分析单相变压器空载运行时曾指出:当外施电压 u_1 为正弦波时,与之相平衡的电动势 e_1 以及感应该电动势的主磁通 ϕ 也应是正弦波,由于变压器铁芯的饱和现象,磁通和励磁电流之间具有非线性关系,故空载电流 i_0 将是尖顶波,其中除基波外,还含有较强的三次谐波和较弱的高次奇次谐波。如第二章的图 2-2 所示。

在三相变压器中,各相基波彼此相差 120°,三次谐波频率为基波的三倍,故空载电流的三次谐波为

$$i_{03u} = I_{03m} sin3\omega t$$
$$i_{03v} = I_{03m} sin3(\omega t - 120°) = I_{03m} sin3\omega t$$
$$i_{03w} = I_{03m} sin3(\omega t + 120°) = I_{03m} sin3\omega t$$

可见,三相空载电流的三次谐波大小相等、方向相同。变压器的空载电流波形与三相绕组的连接法(星形或三角形)有关,而铁芯中的磁通的波形又与磁路系统(组式或芯式)有关。由于绕组的连接和磁路系统的不同,使空载电流和磁通的三次谐波受到限制,从而使绕组电动势波形受到影响。下面对不同情况加以讨论。

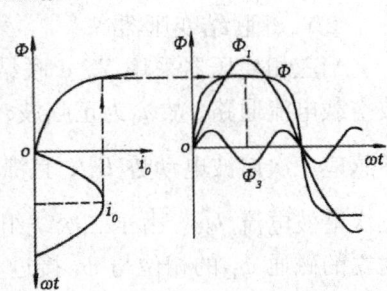

图 3-10 正弦空载电流产生的主磁通波形

(1)Y,y 联结的三相变压器

变压器一次侧采用无中线的星形接线,三次谐波电流无法构成回路,空载电流中不可能有三次谐波分量,若忽略五次谐波以上高次谐波,空载电流近似正弦波,因而主磁通呈平顶波,如图 3-10 所示。平顶波的主磁通中除基波磁通 ϕ_1 外,还含有三次谐波磁通 ϕ_3。而三次谐波磁通的大小将取决于磁路系统的结构。现分组式和芯式变压器两种情况来讨论。

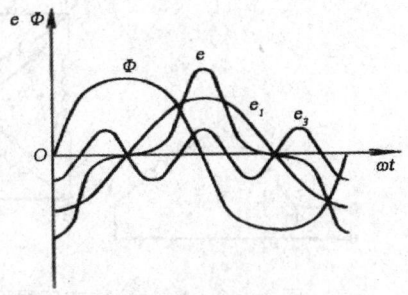

图 3-11 Y,y 联结变压器组电动势波形

① 组式 Y,y 联结变压器

在三相组式变压器中,由于三相磁路彼此无关,三次谐波磁通 ϕ_3 和基波磁通 ϕ_1 沿同一磁路闭合,如图 3-11 所示。由于铁芯磁路的磁阻很小,故三次谐波磁通较大,加上三次谐波磁通的频率为基波频率的 3 倍,即 $f_1 = 3f_3$,所以由它所感应的三次谐波相电动势较大,其幅值可达基波幅值的 45% ~ 60%,甚至更高,如图 3-11 所示。结果使相电动势的最大值升高很多,造成波形严重畸变,可能将绕组绝缘击穿。因此对于三相变压器组不准采用 Y,y 联结。但在三相线电动势中,由于三

— 41 —

次谐波电动势互相抵消,故线电动势仍呈正弦波形。

②芯式 Y,y 联结变压器

在三相心式变压器中,由于三相磁路彼此相关联,而三相三次谐波磁通大小相等且方向相同,不能沿铁芯闭合,只能借助油和油箱壁等形成回路,如图 3-12 所示。这种磁路的磁阻很大,使三次谐波磁通 ϕ_3 很小,主磁通仍接近于正弦波,相电动势波形也接近于正弦波。但由于三次谐波磁通通过油箱壁等时将产生涡流,引起变压器局部过热,降低变压器效率。因此心式变压器容量大于 1800kVA 时,不宜采用 Y,y 联结。

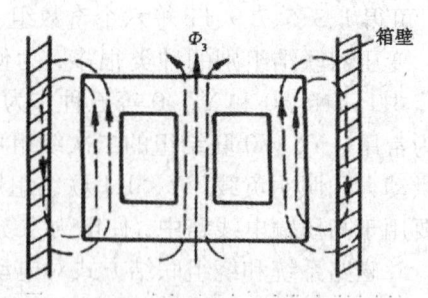

图 3-12 心式变压器中三次谐波磁通路径

(2) YN,y 联结的三相变压器

由于变压器的一次侧与电源之间有中性线连接,空载电流的三次谐波分量 i_{03} 有通路,故呈尖顶波,则主磁通 ϕ 及相电动势 e 均为正弦波形,所以三相变压器可采用此种联结。

(3) D,y 及 Y,d 联结的三相变压器

① D,y 联结变压器

由于变压器一次侧为三角形联结,在绕组内有三次谐波空载电流 i_{03} 的通路,故 i_0 呈尖顶波,则主磁通 ϕ 及相电动势 e 均为正弦波形,其情况同 YN,y 联结相同。

② Y,d 联结变压器

当三相变压器采用 Y,d 联结时,如图 3-13 所示。由于一次绕组作 Y 联结,无三次谐波空载电流通路,故 i_0 为正弦波,而主磁通为平顶波。主磁通中的三次谐波 ϕ_3 在二次绕组中感应三次谐波电动势 $\dot{E}_{23}$,且滞后 ϕ_3 90°。在 $\dot{E}_{23}$ 作用下,二次侧闭合的三角形回路中产生三次谐波电流 $\dot{I}_{23}$。由于二次绕组电阻远小于其三次谐波电抗,所以 $\dot{I}_{23}$ 滞后 $\dot{E}_{23}$ 接近 90°,$\dot{I}_{23}$ 建立的磁通 ϕ_{23} 的相位与 ϕ_3 接近相反,其结果大大削弱了 ϕ_3 的作用,如图 3-14 所示。因此合成磁通及其感应电动势均接近正弦波。

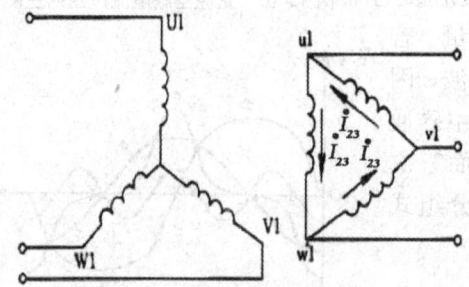

图 3-13 Y,d 联结变压器   图 3-14 Y,d 联结变压器三次谐波电流的去磁作用

(4) Y,yn 连接的三相变压器

变压器二次侧为 yn 接线,负载时可为三次谐波电流提供通路,使相电动势波形有所改善,但由于负载阻抗的影响,其三次谐波电流数值小,因此相电动势波形仍得不到较大的改善,这种联结基本上与 Y,y 联结一样,只适用于容量较小的三相心式变压器,而 Y,yn 联结

仍不能采用。

综上分析,当变压器运行在磁化曲线的饱和段时,要得到正弦变化的磁通和相电动势就必须有三次谐波电流,它可由原绕组产生,也可由副绕组产生。例如,由原绕组产生三次谐波电流的有 YN,y 和 D,y 联结,由副绕组产生三次谐波电流的有 Y,d 联结。因此在大容量高压变压器中,当需要一、二次侧均作星形联结时,可另加一个三角形联结的第三绕组,以改善相电动势的波形。另外,无论相电动势中有无三次谐波分量,线电压均为正弦波。

3.3　变压器的并联运行

变压器的并联运行是指几台变压器的一、二次绕组分别连接到一、二次侧的公共母线上,共同向负载供电的运行方式,如图 3-15 所示。在现代电力网中,变压器常采用并联运行方式。

并联运行的优点有:

①提高供电的可靠性。并联运行时,如果某台变压器故障或检修,另几台可继续供电。

②提高供电的经济性。并联运行时,可根据负载变化的情况,随时调整投入变压器的台数,以提高运行效率。

③对负荷逐渐增加的变电所,可分批增装变压器,以减少初装时的一次投资。当然,并联的台数过多也是不经济的,因为一台大容量变压器的造价要比总容量相同的几台小变压器的造价低,占地面积也小。

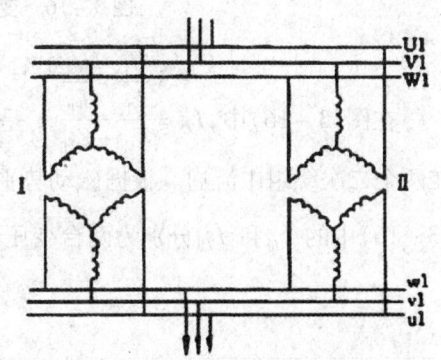

图 3-15　Y,y 联结三相变压器的并联运行

1. 并联运行的理想条件

变压器并联运行的理想情况是:

①空载时并联运行的各变压器绕组之间无环流,以免增加绕组铜损耗。

②负载后,各变压器的负载系数相等,即各变压器所分担的负载电流按各自容量大小成正比例分配,即所谓"各尽所能",以使并联运行的各台变压器容量得到充分利用。

③负载后,各变压器所分担的电流应与总的负载电流同相位。这样在总的负载电流一定时,各变压器所分担的电流最小。如果各变压器的二次电流一定,则共同承担的负载电流为最大,即所谓"同心协力"。

若要达到上述理想并联运行的情况,并联运行的变压器需满足如下条件:

①各变压器一、二次侧的额定电压应分别相等,即变比相同;

②各变压器的联结组别相同;

③各变压器的短路阻抗(或短路电压)的标幺值相等,且短路阻抗角也相等。

如满足了前两个条件则可保证空载时变压器绕组之间无环流。满足第三个条件时各台变压器能合理分担负载。在实际并联运行时,同时满足以上三个条件不容易也不现实,所以除第二条必须严格保证外,其余两条允许稍有差异。

2. 并联条件不满足时的运行分析

为使分析简单明了,在分析某一条件不满足时,假定其他条件都是满足的,且以两台变压器并联运行为例来分析。

(1) 变比不等时的并联运行

设两台变压器I和II变比不等,即 $k_1 \neq k_2$。若它们原绕组接同一电源,原绕组电压相等,则副绕组空载电压必然不等,分别为 $\dot{U}_1/k_I$ 和 $\dot{U}_1/k_{II}$,并联运行时的简化等效电路如图3-16所示。图中 Z_{kI}、Z_{kII} 分别为副边短路阻抗。

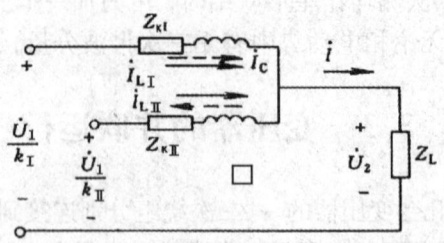

图3-16 变比不等的两台变压器的并联运行

在图(3-16)中,$\dot{I}_C = \dfrac{\dfrac{\dot{U}_1}{k_I} - \dfrac{\dot{U}_1}{k_{II}}}{Z_{kI} + Z_{kII}}$,是由 $k_1 \neq k_2$ 引起,在空载时就存在,故称空载环流,它只在两个二次绕组中流通。根据磁动势平衡原理,两台变压器的一次绕组中也相应产生环流。图(3-16)中的 $\dot{I}_{LI}$ 和 $\dot{I}_{LII}$ 分别为两台变压器各自分担的负载电流,它与短路阻抗成反比。

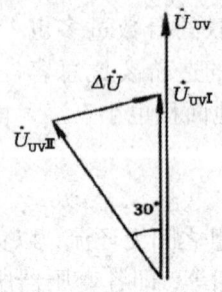

图3-17 Y,y0 与 Y,d11 并联时副边电压相量图

由于变压器短路阻抗很小,所以即使变比差值很小,也能产生较大的环流。这既占用了变压器的容量,又增加了变压器的损耗,是很不利的。因此为了保证空载环流不超过额定电流的10%,通常规定并联运行的变压器的变比偏差不大于1%。

(2) 联结组别不同时的并联运行

联结组别不同的变压器,即使一、二次侧额定电压相同,如果并联运行,则二次侧线电压之间的相位就不同,至少相差30°,例如,Y,y0 与 Y,d11 并联,如图3-17所示,此时副边线电压差 ΔU 为

$$\Delta U = |\dot{U}_{uvI} - \dot{U}_{uvII}| = 2U_{uv}\sin\dfrac{30°}{2} = 0.518 U_{uv} \qquad (3-1)$$

由于变压器的短路阻抗很小,这么大的 ΔU 将产生几倍于额定电流的空载环流,会烧毁绕组。故联结组别不同的变压器绝对不允许并联运行。

(3) 短路阻抗标幺值不等时的并联运行

由于变比 $k_1 = k_2$，联结组别相同，则两台变压器并联运行的等效电路如图 3-18 所示，此时环流 $\dot{I}_C$ 为零。

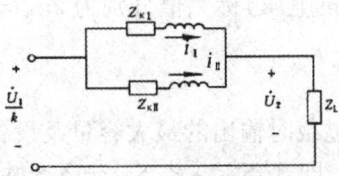

图 3-18　短路阻抗标幺值不等时并联运行的等效电路

由图可知

$$\dot{I}_{\rm I} Z_{k{\rm I}} = \dot{I}_{\rm II} Z_{k{\rm II}}$$

恒等变形为 $\dfrac{\dot{I}_{\rm I}}{\dot{I}_{{\rm I}N}} \times \dfrac{\dot{I}_{{\rm I}N} Z_{k{\rm I}}}{\dot{U}_N} = \dfrac{\dot{I}_{\rm II}}{\dot{I}_{{\rm II}N}} \times \dfrac{\dot{I}_{{\rm II}N} Z_{k{\rm II}}}{\dot{U}_N}$

也可写为 $\dfrac{\dot{I}_{\rm I}}{\dot{I}_{{\rm I}N}} \times Z_{k{\rm I}}^* = \dfrac{\dot{I}_{\rm II}}{\dot{I}_{{\rm II}N}} \times Z_{k{\rm II}}^*$，考虑各变压器容量都得到充分利用，$\dot{I}_{\rm I}$ 与 $\dot{I}_{\rm II}$ 同相才可得到最大负载电流 $\dot{I}_{\rm I} + \dot{I}_{\rm II} = \dot{I}$ 因此，有：$\dfrac{I_{\rm I}}{I_{{\rm I}N}} \times Z_{k{\rm I}}^* = \dfrac{I_{\rm II}}{I_{{\rm II}N}} \times Z_{k{\rm II}}^*$

或 $\beta_{\rm I} Z_{k{\rm I}}^* = \beta_{\rm II} Z_{k{\rm II}}^*$ 　　　　　　　(3-2)

式中，$\beta_{\rm I}$、$\beta_{\rm II}$——分别为第 I、II 台变压器的负载系数。

从 $\dfrac{I_{\rm I}}{I_{{\rm I}N}} \times Z_{k{\rm I}}^* = \dfrac{I_{\rm II}}{I_{{\rm II}N}} \times Z_{k{\rm II}}^*$ 知，

①当 $Z_{k{\rm I}}^* < Z_{k{\rm II}}^*$ 且 $Z_{k{\rm I}}^*$ 对应的变压器满载 $\left(\dfrac{I_{\rm I}}{I_{{\rm I}N}} = 1\right)$ 时，$1 = \dfrac{I_{\rm I}}{I_{{\rm I}N}} > \dfrac{I_{\rm II}}{I_{{\rm II}N}}$，$I_{\rm II} < I_{{\rm II}N}$，故短路阻抗标幺值小的变压器满载时，短路阻抗标幺值大的变压器欠载，故变压器的容量不能充分利用。

②当 $Z_{k{\rm I}}^* < Z_{k{\rm II}}^*$ 且 $Z_{k{\rm II}}^*$ 对应的变压器满载 $\left(\dfrac{I_{\rm II}}{I_{{\rm II}N}} = 1\right)$ 时，$\dfrac{I_{\rm I}}{I_{{\rm I}N}} > 1 = \dfrac{I_{\rm II}}{I_{{\rm II}N}}$，$I_{\rm I} < I_{{\rm I}N}$，故短路阻抗标幺值大的变压器满载时，短路阻抗标幺值小的变压器必然过载，长时间过载运行是不允许的。

可见，各台变压器所分担的负载大小与其短路阻抗标幺值成反比，使得短路阻抗标幺值大的变压器分担的负载小，而短路阻抗标幺值小的变压器分担的负载大。

因此变压器并联运行时，要求短路阻抗标幺值相等，以充分利用变压器容量。但实际上不同变压器的短路电压相对值总有差异，通常要求并联运行的变压器短路电压相对值之差不超过其平均值的 10%。

为使各台变压器所承担的电流同相，还要求各台变压器的短路阻抗角相等。一般说来，变压器的容量相差越大，它们的短路阻抗角相差也越大，因此要求并联运行变压器的最大容量和最小容量之比不超过 3:1。

变压器运行规程规定：变比不同和短路阻抗标幺值不等的变压器，在任何一台变压器都不会过负荷的情况下，可以并联运行。又规定：短路阻抗标幺值不等的变压器并联运行时，应适当提高短路阻抗标幺值大的变压器的二次电压，以使并联运行的变压器的容量均能充分利用。

【应用实例3-1】 两台变压器并联运行,变比和连接组别都相同,两台变压器的额定容量都是100kVA,当短路阻抗(阻抗电压)标么值分别为 $Z_{kI}^* = 0.035$, $Z_{kII}^* = 0.04$, 设总负载等于两台变压器之和。试求:

(1)各变压器所分担的负载;
(2)在不使任何一台变压器过载时输出的最大容量及设备的利用率。

解: (1)由于 $S_1 + S_2 = \sum S$, 即 $\beta_I S_{NI} + \beta_{II} S_{NII} = \sum S$ 并由(3-2)可得

$$\begin{cases} 0.035\beta_I = 0.04\beta_{II} \\ 100\beta_I + 100\beta_{II} = 200 \end{cases}$$

解方程可得 $\beta_I = 1.067$, $\beta_{II} = 0.933$

故第一台变压器的实际容量 $S_I = \beta_I S_{NI} = 1.067 \times 100 = 106.7$ kVA

第二台变压器的实际容量 $S_{II} = \beta_{II} S_{NII} = 0.933 \times 100 = 93.3$ kVA

由此可见,第一台变压器已过载(短路阻抗标么值小),而第二台变压器还处于欠载状态。

(2)由于短路阻抗标么值小的变压器容易过载,因此,要使输出容量最大且每台变压器均不过载,则应令 $\beta_I = 1$,于是

$$S_I = \beta_I S_{NI} = 1 \times 100 = 100 \text{ kVA}$$

$$S_{II} = \beta_{II} S_{NII} = \frac{Z_{kI}^*}{Z_{kII}^*} \beta_I S_{NII} = \frac{0.035}{0.04} \times 1 \times 100 = 87.5 \text{ kVA}$$

最大输出容量为 $\sum S_{max} = S_I + S_{II} = 100 + 87.5 = 187.5$ kVA

设备利用率为 $\dfrac{\sum S_{max}}{S_{NI} + S_{NII}} \times 100\% = \dfrac{187.5}{100+100} \times 100\% = \times 93.75\%$

3.4 三相变压器的使用、维护及常见故障处理

为了保证变压器能安全可靠地运行,在投运前应进行必要的检查和试验,运行中应进行严格的监视和定期维护,当变压器有异常情况发生时应能及时发现、及时处理,将事故消除在萌芽状态。

1.变压器投运前的检查和试验项目。新装和经过检修的变压器,在准备投入运行之前,必须认真地进行以下各项检查。

1)变压器投运前的检查项目

(1)变压器本体及其附件表面应清洁,附近无杂物。
(2)变压器各部件紧固、表面无破损、不漏油。
(3)接地装置完好,消防设施齐全。
(4)储油柜和充油套管内的油位、油色正常。
(5)吸湿器内的干燥剂无受潮,安全气道护膜完整无损。
(6)气体继电器、散热器、净油器的管路阀门应处于打开位置。
(7)高、低压套管上的引线紧固,三相交流电相位正确、标志明显。

(8)分接开关位置正确、定位螺丝紧固。
(9)冷却装置齐全,控制回路良好,温度计指示正常。
(10)变压器上无遗留接地线、标示牌和工具、材料等。
2)变压器投运前的试验项目
(1)绝缘电阻和吸收比的测量。
(2)测量变压器各绕组的直流电阻。
(3)测量分接开关各分接头上的变压比。
(4)测定三相变压器的连接组别。
(5)测定变压器的空载电流和空载损耗。
(6)耐压试验。
2. 变压器的运行与维护
1)运行监视内容
(1)监视并记录变压器控制盘上的仪表指示。通过功率表可监视变压器的负荷大小以及是否过负荷运行;三相电流表即可反映负荷大小,又能检查三相负荷是否平衡;电压表则指示变压器运行电压,若电源电压长期过高或过低,应调整分接开关,使变压器的输出电压为正常值。
(2)用目测法观察储油柜、充油套管内的油位、油色及透明度。通常油位高度应在标度范围内,变压器油应是透明略带黄色。当变压器装有电阻式遥测温度计时,应同时监测上层油温并做好记录。
(3)用耳测法听变压器噪音是否正常。正常情况下,噪音轻而平稳。
(4)观察吸湿器内的变色硅胶颜色,干燥硅胶应呈深蓝色。若硅胶已变成粉红色,说明硅胶吸潮失效,应取出烘干后再使用。
(5)监视变压器箱壳、充油套管及冷却装置有无渗漏油现象。
(6)坚实冷却系统的运转情况是否正常。对于油浸风冷及强迫油循环风冷的变压器,有个别风扇停转,检查风扇电动机是否过热,声音有无异常。对于强迫油循环水冷却变压器,其其潜油泵的运转是否正常,油压及流量有无变化,冷却水压力是否符合规定,冷却水进出口温度是否符合规定,冷却器是否漏油、漏水等。
2)运行维护
绝大多数变压器时安装在露天或半露天的场合,要受到风、雨、雪、霜、雷电、高温、严寒、雾气、灰尘等多种气候条件的侵袭,每台变压器在设计制造时,根据国家标准和技术条件,虽考虑到要承受上述各种恶劣条件,但变压器经过一段时期的运行后,其抵御能力会下降,因此必须进行定期维护,以恢复变压器的抵御能力。
一般情况下,每半年进行一次维护,但在环境污秽、气候恶劣的地区,则应适当缩短维护周期,可以四个月一次,甚至每季度一次。变压器定期维护的项目有:
(1)清扫变压器箱壳及其附件;
(2)清洁高、低压套管外表面;
(3)对变压器本体及充油附件取油样并做油样试验;
(4)检查维护绝缘套管的导电接头、导电板帽盖;
(5)雷雨季节前,维护好避雷装置并预先投入系统;

(6)趁维护停电机会,对一些零星小缺陷予以消除。

3. 变压器的常见故障现象、原因及处理方法

在变压器已发生的故障中,主要包括:绕组故障、铁芯故障、套管及分接开关等部分的故障。其中,绕组的故障最多,其次是铁芯,其余部分故障较少。应根据故障现象,查找并判明故障原因,采取相应办法进行检修。表3-2列出了变压器常见故障种类、现象、产生原因及处理方法。

表3-2　　　　　变压器常见故障种类、现象、产生原因及处理方法

序号	故障种类	故障现象	故障原因	处理方法
1	绕组匝间或层间短路	1. 变压器异常发热; 2. 油温升高; 3. 油发出特殊的"咝咝"声; 4. 电源侧电流增大; 5. 三相绕组的直流电阻不平衡; 6. 高压熔断器熔断; 7. 气体继电器动作; 8. 储油柜盖帽黑烟	1. 变压器运行年久,绕组绝缘老化; 2. 绕组绝缘受潮; 3. 绕组绕制不当,使绝缘局部受损; 4. 油道内落入杂物,使油道堵塞,拒不过热。	1. 更换或修复所损坏的绕组、衬垫、绝缘筒; 2. 进行油漆和干燥处理; 3. 更换或修复绕组; 4. 清除油道内的杂物
2	绕组接地或相间短路	1. 高压熔断器熔断; 2. 安全气道薄膜破裂、喷油; 3. 气体继电器动作; 4. 变压器油燃烧; 5. 变压器振动	1. 绕组主绝缘老化或有破损等重大缺陷; 2. 变压器进水,绝缘油严重受潮; 3. 油面过低,露出油面的引线绝缘距离不足而击穿; 4. 绕组内落入杂物; 5. 过电压击穿绕组绝缘	1. 更换或修复绕组; 2. 更换或处理变压器油; 3. 检查渗漏油部位,注油至正常油位; 4. 清除杂物; 5. 更换或修复绕组绝缘并限制过电压幅值
3	绕组变形与断线	1. 变压器发出异常响声; 2. 断线无电流指示	1. 制造装配不良,绕组未压紧; 2. 短路电流的电磁力作用; 3. 导线焊接不良; 4. 雷击造成断线; 5. 制造缺陷,强度不够	1. 修复变形部位,必要时更换绕组; 2. 拧紧压圈螺钉,紧固松脱的衬垫、衬条; 3. 割除熔蚀或界截面缩小的导线或更换导线; 4. 修补绝缘并作浸漆干燥处理; 5. 修复改善结构,提高机械强度

续表

序号	故障种类	故障现象	故障原因	处理方法
4	铁芯片间绝缘损坏	1. 空载损耗变大； 2. 铁芯发热，油温升高，油色变深； 3. 吊出器身检查可见硅钢片漆膜脱落或发热； 4. 变压器内发出异常响声	1. 硅钢片绝缘老化； 2. 受剧烈振动，片间发生位移摩擦； 3. 铁芯紧固件松动； 4. 铁芯接地后发热烧坏片间绝缘	1. 对绝缘损坏的硅钢片重新涂刷绝缘漆； 2. 紧固铁芯夹件； 3. 按铁芯接地故障方法处理
5	铁芯多点接地或接地不良	1. 高压熔断器熔断； 2. 铁芯发热，油温升高，油色变深； 3. 气体继电器动作； 4. 吊出器身检查可见硅钢片局部烧熔	1. 铁芯与穿心螺杆间的绝缘老化，引起铁芯多点接地； 2. 铁芯接地片断开； 3. 铁芯接地片连接松动	1. 更换穿心螺杆与铁芯间的绝缘管和绝缘垫； 2. 更换接地片或接地片压紧
6	套管闪络	1. 高压熔断器熔断； 2. 套管表面有放电痕迹	1. 套管表面积灰藏污； 2. 套管有裂纹或破损； 3. 套管密封不严，绝缘受潮； 4. 套管间掉入杂物	1. 清除套管间的积灰和脏污； 2. 更换套管； 3. 更换密封垫； 4. 清除杂物
7	分接开关烧损	1. 高压熔断器熔断； 2. 油温升高； 3. 触头表面发出放电声； 4. 变压器油发出"咕嘟"声	1. 动触头压力不够或过渡电阻损坏； 2. 开关装配不当，造成接触不良； 3. 连接螺栓松动； 4. 绝缘板绝缘性能变劣； 5. 变压器油位下降，使分接开关暴露； 6. 分接开关位置错位	1. 更换或修复触头接触面，更换弹簧或过渡电阻； 2. 按要求进行重新装配并进行调整； 3. 紧固松动的螺栓； 4. 更换绝缘板； 5. 补注变压器油至正常油位； 6. 纠正错位
8	变压器油质变劣	油色变暗	1. 变压器故障引起放电造成油分解； 2. 变压器油长期受热氧化使油质劣化	对变压器油进行过滤或更换新油

【本章小结】

三相变压器分为三相组式变压器和三相心式变压器。三相组式变压器每相有独立的磁路,三相心式变压器各相磁路彼此相关。

三相变压器的电路系统实质上就是研究变压器两侧线电压(或线电动势)之间的相位关系。变压器两侧电压的相位关系通常用时钟法来表示,即所谓联结组别。影响三相变压器联结组别的因素除有绕组绕向和首末端标志外,还有三相绕组的联结方式。变压器共有12种联结组别,国家规定三相变压器有5种标准联结组。

空载时电动势波形受绕组联结方式及铁芯结构影响,高、低压绕组只要有一侧接成三角形,就能改善电势波形。

变压器并联运行的条件是:①变比相等;②组别相同;③短路电压(短路阻抗)标幺值相等。前两个条件保证了空载运行时变压器绕组之间不产生环流,后一个条件是保证并联运行变压器的容量得以充分利用。组别相同这一条件必须严格满足,否则烧坏变压器。

【思考题与习题】

3-1 三相心式变压器和三相组式变压器相比,具有哪些优点?在测取三相心式变压器的空载电流时,为何中间一相的电流小于两边相的电流?

3-2 什么是单相变压器的联结组别,影响其组别的因素有哪些?如何用时钟法来表示?

3-3 什么是三相变压器的联结组别,影响其组别的因素有哪些?如何用时钟法来表示?

3-4 试说明三相组式变压器不能采用 Y, y 及 Y, yn 联结的原因,而为什么小容量心式变压器却能采用此种联结?为什么三相变压器中希望有一边作三角形联结?

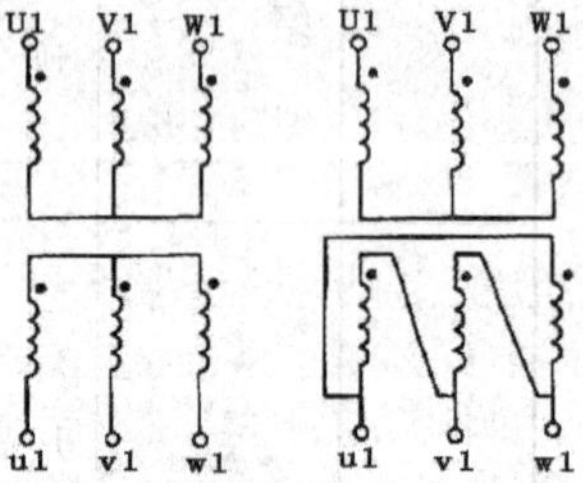

3-5 三相变压器的一、二次绕组按题3-5图联结,试画出它们的线电动势相量图,并判断其联结组别。

题3-5图

3-6 变压器并联运行的理想条件是什么?试分析当某一条件不满足时并联运行所产生的后果。

3-7 某三相变压器容量为 500 kVA, Y, yn 联结,电压为 6300/400V,现将电源电压由 6300V 改为 10000V,如保持低压绕组匝数每相 40 匝不变,试求原来高压绕组匝数及新的高压绕组匝数。

3-8 两台变压器并联运行,变比和连接组别都相同,第一台变压器额定容量两台变压器的额定容量 $S_{NI}=3200kVA$, $Z_{KI}^{*}=0.035$;第二台变压器额定容量 $S_{NII}=5600kVA$, $Z_{KII}^{*}=0.04$,设总负载容量 8000kVA。试求:

(1)各变压器所分担的负载;

(2)在不使任何一台变压器过载时输出的最大容量及设备的利用率。

3-9 某三相变压器, $S_N=750kVA$, $U_{1N}/U_{2N}=10000/400V$, Y, yn0 联结,低压边做空载试

验,测出 $U_{20}=400$V,$I_0=60$A,$p_0=3800$W;高压边做短路试验,测得 $U_k=440$ V,$I_k=43.3$A,$p_k=10900$W,室温20℃。试求:(1)变压器的参数并画出等效电路;(2)当额定负载且 $\cos\varphi_2=0.8$(滞后)和 $\cos\varphi_2=0.8$(超前)时的电压变化率、二次端电压和效率。

3-10 某三相变压器的额定容量 $S_N=5600$kVA,额定电压 $U_{1N}/U_{2N}=6000/3300$V,Y,d 联结。空载损耗 $P_0=18$kW,短路损耗 $P_k=56$kW,试求:(1)当输出电流为额定电流,$\cos\varphi_2=0.8$(滞后)时的效率;(2)效率最高时的负载系数和最高效率。

3-11 一台三相变压器,$S_N=600$kVA,$U_{1N}/U_{2N}=35/6$kV,Y,d 联结,50Hz,在高压侧做短路试验得:$U_k=2160$,$I_k=923$A,$p_k=53$kW。当 $U_1=U_{1N}$,$I_2=I_{2N}$ 时,测得二次端电压恰为额定值,即 $U_2=U_{2N}$,求此时负载的功率因数角,并说明负载的性质(不考虑温度换算)。

3-12 某三相变压器,$S_N=750$kVA,$U_{1N}/U_{2N}=10000/400$V,Y,yn0 联结,低压边做空载试验,测出 $U_{20}=400$V,$I_0=60$A,$p_0=3800$W;高压边做短路试验,测得 $U_k=440$ V,$I_k=43.3$A,$p_k=10900$W,室温20℃。试求:(1)变压器的参数并画出等效电路;(2)当额定负载且 $\cos\varphi_2=0.8$(滞后)和 $\cos\varphi_2=0.8$(超前)时的电压变化率、二次端电压和效率。

3-12 某三相变压器的额定容量 $S_N=5600$kVA,额定电压 $U_{1N}/U_{2N}=6000/3300$V,Y,d 联结。空载损耗 $P_0=18$kW,短路损耗 $P_k=56$kW,试求:(1)当输出电流为额定电流,$\cos\varphi_2=0.8$(滞后)时的效率;(2)效率最高时的负载系数和最高效率。

3-14 一台三相变压器,$S_N=600$kVA,$U_{1N}/U_{2N}=35/6$kV,Y,d 联结,50Hz,在高压侧做短路试验得:$U_k=2160$,$I_k=923$A,$p_k=53$kW。当 $U1=U_{1N}$,$I_2=I_{2N}$ 时,测得二次端电压恰为额定值,即 $U_2=U_{2N}$,求此时负载的功率因数角,并说明负载的性质(不考虑温度换算)。

第四章 其他变压器

在电力系统中，除大量采用双绕组变压器外，还常采用各种特殊用途的变压器，它们涉及面广，种类繁多，但其基本原理与双绕组变压器相同或相似。本章仅介绍较常用的自耦变压器、仪用互感器和电焊变压器工作原理及特点。

【教学目标】 掌握自耦变压器工作原理；掌握电压互感器和电流互感器工作原理；了解电焊变压器工作原理及使用常识。

【教学要求】 了解自耦变压器的用途、结构特点及优缺点；了解电压互感器和电流互感器的用途、结构特点及使用注意事项；了解电焊变压器的用途、结构特点。

知识要点	能力要求	相关知识	所占分值（100分）	自评分数
自耦变压器结构及特点	学会自耦变压器接线，高低压端判别	磁耦合、电联系	50	
电压互感器使用	学会电压互感器二次侧负荷接线极性判断	降压变压器	20	
电流互感器使用	学会电流互感器与电流表组合接线	升压变压器	15	
电焊变压器应用	学会用电焊变压器焊接方法	可变电抗器	15	

【引例】 不用接线，只需将被测线路衔入钳形电流表口中就能读出被测线路流过的电流，方便而快捷，钳形电流表的神奇内在机理是什么？

4.1 自耦变压器

1. 结构特点

普通双绕组和三绕组变压器一、二次绕组彼此独立、相互绝缘,它们之间只有磁的耦合,没有电的联系。而自耦变压器的一、二次绕组既有磁的耦合,又有电的联系,并且低压绕组作为高压绕组的一部分,如图4-1所示。图中 $U1-U2$ 为高压绕组;$u1-u2$ 为低压绕组,又称公共绕组;$U1-u1$ 为串联绕组。由于自耦变压器特殊的结构特点,其功率传递关系与双绕组变压器同样也有差异。

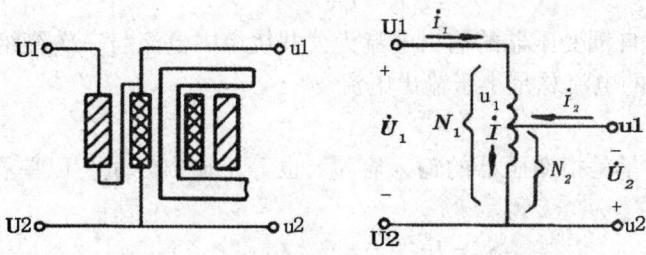

图 4-1 降压自耦变压器的结构图与接线图

2. 自耦变压器用途

目前,在高电压、大容量的输电系统中,自耦变压器主要用作两个电压等级相近的电力网的联络之用。另外在实验室中也常采用二次侧有滑动接触的自耦变压器作为调压器,此外,自耦变压器还可用作异步电动机的起动补偿器。

下面先从自耦变压器的电压、电流关系分析入手,对自耦变压器的功率传递关系加以分析。

3. 电压、电流及容量关系

(1) 电压关系

自耦变压器也是利用电磁感应原理工作的。当一次绕组 $U1$、$U2$ 两端加交变电压 $\dot{U}_1$ 时,铁芯中产生交变磁通,并分别在一、二次绕组中产生感应电动势,若忽略漏阻抗压降,则有

$$\left.\begin{array}{l}\dot{U}_1 \approx \dot{E}_1 = 4.44fN_1\phi_m \\ \dot{U}_2 \approx \dot{E}_2 = 4.44fN_2\phi_m\end{array}\right\} \tag{4-1}$$

自耦变压器的变比为

$$k_a = \frac{E_1}{E_2} = \frac{N_1}{N_2} \approx \frac{U_1}{U_2} \tag{4-2}$$

(2) 电流关系

自耦变压器的理论依据同样也是电磁感应原理,当外加交变的额定电压时,由于主磁通近似为常数,因此,合成励磁磁动势空、负载维持不变,其负载磁动势平衡方程式为

$$\dot{F}_1 + \dot{F}_2 = \dot{F}_0$$

即

$$N_1\dot{I}_1 + N_2\dot{I}_2 = N_1\dot{I}_0 \tag{4-3}$$

若忽略励磁电流,则

$$N_1 \dot{I}_1 + N_2 \dot{I}_2 = 0$$

于是
$$\dot{I}_1 = -\frac{N_2}{N_1} \dot{I}_2 = -\dot{I}_2/k_a \quad (4-4)$$

可见,一、二次绕组电流的大小与匝数成反比,在相位上互差180°。因此,流经公共绕组中的电流

$$\dot{I} = \dot{I}_1 + \dot{I}_2 = -\frac{\dot{I}_2}{k_a} + \dot{I}_2 = \left(1 - \frac{1}{k_a}\right)\dot{I}_2 \quad (4-5)$$

在数值上 $I = I_2 - I_1$

或 $I_2 = I + I_1$ (4-6)

式(4-6)说明,自耦变压器的输出电流为公共绕组中电流与一次绕组电流之和,由此可知,流经公共绕组中的电流总是小于输出电流。

(3)容量关系

自耦变压器的容量是指变压器的输入容量,也等于输出容量。以单相自耦变压器为例,其铭牌容量为

$$S_N = U_{1N} I_{1N} = U_{2N} I_{2N} \quad (4-7)$$

而串联绕组 $Ul-ul$ 额定容量为

$$S_{U1u1} = U_{U1u1} I_{1N} = \frac{N_1 - N_2}{N_1} U_{1N} I_{1N} = \left(1 - \frac{1}{k_a}\right) S_N \quad (4-8)$$

公共绕组 $u1u2$ 额定容量为

$$S_{u1u1} = U_{u1u1} I_{1N} = U_{2N} I_{2N} \left(1 - \frac{1}{k_a}\right) = \left(1 - \frac{1}{k_a}\right) S_N \quad (4-9)$$

比较式(4-7)、(4-8)和(4-9)可知,串联线圈 $U1-u1$ 额定容量与公共线圈 $u1-u2$ 额定容量相等,并均小于自耦变压器的铭牌容量。

自耦变压器工作时,其输出容量

$$S_2 = U_2 I_2 = U_2 (I + I_1) = U_2 I + U_2 I_1 \quad (4-10)$$

式(4-10)说明,自耦变压器的输出功率由两部分组成,其中 $U_2 I$ 为电磁功率,它是通过电磁感应作用从原边传递到负载,与双绕组变压器传递方式相同。$U_2 I_1$ 为传导功率,它是直接由电源经串联绕组传导到负载,它不需要增加绕组容量,也正因为如此,自耦变压器的绕组容量才小于其额定容量。而且,自耦变压器的变比 k_a 愈接近1,绕组容量就愈小,其优越性就愈显著,因此,自耦变压器主要用于 $k_a < 2$ 的场合。

4. 自耦变压器的主要优缺点(和普通双绕组变压器比较)

(1)主要优点:

①由于自耦变压器的设计容量小于额定容量,故在同样的额定容量下,自耦变压器的主要尺寸小,有效材料(硅钢片和铜线)和结构材料(钢材)都较节省,从而降低了成本。

②有效材料的减少使得铜损耗和铁损耗也相应减少,故自耦变压器的效率较高。

③由于自耦变压器的尺寸小,重量减轻,故便于运输和安装,占地面积也小。

(2)主要缺点:

①自耦变压器的短路阻抗标幺值较小,因此短路电流较大。故设计时应注意绕组的机械强度,必要时可适当增大短路阻抗以限制短路电流。

②由于一、二次绕组间有电的直接联系,运行时一、二次侧都需装设避雷器,以防高压侧产生过电压时,引起低压绕组绝缘的损坏。

③为防止高压侧发生单相接地时,引起低压侧非接地相对地电压升得较高,造成对地绝缘击穿,自耦变压器中性点必须可靠接地。

4.2 仪用互感器

仪用互感器是一种供测量用的变压器,分电流互感器和电压互感器两种。它们的工作原理与变压器相同。

使用互感器有两个目的:一是为了工作人员的安全,使测量回路与高压电网隔离;二是可以使用普通量程的电流表、电压表分别测量大电流和高电压。互感器的规格有各种各样,但电流互感器二次绕组额定电流都是 5A 或 1A,电压互感器二次绕组额定电压都是 100V。

互感器除了用于测量电流和电压外,还用于各种继电保护装置的测量系统,因此它的应用极为广泛。下面分别介绍电流互感器和电压互感器。

1. 电流互感器

图 4-2 是电流互感器的原理图,电流互感器的一次绕组匝数少,二次绕组匝数多。它的一次侧串联接入主线路,流过被测电流为 I_1;二次侧串接电流表或功率表的电流线圈,一次电流的大小取决于被测线路的负载电流,与二次侧的负载无关。由于二次绕组接内阻抗极小的电流表或功率表的电流线圈,因此电流互感器的运行时,近乎变压器的短路试验状态。

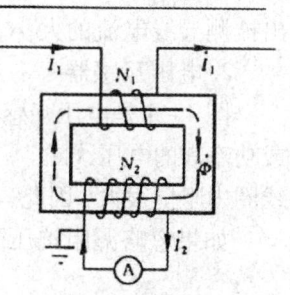

图 4-2 电流互感器原理图

如果忽略励磁电流,由变压器的磁动势平衡关系可得

$$\frac{I_1}{I_2} = \frac{N_2}{N_1} = k_i \text{ 或 } I_1 = k_i I_2 \qquad (4-11)$$

式中,k_i 称为电流变比。也就是说,将电流互感器的二次绕组电流数值乘上一个常数作为被测电流数值。量测 I_2 的电流表可按 $k_i I_2$ 来刻度,从表上直读出被测电流 I_1。

由于互感器总有一定的励磁电流,故一、二次电流比只是近似一个常数,因此,把一、二次电流比按一个常数 k_i 处理的电流互感器就存在着误差,用相对误差表示为

$$\triangle I = \frac{k_i I_2 - I_1}{I_1} \times 100\% \qquad (4-12)$$

根据误差的大小,电流互感器分为下列各级:0.2、0.5、1.0、3.0、10.0。如 0.5 级的电流互感器表示在额定电流时误差最大不超过 ±0.5%。

使用电流互感器时,须注意以下三点:

(1)二次侧绝对不许开路。因为二次侧开路时,电流互感器处于空载运行状态,此时一次侧被测线路电流全部为励磁电流,使铁芯中磁通密度明显增大。这一方面使铁损耗急剧增加,铁芯过热甚至烧坏绕组;另一方面将使二次侧感应出很高电压,不但使绝缘击穿,而且危及工作人员和其他设备的安全。因此在一次电路工作时如需检修和拆换电流表或功率表的电

流线圈，必须先将互感器二次侧短路。

（2）为了使用安全，电流互感器的二次绕组必须可靠接地，以防止绝缘击穿后，电力系统的高电压传到低压侧，危及二次设备及操作人员的安全。

（3）电流互感器有一定的额定容量，使用时二次侧不宜接过多的仪表，以免影响互感器的准确度。

为了可在现场不切断电路的情况下测量电流和便于携带使用，把电流表和电流互感器合起来制造成钳形电流表。图4-3为钳形电流表的实物外形和原理电路图。互感器的铁芯成钳形，可以张开，使用时只要张开钳口，将待测电流的一根导线放入钳中，然后将铁芯闭合，钳形电流表就会显示出被测导线电流的大小，可直接读数。

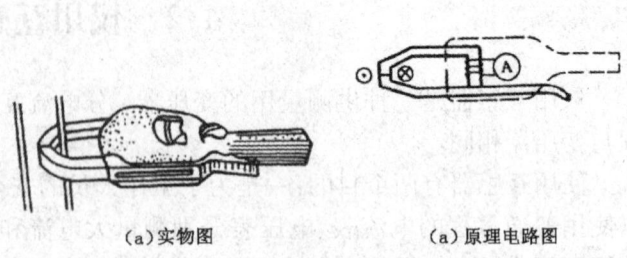

(a) 实物图　　　(a) 原理电路图

图4-3　钳形电流表的实物及原理图

2. 电压互感器

图4-4是电压互感器的原理图。一次侧直接并联在被测的高压电路上，二次侧接电压表或功率表的电压线圈。一次绕组匝数 N_1 多，二次绕组匝数 N_2 少。由于电压表或功率表的电压线圈内阻抗很大，因此，电压互感器实际上相当于一台二次处于空载状态的降压变压器。

如果忽略漏阻抗压降，则有

$$U_1/U_2 = N_1/N_2 = k_u \quad \text{或} \quad U_1 = k_u U_2 \qquad (4-13)$$

式中，k_u 称为电压变比，为一常数。这就是说，将电压互感器的二次电压数值乘上常数 k_u 作为一次被测电压的数值。量测 U_2 的电压表可按 $k_u U_2$ 来刻度，从表上直读出被测电压 U_1。

实际的电压互感器，一、二次漏阻抗上都有压降，因此一、二次绕组电压比只是近似一个常数，必然存在误差。根据误差的大小分为0.2、0.5、1.0、3.0几个等级。

使用电压互感器时，须注意以下三点：

（1）使用时电压互感器的二次侧不允许短路。电压互感器正常运行时是接近空载，如二次侧短路，则会产生很大的短路电流，绕组将因过热而烧毁。

（2）为安全起见，电压互感器的二次绕组连同铁芯一起，必须可靠接地。

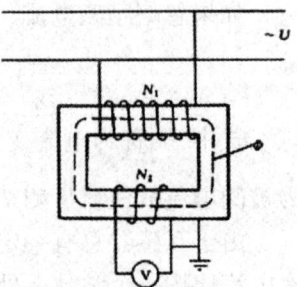

图4-4　电压互感器原理图

（3）电压互感器有一定的额定容量，使用时二次侧不宜接过多的仪表，以免影响互感器的准确度。

4.3　电焊变压器

交流电弧焊接在生产实际中有着广泛的应用。而交流电弧焊接的电源通常是电焊变压器，实际上它是一种特殊的降压变压器。为了保证电焊的质量和电弧燃烧的稳定性，其结构、性能与普通变压器有较大的差别。

对电焊变压器性能的基本要求：

(1) 应有足够高的空载电压，以保证容易起弧，但考虑操作者的安全，电焊变压器空载电压为 60~75V，最高不超过 85V。

(2) 电焊变压器负载时应有迅速下降的外特性，如图 4-5 所示，以满足电弧特性的要求。

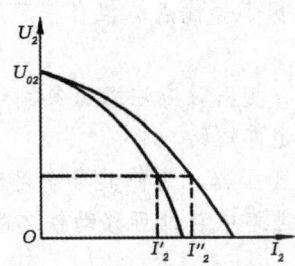

图 4-5 电焊变压器外特性

(3) 为了满足焊接不同工件的需要，要求能够调节焊接电流的大小。

(4) 短路电流不应太大，也不应太小。短路电流太大，会使焊条过热、金属颗粒飞溅，工件易烧穿；短路电流太小，引弧条件差，电源处于短路时间过长。一般短路电流不超过额定电流的两倍，在工作中电流要比较稳定。

为了满足上述要求，电焊变压器应有较大的可调电抗。电焊变压器的一、二次绕组一般分装在两个铁芯柱上，以使绕组的漏抗比较大。改变漏抗的方法很多，常用的有磁分路法和串联可变电抗法两种，如图 4-6 所示。

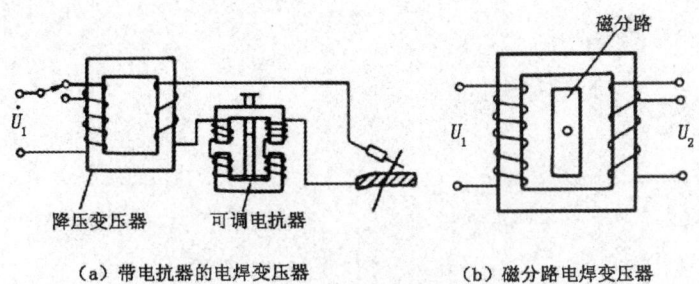

(a) 带电抗器的电焊变压器　　(b) 磁分路电焊变压器

图 4-6 电焊变压器原理接线图

带电抗器的电焊变压器如图 4-6(a) 所示，它是在二次绕组中串接可调电抗器。电抗器中的气隙可以用螺杆调节，当气隙增大时，电抗器的电抗减小，电焊工作电流增大；反之，当气隙减小时，电抗增大，电焊工作电流减小。另外，在一次绕组中还备有分接头，以便调节起弧电压的大小。

磁分路电焊变压器如图 4-6(b) 所示。在一、二次绕组铁芯柱中间，加装一个可移动的铁芯，提供了一个磁分路。当磁分路铁芯移出时，一、二次绕组的漏抗减小，电焊变压器的工作电流增大。当磁分路铁芯移入时，一、二次绕组间通过磁分路的漏磁通增多，总的漏抗增大，焊接时二次侧电压迅速下降，工作电流变小。这样，通过调节磁分路的磁阻，即可调节漏抗大小和工作电流的大小，以满足焊件和焊条的不同要求。在二次绕组中还常备有分接头，以便调节空载时的起弧电压大小。

【本章小结】

　　自耦变压器的特点是一、二次绕组间不仅有磁的耦合，而且还有电的直接联系。故其一部分功率不通过电磁感应，而直接由一次侧传递到二次侧，因此和同容量普通变压器相比，自耦变压器具有省材料、损耗小、体积小等优点。但自耦变压器也有其缺点，如短路电抗标幺值较小，因此短路电流较大等。

　　仪用互感器是测量用的变压器，使用时应注意将其副边接地，电流互感器二次侧绝不允许开路，而电压互感器二次侧绝不允许短路。

　　电焊变压器是一种特殊的降压变压器。为使其具有迅速下降的外特性，采用人为增大漏抗的方法，即串联可调电抗器或在磁路中装设可移动铁芯磁分路。

【思考题与习题】

4−1 自耦变压器的功率是如何传递的？为什么它的设计容量比额定容量小？

4−2 使用电流互感器时须注意哪些事项？

4−3 使用电压互感器时须注意哪些事项？

4−4 为了保证电焊的质量和电弧燃烧的稳定性，对电焊变压器有哪些具体要求？

第二篇 异步电机

电机技术应用

　　交流旋转电机可分为同步电机和异步电机两大类。转子转速与旋转磁场转速相同的称为同步电机,不同的称为异步电机。同步电机主要用作发电机运行,异步电机主要作为电动机运行。异步电动机具有结构简单、制造容易、运行可靠、维护方便、成本较低、效率较高等优点,是现代化工农业生产中应用最广泛的一种动力设备。例如,中小型轧钢设备、矿山机械、机床、起重机、鼓风机、水泵以及脱粒机、磨粉机等农副产品的加工机械,发电厂中,锅炉、汽轮机的附属设备、水泵、空压机、启动机和天车等大都采用异步电动机来拖动。在日常生活中,单相异步电动机广泛应用在电风扇、洗衣机、电冰箱、空调机及各种医疗机械中。据统计,在电网的总负载中,异步电动机占总动力负载的85%以上。

　　异步电动机的缺点主要是不能经济地实现范围较广的平滑调速且异步电动机是一感性负载,需从电网吸收无功电流建立磁场,从而使电网的功率因数降低,必须采用相应的无功补偿措施。因而对一些调速性能要求较高的机械负载,仍须使用调速性能较好的直流电动机拖动,对于单机容量较大、恒转速运转的机械负载,常采用改善系统功率因数的同步电动机拖动。

　　异步电动机种类很多,根据其特征可作以下分类:按电源相数可分为单相、三相异步电动机;按转子结构型式可分为鼠笼式、绕线式异步电动机;按外壳的防护形式可分为开启式、防护式、封闭式异步电动机。

第五章 三相异步电动机的基本结构和工作原理

【教学目标】 掌握鼠笼式和绕线式异步电动机接线方法,掌握三相异步电动机的基本工作原理。

【教学要求】 了解异步电动机的种类及用途。掌握鼠笼式和绕线式异步电动机的基本构造及主要结构部件的作用。了解三相交流绕组的类别及常用三相绕组的连接规律和特点。理解三相旋转磁势的概念。掌握三相异步电动机的基本工作原理。理解异步电动机铭牌数据的含义,了解常见异步电动机的产品系列。

知识要点	能力要求	相关知识	所占分值(100分)	自评分数
异步电动机结构	学会异步电机拆装	铁芯、线圈	50	
三相绕组分类及绕制	掌握三相绕组绕制规律	槽电势星形图	20	
异步电机连接	学会异步电机"Y"、"△"接线	"Y"绕组、"△"绕组	15	
异步电机参数	额定值、产品系列	型号	15	

【引例】 三相异步电动机通入三相交流电流就可旋转,并将电能转换为机械能,简单的令人难以置信,但愿异步电动机转动的谜团能够随风飘散。

5.1 三相异步电动机的基本结构

异步电动机有鼠笼式和绕线式两类,结构如图 5-1 及 5-2 所示。它们的区别在于转子结构不同。异步电动机结构主要由固定不动的定子和旋转的转子所组成,定子与转子间存在很小的间隙,称为气隙。

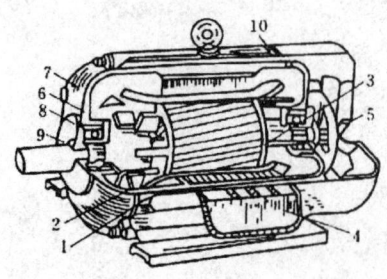 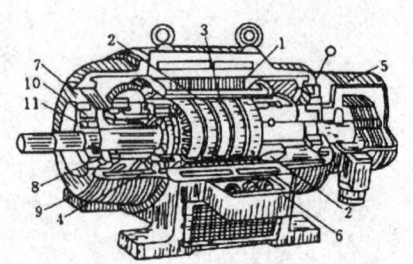

图 5-1 鼠笼式异步电动机的结构　　图 5-2 绕线式异步电动机的结构

1—定子；2—定子绕组；3—转子；4—线盒；　　1—定子；2—定子绕组；3—转子；
5—风扇；6—轴承；7—端盖；8—内盖；　　4—转子绕组；5—滑环风扇；6—出线盒；
9—外盖；10—风罩　　7—轴承；8—轴承盒；9—端盖；10—内盖；11—外盖

1. 定子

异步电动机定子由定子铁芯、定子绕组和机座等部件组成，定子的作用是用来产生旋转磁场。

（1）定子铁芯

定子铁芯是电机磁路的一部分，由于异步电动机中的磁场是旋转的，定子铁芯中的磁通为交变磁通。为了减小磁场在铁芯中引起的涡流及磁滞损耗，定子铁芯由导磁性能较好的 0.5mm 厚、表面具有绝缘层（涂绝缘漆或硅钢片表面具有氧化膜绝缘层）的硅钢片叠压而成。定子铁芯叠片内圆冲有均匀分布的一定形状的槽，用以嵌放定子绕组。中小型电机的定子铁芯采用整圆冲片，如图 5-3 所示。大、中型电机常采用扇形冲片拼成一个圆。

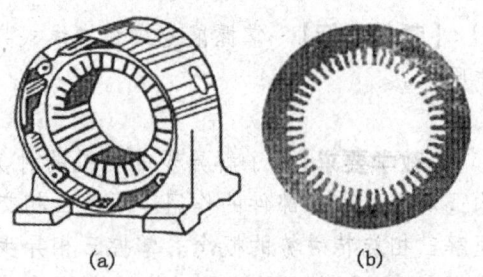

图 5-3 定子机座和铁芯冲片
(a) 定子机座；(b) 定子铁芯冲片

（2）定子绕组

定子绕组是电机的电路部分，由许多线圈按一定的规律连接而成。小型异步电动机的定子绕组由高强度漆包圆铜线或铝线绕制而成，一般采用单层绕组；大、中型异步电机的定子绕组用截面较大的扁铜线绕制成型，再包上绝缘，一般采用双层绕组。

（3）机座

机座是电机的外壳，用以固定和支撑定子铁芯及端盖，机座应具有足够的强度和刚度，同时还应满足通风散热的需要。小型异步电机的机座一般用铸铁铸成，大型异步电机机座常用钢板焊接而成。为了增加散热面积、加强散热，封闭式异步电动机机座外壳上面有散热筋，防护式电动机机座两端端盖开有通风孔或机座与定子铁芯间留有通风道等。

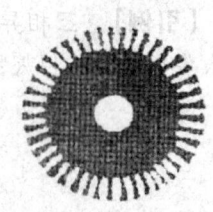

图 5-4 转子铁芯冲片

2. 转子

转子由转子铁芯、转子绕组和转轴等部件构成。转子的作用是用来产生感应电流，形成电磁转矩，从而实现机电能量转换。

（1）转子铁芯

转子铁芯也是电机磁路的一部分。通常用定子冲片内圆冲下来的原料做转子叠片，即一般仍用 0.5mm 厚的硅钢片叠压而成，套装在转轴上，转子铁芯叠片外圆冲有嵌放转子绕组的槽。如图 5-4 所示。

(2) 转子绕组

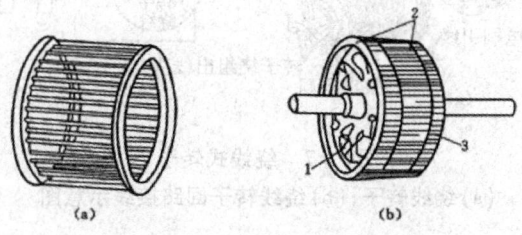

图 5-5 铜条转子结构
(a) 铜条转子绕组；(b) 铜条转子
1-铁芯 2-导条短路环；3-嵌入的导条

转子绕组的作用是感应电动势和电流并产生电磁转矩。其结构型式有鼠笼式和绕线式两种，现分述如下。

① 鼠笼式转子绕组。在每个转子槽中插入一铜条，在铜条两端各用一铜质端环焊接起来形成一个自身闭合的多相短路绕组，形如鼠笼，称为铜条转子，如图 5-5 所示。也可以用铸铝的方法，把转子导条和端环、风扇叶片用铝液一次浇铸而成，称为铸铝转子，如图 5-6 所示。中小异步电动机的鼠笼转子一般采用铸铝转子。

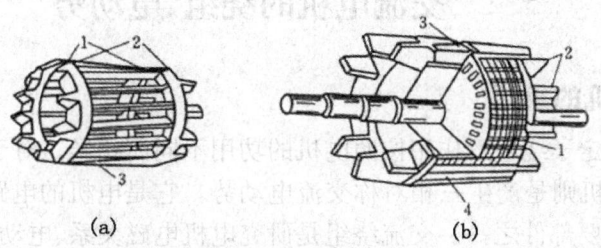

图 5-6 铸铝型转子结构
(a) 铸铝转子绕组；(b) 铸铝转子
1-端环；2-风叶；3-铝条；4-转子铁芯

为了提高电动机的起动转矩，在容量较大的异步电动机中，可采用双鼠笼式或深槽式结构的转子。

因鼠笼式转子结构简单、制造方便、运行可靠，所以得到广泛应用。

② 绕线式转子绕组。绕线式转子绕组与定子绕组相似，也是制成三相绕组，一般作星形连接。三根引出线分别接到转轴上彼此绝缘的三个滑环上，通过电刷装置与外部电路相连，如图 5-7 所示。转子绕组回路串入三相可变电阻的目的是为了改善起动性能或调节转速。为了消除电刷和滑环之间的机械摩擦损耗及接触电阻损耗，在大中型绕线式电动机中，还装设有提刷短路装置。起动时转子绕组与外电路接通，起动完毕后，在不需调速的情况下，将外部电阻全部短接。

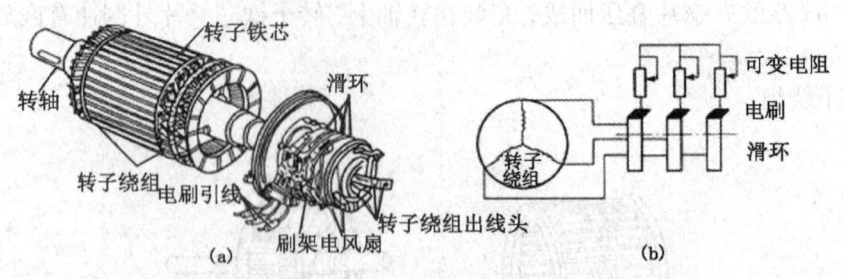

图5-7 绕线式转子
(a)绕线转子;(b)绕线转子回路接线示意图

(3)转轴

转轴一般用强度和刚度较高的低碳钢制成,其作用是支撑转子和传递转矩。整个转子靠轴承和端盖支撑着,端盖一般用铸铁或钢板制成,它是电机外壳机座的一部分。

3. 气隙

在电机定子和转子之间留有均匀的气隙,气隙的大小对异步电动机的参数和运行性能影响很大。为了降低电机的励磁电流和提高功率因数,气隙应尽可能做得小些,但气隙过小,将使装配困难或运行不可靠,因此气隙大小除了考虑电性能外,还要考虑便于安装。气隙的最小值常由制造加工工艺和安全运行等因素来决定,异步电动机气隙一般为 $0.2\sim 2mm$ 左右,比直流电机和同步电机定、转子气隙小得多。

5.2 交流电机的绕组、电动势

5.2.1 交流电机的绕组

交流电机的三相定子绕组的作用按照电机的功用不同而相异。对于电动机是形成合成旋转磁场,而对于发电机则是产生三相对称交流电动势。它是电机的电路组成部分,是电机实现机电能量转换的主要部件之一。交流绕组是研究电机电磁关系、电动势、磁动势的关键。下面首先介绍交流绕组基本概念。

1. 交流绕组基本知识

1)交流绕组的构成原则

在制造线圈,构成绕组时,对交流绕组有如下原则:

(1)在一定导体数下,获得较大的电动势和磁动势。

(2)对于三相绕组,各相电动势和磁动势要对称,各相阻抗要平衡。

(3)绕组的合成电动势和磁动势在波形上力求接近正弦波。

(4)用铜量要少,绝缘性能和机械强度高,散热好。制造检修方便。

电机的绕组首先由绝缘漆包线经绕线机绕制成单匝或多匝线圈;再由若干个线圈组成线圈组,各线圈组的电势的大小和相位相同,根据需要,各相线圈可并联或串联,从而构成一相绕组;三相绕组之间可接成 Y 形或 $\triangle$ 形。在此构成过程中,需要遵循上述交流绕组的构成原则。

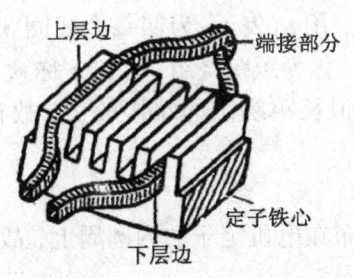 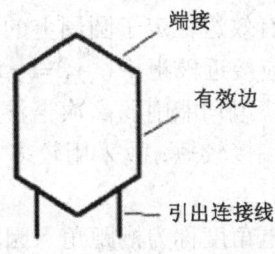

图 5-8 双层迭绕组元件构成(a)　　　　图 5-8 绕组元件示意图(b)

线圈是组成绕组的元件,每一嵌放好的绕组元件都有两条切割磁力线的边,称为有效边。有效边嵌放在定子铁芯的槽内。在双层绕组中,一条有效边在上层,另一条在下层,故分别称为上元件边、下元件边,也称为上圈边、下圈边,在槽外用以连接上、下圈边的部分称为端接。如图所示。

2)交流绕组的基本术语

(1)电角度与机械角度

电机圆周在几何上分为360度,这个角度称为机械角度。而从电磁的观点看,若磁场在空间上按正弦波分布,导体切割该磁场,经过 N、S 一对磁极,导体中感应产生出的电动势刚好变化一个周期,即经过360电角度。换言之,一对磁极所占空间为360电角度。若电机有 p 对磁极,那么电机定子内圆的一周按电角度计算为

$$\text{电角度} = p \times \text{机械角度} \tag{5-1}$$

(2)极距

每个磁极所占定子铁芯内圆的圆弧长度称为极距。极距 τ 可用电角度或定子表面长度表示,一般常用每个极面下所占的槽数表示。

当用电角度表示时,极距 $\tau = 180°$ 电角度

如定子槽数为 Z,极对数为 p(极数为 $2p$),则极距用槽数表示时

$$\tau = \frac{Z}{2p} \tag{5-2}$$

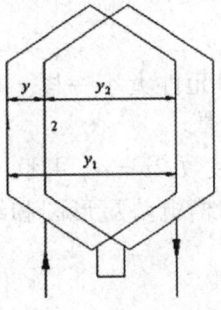

图 5-9 绕组节距

(3) 节距

线圈的两个有效边在定子圆周上的距离称为节距,用 y_1 表示;为使每个线圈获得较大的电动势,节距 y_1 应接近极距 τ。$y_1 = \tau$ 称为整距绕组,称为短距绕组;$y_1 > \tau$ 称为长距绕组,长距绕组与短距绕组均能削弱高次谐波电势或磁势,但长距绕组的端接较长,故很少采用。短距绕组由于其端接较短,故采用较多。

(4) 槽距角 α

相邻槽间的电角度称为槽距角。因定子槽均匀分布在电机定子的内圆周上,故

$$\alpha = \frac{p \times 360°}{Z} \quad (5-3)$$

(5) 每极每相槽数与线圈组

每相绕组在每个磁极下平均占有的槽数称为每极每相槽数,用字母 表示。即

$$q = \frac{Z}{2mp} \quad (5-4)$$

式中,m - 相数;Z - 总槽数;p - 极对数。

(6) 相带与极相组

每个极面下每相连续占有的电角度称为绕组的相带。交流电机一般采用 60° 相带。同一相带的 q 个线圈按一定规律连接起来构成一个极相组。

(7) 相绕组

将属于同一相的所有极相组并联或串联构成相绕组。

(8) 槽电动势星形图

若将电枢上各槽内导体中的电动势分别用相量表示时,这些相量将构成一个辐射形的星形图。由于相邻两槽的距离(用电角度表示)为槽距角 α,故槽电动势在相位上彼此互差 α 电角度。

2. 三相单层绕组

单层绕组每个槽内只放一个线圈边,整台电机的线圈总数等于定子槽数的一半。单层绕组的种类很多,按绕组元件的形状和连接方式,三相单层绕组可分为等元件式、同心式和交叉式。下面主要以等元件边式为例,介绍单层绕组的分布及其连接规律。

1) 等元件边式单层绕组

等元件绕组的元件节距相等,即元件大小一样。下面举例说明三相等元件单层绕组的连接规律。

已知电机定子的槽数 $Z = 36$,极数 $2p = 4$,并联支路数 $a = 1$,试绘出三相单层等元件绕组的槽电势星形图和绕组展开图。

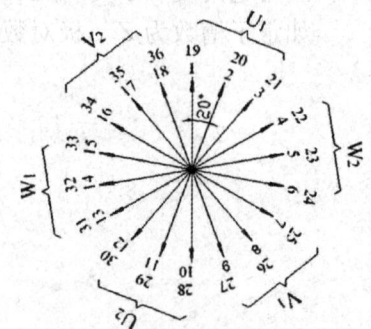

图 5 - 10　槽电势星形图

(1) 绘制槽电动势星形图

由已知条件可求得 $\alpha = \dfrac{p \times 360°}{Z} = \dfrac{2 \times 360°}{36} = 20°$

然后根据槽距角 α 画出槽电动势向量图,如图 5 - 10 所示。图中相量 1 ~ 18 代表第一对

极下 1~18 槽中导体的电动势相量,相量 19~36 代表第二对极下 19~36 槽中导体的电动势相量。由于这两组在极下分别处于相对应的位置,所以相对应的导体中电动势同相位,两组电动势相量完全重合。如果电机有 p 对磁极,则必然有 p 个重叠的槽电动势星形。

(2)画绕组展开图

①先计算极距 τ 和每极每相槽数 q

$$\tau = \frac{Z}{2p} = \frac{36}{2\times 2} = 9 \text{(槽)}$$

$$q = \frac{Z}{2mp} = \frac{36}{2\times 3 \times 2} = 3 \text{(槽)}$$

②找出属于一相的槽

由上可知该绕组每个极下有 9 个槽,其中属于同一相的有 3 个槽,根据上面对槽电势星形图的分析,可知个相邻的槽中导体电动势合成最大,故选择相邻 q 个槽为某一相在一极下的槽,而在每个极下均有这样的个槽,而且在不同极下分别处于相对应的位置。

如图先将 36 槽按极数和极距分成四段,然后以 U 相为例,在四个极下属于它的分别为:1、2、3,10、11、12,19、20、21 和 28、29、30 四组相邻槽,每组三槽,而且在不同极下分别处于相同的位置。

③构造线圈

根据等元件绕组的元件大小一样,将第一对极距内的 1、2、3 和 10、11、12 两部分槽内的线圈边连接起来,即将 1 与 10、2 与 11、3 与 12 连接成三个线圈,便可以看出单层的等元件绕组节距等于极距,该例极距为 9。

④构造线圈组

接下来将这三个线圈串联起来成为一对极下的线圈组,同理把第二对极距内的 19、20、21 和 28、29、30 连成第二个线圈组。

⑤一相绕组

显然这两个线圈组电势是同相位的,它们可以并联也可以串联。根据每相并联支路数 a = 1 的要求,将这两个线圈组顺向串接成 U 相绕组。串联时注意首尾相连使电势方向一致。最后标示出首末端。

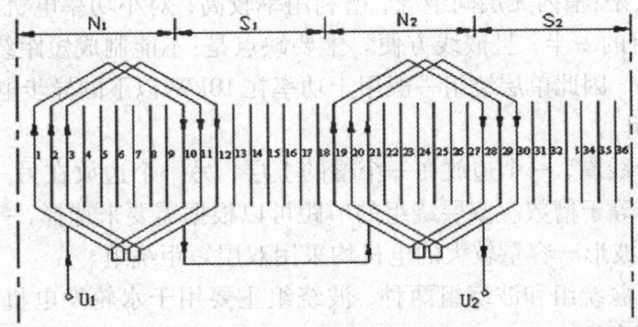

图 5-11 三相单层等元件 U 相绕组展开图

2)单层绕组的其它连接方式

单层绕组的其它连接方式是在等元件绕组的基础上发展而来的。常见的有交叉式和同心式两种绕组,这两种绕组槽电势的分配与等元件绕组是一样的,如图(5-12)和(5-13)所示,若同为 36 槽、4 极的绕组，分配给 A 相的槽均为 1、2、3, 10、11、12, 19、20、21 和 28、29、30 四组，根据槽电势星形图，由于线圈连接次序并不影响电势大小，故交叉式和同心式两种绕组的每相电势与等元件绕组的是一样的。

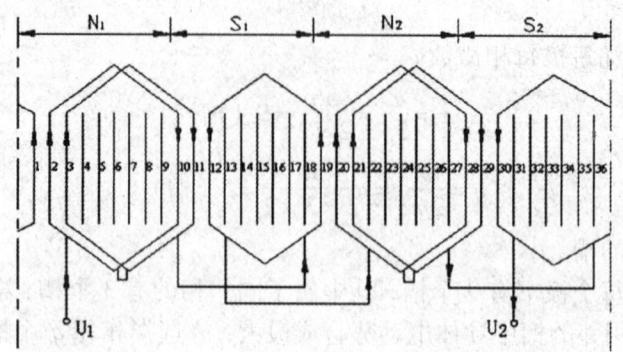

图 5-12　单层交叉式 U 相绕组展开图

如 5-12 图交叉式中线圈的节距均小于极距，从而节省了端部铜线。

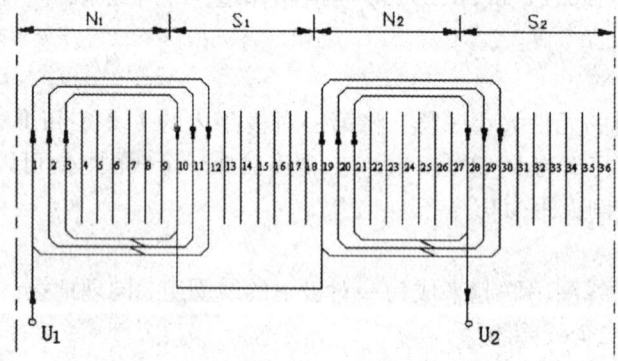

图 5-13　单层同心式 U 相绕组展开图

同心式线圈两边可以同时嵌入槽内，不影响其它线圈的嵌放，嵌线方便，但端部连线较长，一般用于功率较小的两极异步电机。

单层绕组的优点是：槽内无层间绝缘，槽利用率较高，对小功率电机来说具有很大意义，线圈数只是双层绕组的一半，且嵌线方便。主要缺点是：不能制成短距绕组来削弱高次谐波电势和高次谐波磁势，因此单层绕组一般用于功率在 10kW 以下的异步电机。

3. 三相双层绕组

双层绕组的每个线圈，一个边放在一个槽的上层，另一个边放在另一个槽的下层，线圈的形式相同，线圈数等于槽数。双层绕组的节距可以根据需要来选择，一般做成短距以削弱高次谐波，改善电势波形。容量较大的电机均采用双层短距绕组。

双层绕组主要有叠绕组和波绕组两种，波绕组主要用于水轮发电机中，这里不再详述，只对叠绕组进行举例介绍。

下面仍以槽数 $Z=36$，极数 $2p=4$，并联支路数 $a=1$ 的电机为例，来研究三相双层叠绕组的连接规律。

以 U 相为例，分配给 U 相的槽仍为 1、2、3, 10、11、12, 19、20、21 和 28、29、30 四组，这里

若选用短距绕组,$y_1 = \frac{7}{9}\tau = \frac{7}{9} \times 9 = 7$(槽),上层边选上述四组槽,则下层边按照第一节距为 7 选择,从而构造成线圈(上层边的槽号也代表线圈号)。比如,第一个线圈的上层边在 1 槽中,则下层边在 $1+7=8$ 槽中,第二个线圈的上层边在 2 槽中,则下层边在 $2+7=9$ 槽中,依此类推,得到 12 个线圈。这 12 个线圈构成 4 个线圈组(4 个极)。然后根据并联支路数来构成一相,这里 $a=1$,所以将 4 个线圈组串联起来,成为一相绕组。

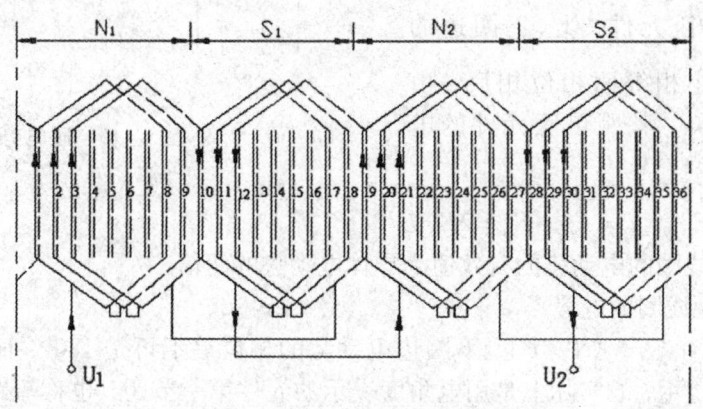

图 5-14 三相双层叠绕组 U 相展开图

5.2.2 交流电机绕组的感应电动势

1. 正弦分布磁场下的绕组电动势

1)导体的电动势

在正弦分布磁场下,导体电势也为正弦波,根据电势公式 $e = Blv$,可得导体电势最大值

$$E_{clm} = B_{m1}lv \tag{5-5}$$

式中 B_{m1}——正弦磁密幅值。

若 $2p\tau$ 为定子内圆周长,导体电势有效值为

$$E_{cl} = \frac{E_{clm}}{\sqrt{2}} = \frac{B_{m1}lv}{\sqrt{2}} = \frac{B_{m1}l}{\sqrt{2}} \cdot \frac{2p\tau}{60}n = \frac{B_{m1}l}{\sqrt{2}} \cdot \frac{2p\tau}{60} \cdot \frac{60f}{p} = \sqrt{2}fB_{m1}lv \tag{5-6}$$

式中极距 τ 在这里用长度单位表示。

$$B_{av}(\text{平均磁密}) = \frac{1}{\pi}\int_0^\pi B_{m1}\sin(\omega t)\, d(\omega t) = \frac{2}{\pi}B_{m1}$$

$$\phi_1(\text{每极磁通量}) = B_{av}l\tau = \frac{2}{\pi}B_{m1}l\tau$$

$$B_{m1} = \frac{\pi}{2}\phi_1\frac{1}{l\tau} \tag{5-7}$$

将式(5-7)代入式(5-6)则导体电势有效值为

$$E_{cl} = \frac{\pi}{2}f\phi_1 = 2.22f\phi_1 \tag{5-8}$$

式中的 ϕ_1 指每极下的总磁通量,而变压器中 ϕ_m 的是指随时间作正弦变化的磁通的最大值,所以两者的意义不同。

2)线圈的电势

(1)单匝整距线圈的电势

因整距线圈 $y_1 = \tau$,因此,若线圈一个有效边在 N 极中心线下,则另一根有效边刚好处于在相邻的 S 极中心线下,如图 5-15(a)所示。按图示正方向,该整距单匝元件,上、下圈边的电动势与 $\dot{E}'_{c1}$ 大小相等而相位相反,由图 5-15(b)可知,整距单匝元件的电势,其有效值

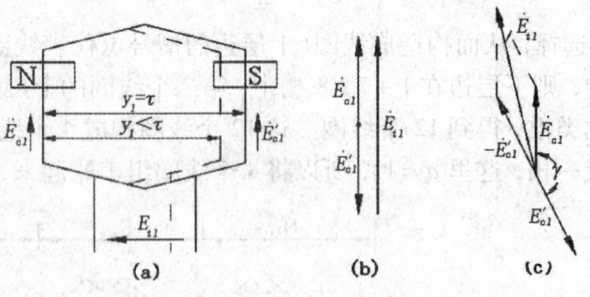

图 5-15 匝电势

$$\dot{E}_{t1(y1=\tau)} = \dot{E}_{c1} - \dot{E}'_{c1} = 2\dot{E}_{c1} \tag{5-9}$$

即单匝整距线圈的电动势的有效值为导体电动势的两倍。

(2)单匝短距线圈的电势

因短距线圈 $y_1 < \tau$,所以其上、下圈边电动势的相位差不再是 180°,而是小于 180°的角 γ。如图 5-15(c)示,故实际上是用电角度表示的元件第一节距,也称短距对应角。由比例关系可求得

$$\gamma = \frac{y_1}{\tau} \times 180° \tag{5-10}$$

因此,短距单匝元件的电势为

$$E_{t1(y1<\tau)} = 2E_{c1}\cos\frac{180°-\tau}{2} = 2E_{c1}\sin(\frac{y_1}{\tau} \times 90°) = 4.44k_{y1}f\phi_1 \tag{5-11}$$

可见

$$k_{y1} = \frac{E_{t1(y1<\tau)}}{E_{t1=\tau}} = \sin(\frac{y_1}{\tau} \times 90°) < 1 \tag{5-12}$$

式中 k_{y1} 称为线圈的短距系数。只有当整距时,k_{y1} 方能等于1。

(3)线圈的电势

电机槽内每个线圈有 N_c 匝组成,每匝电势均相等,所以一个线圈电势有效值为

$$E_{y1} = N_c E_{t1(y1<\tau)} = 4.44k_{y1}f\phi_1 \tag{5-13}$$

3)线圈组(极相组)的电势

每个极相组都是由 q 个线圈串联而成的,如果 q 个线圈集中在一个槽内。则线圈组电势有效值为

$$E_{q1(集中)} = qE_{y1} = 4.44f(qN_ck_{y1})\phi_1 \tag{5-14}$$

但实际上 q 个线圈是分布在 q 个槽内,如图 5-16(a)所示。所以一个线圈组的电动势应是 q 个线圈电动势的相量和。以 $q=3$ 为例,每个线圈的电动势相量如图 5-16(b)所示,相位上互差一个槽距角 α_1,将三个电势相量叠加起来就可得到线圈组电势,如图 5-16(c)所示,图中 O 为线圈电动势相量多边形的外接圆圆心,R 为半径,且

$$R = \frac{E_{y1}}{2\sin\frac{\alpha_1}{2}}$$

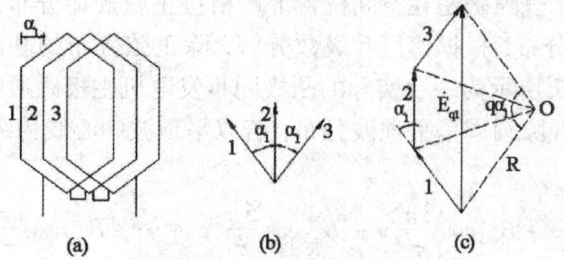

图 5-16 线圈组电势计算

据此推导线圈组电势为

$$E_{q1(分布)} = 2R\sin\frac{q\alpha_1}{2} = qE_{y1}\frac{\sin\frac{q\alpha_1}{2}}{q\sin\frac{\alpha_1}{2}} = qE_{y1}y_{q1} \quad (5-15)$$

将式(5-13)代入上式,便得考虑分布和短距时的线圈组电势为

$$E_{q1(分布)} = 4.44f(qk_{y1}k_{q1}N_c)\phi_1 = 4.44f(qk_{w1}N_c)\phi_1 \quad (5-16)$$

式中 $E_{q1} = \dfrac{\sin\dfrac{q\alpha_1}{2}}{q\sin\dfrac{\alpha_1}{2}}$ 为绕组的分布系数。除集中绕组 $k_{q1}=1$ 外,分布绕组的 k_{q1} 总是小于1。

比较式(5-14)和(5-16)可知 $k_{q1} = \dfrac{E_{q1(分布)}}{E_{q1(集中)}} \quad (5-17)$

由此可知,分布系数实质上就是 q 个分布线圈的合成电动势与集中线圈合成电动势之比

$$k_{w1} = k_{y1}k_{q1} \quad (5-18)$$

式中 k_{w1} —绕组系数。它表示考虑短距和分布影响时,线圈组电势应打的折扣。

2. 相电势

一相绕组由属于该相的所有线圈组组成,线圈组可以串联也可以并联,所以一相电动势等于一条并联支路的总电势。对于双层绕组一共有 $2p$ 个线圈组,单层绕组则有 p 个线圈组。当一相的并联支路数为 条时,将一条支路中各个线圈组电动势相加起来,便可得到一相电动势为

$$\left.\begin{array}{l}对于双层绕组: N = \dfrac{2pqN_c}{a} \\ 对于单层绕组: N = \dfrac{pqN_c}{a}\end{array}\right\} \quad (5-19)$$

于是无论单层还是双层绕组,其相电动势通式可写为

$$E_{\varphi 1} = 4.44f(k_{w1}N)\phi_1 \quad (5-20)$$

变压器绕组的计算公式形式上相似,只不过交流电机采用短距和分布绕组,所以要乘以一个绕组系数。

5.2.3 高次谐波电势及削弱方法

1. 磁场非正弦分布所引起的谐波电势

以上分析结论，基于气隙磁密在空间位置上严格按正弦规律分布，而实际电机的气隙磁密并非完全的正弦规律分布，根据傅里叶级数分解，除正弦分布的基波分量外，还有一系列高次奇次谐波。图 5-17 所示为一台实际的凸极同步发电机主极磁通密度空间分布曲线。从图可知，其磁通密度沿气隙圆周呈平顶波分布，若以平顶波中心线为纵轴，则磁通密度 $B(x)$ 展开式为

$$B(x) = B_{m1}\cos\frac{\pi}{\tau}x + B_{m3}\cos\frac{3\pi}{\tau}x + B_{m5}\cos\frac{5\pi}{\tau}x + \cdots + B_{vm}\cos\frac{v\pi}{\tau}x + \cdots \quad (5-21)$$

式中 τ - 谐波次数；x - 气隙磁场中某一点与坐标原点之间的距离；B_{m1}、B_{m3}、B_{m5}、B_{mv} - 气隙磁密基波、三次谐波、五次谐波、v 次谐波幅值。

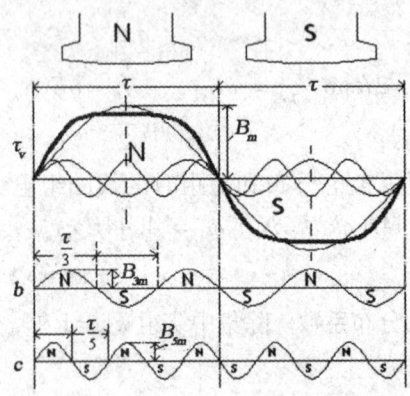

图 5-17 主极磁密的空间分布

从 (5-21) 和图 5-17 可以看出：基波的极对数，极距 τ 和平顶波的极对数、极距均相同；v 次谐波的极对数 p_v 为基波的倍，极距 τ_v 为基波的 $1/v$ 倍，即

$$\left.\begin{array}{l} p_v = vp \\ \tau_v = \dfrac{1}{v}\tau \end{array}\right\} \quad (5-22)$$

由于谐波磁场也因转子旋转而形成旋转磁场，其转速等于转子转速，即，故在定子绕组内感生的高次谐被电势的频率为

$$f_v = \frac{p_v n_v}{60} = \frac{(vp)n}{60} = vf_1 \quad (5-23)$$

其中基波的频率 $f_1 = \dfrac{pn}{60}$。

类似公式 (5-20)，v 次谐波电动势的有效值为

$$E_{\varphi v} = 4.44 f(k_{wv}N) \phi_v \quad (5-24)$$

式中 ϕ_v - v 次谐波的每极磁通量；k_{wv} - v 次谐波的绕组系数

$$k_{wv} = k_{yv}k_{qv} \quad (5-25)$$

式中 k_{yv} - v 次谐波的短距系数；k_{qv} - v 次谐波的分布系数

对应基次谐波，的极对数是基波的基波 v 倍，因而在一对极的范围内，v 次谐波所对应的电角度 $\alpha_v = v \times 360°$，故 v 次谐波的短距系数和分布系数可写为

$$k_{yv} = \sin\left(\frac{vy_1}{\tau} \times 90°\right) \tag{5-26}$$

$$k_{qv} = \frac{\sin\dfrac{qv\alpha_1}{2}}{q\sin\dfrac{v\alpha_1}{2}} \tag{5-27}$$

考虑谐波电动势在内，相电动势的有效值为

$$E_\phi = \sqrt{E_1^2 + E_3^2 + E_5^2 + \cdots + E_v^2 + \cdots}$$

$$= E_1\sqrt{1 + \left(\frac{E_3}{E_1}\right)^2 + \left(\frac{E_5}{E_1}\right)^2 + \cdots + \left(\frac{E_v}{E_1}\right)^2 + \cdots} \tag{5-28}$$

由于$\left(\dfrac{E_3}{E_1}\right)^2 \ll 1, \cdots, \left(\dfrac{E_v}{E_1}\right)^2 \ll 1, \cdots$所以，高次谐波电势对相电势大小影响很小，主要是影响电势的波形。为了改善电势的波形，必须削弱或消除高次谐波，特别是影响较大的3、5、7次谐波，下面介绍常见的办法。

2. 磁场非正弦分布所引起的谐波电势的削弱方法

（1）改善磁场分布接近正弦

改善磁场分布的目的是使磁密的分布比较接近正弦。凸极机可采用合适的磁极形状，对隐极机可改变励磁绕组分布范围来实现。

（2）采用适当的三相连接方式

在三相绕组中，各相的三次谐波电势大小相等、相位也相同，并且三的奇数倍次谐波电势（如9,15次等）也有此特点。当三相绕组接成Y连接时，线电势为两相的相电势之差，故3次谐波电势为零。电机绕组多采用Y形连接。

当三相绕组接成Δ时，Δ回路中产生三次谐波环流。三次谐波电势正好等于三次谐波电流所引起的阻抗压降，所以在线电势中也不会出现三次谐波。但作Δ连接时会在绕组中产生附加的三次谐波环流，使损耗增加、效率降低、温升变高，故发电机绕组很少采用Δ形连接。

（3）采用短距绕组

选择适当的短距绕组，可使高次谐波的短距绕组系数远比基波的小，故能在基波电势降低不多的情况下大幅度削弱高次谐波。一般说，如短$\dfrac{\tau}{v}$，可以消去v次谐波，例如短距$\dfrac{\tau}{5}$，可消去5次谐波。

（4）采用分布绕组

当每极每相槽数q增加时，基波的分布系数减小不多，但高次谐波的分布系数却有显著减小。故增加每极每相槽数可削弱高次谐波电势。

5.3 三相异步电动机的工作原理

1. 定子三相旋转磁场的产生

所谓旋转磁场就是在空间上呈正弦波形分布的磁场随时间变化而变化。三线异步电动机的旋转磁场是由通过三相绕组的三相电流形成合成气隙磁势而产生。

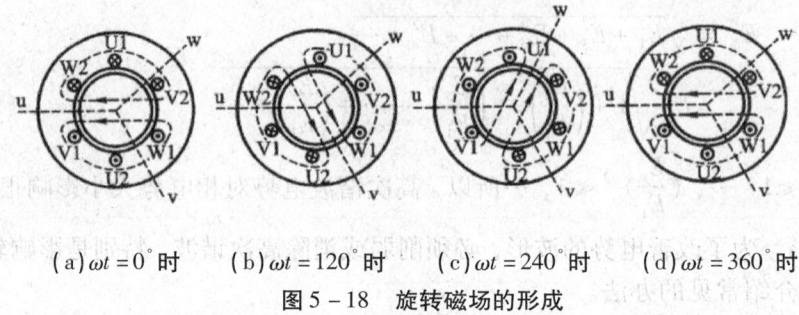

(a) $\omega t = 0°$ 时　　(b) $\omega t = 120°$ 时　　(c) $\omega t = 240°$ 时　　(d) $\omega t = 360°$ 时

图 5 – 18　旋转磁场的形成

下面以三相异步电动机为例,阐述三相旋转磁场的如何。在两极三相异步电动机中,三相绕组 $U_1 - U_2$、$V_1 - V_2$、$W_1 - W_2$,对称均匀分布在定子铁芯内圆线槽内,每相绕组的始端(或末端)在空间位置彼此相差 120°,如图 5 – 18 所示。

当三相对称绕组接上三相对称电源,则该绕组中通过三相对称电流,各相电流的瞬时表达式为

$$\left.\begin{array}{l} i_U = I_m \cos\omega t \\ i_V = I_m \cos(\omega t - 120°) \\ i_W = I_m \cos(\omega t - 240°) \end{array}\right\} \qquad (5-29)$$

各相电流随时间变化的曲线如图 5 – 19 所示。由于电流随时间而变,所以电流流过线圈产生的磁场分布情况也随时间而变。下面选取几个特殊瞬间进行分析,

假定电流从绕组首端流入为正,末端流入为负。

当 $\omega t = 0°$ 时,$i_U = I_m$,$i_v = I_w = -\dfrac{1}{2}I_m$

将各相电流按规定方向标注在各相线圈剖面图上,如图 5 – 18(a) 所示。由图可知,合成磁场的轴线正好位于 U 相绕组的轴线上

当 $\omega t = 120°$ 时,$i_U = I_w = -\dfrac{1}{2}I_m$,$i_v = I_m$,各相电流方向如图 5 – 18(b) 所示。此时,合成磁场的轴线正好位于 V 相绕组的轴线上,磁场方向已从 $\omega t = 0°$ 时的位置沿逆时针方向旋转了 120°。

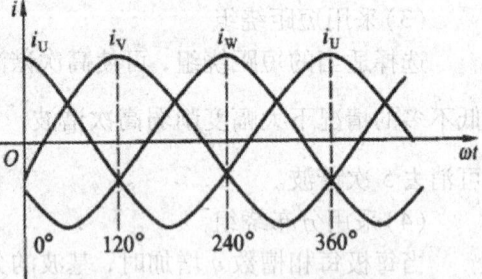

图 5 – 19　三相对称交流电流的

用同样的方法可以分析 $\omega t = 240°$ 和 $\omega t = 360°$ 时的合成磁场的轴线位置,如图 5 – 18(c) 和 5 – 18(d) 所示。显然当 $\omega t = 360°$ 时,合成磁场的轴线重新回到 U 相绕组的轴线位置,即合成磁场从起始位置逆时针方向旋转了 360°,正弦交流也变化了一个周期。

由此可见,三相对称绕组通入三相对称电流所形成的合成磁场是一个旋转磁场。旋转方

向从 $U\to V\to W$，正好与电流出现正的最大值的顺序相同，即从电流超前相转向电流滞后相。如果三相绕组中通入的电流改变了相序，形成的旋转磁场的方向也应随之反向，可见旋转磁场的旋转方向取决于通入定子绕组中的三相电流的相序。故同理可以推得：只要任意调换电动机两相绕组所接交流电源的相序，旋转磁场就会反转。

旋转磁场的转速与其磁极对数有关，而磁极对数和三相绕组的安排有关。在图 5-18 所示的情况下，每相绕组只有一个线圈，绕组的始端空间位置依序相差 $120°$，产生的旋转磁场在只有一对磁极（$p=1$）的情况下，当三相电流随时间变化一周，旋转磁场在空间位置上也相应地转过 $360°$，即电流交变一次，旋转磁场转过一转。因此，电流每秒钟变化 f_1 次，则旋转磁场每秒钟转过 f_1 转。由此可知，旋转磁场为一对极的情况下，其旋转磁场每分钟的转速 n_1 与交流电源频率 f_1 的关系为

$$n_1 = 60f_1 \tag{5-30}$$

同理可以分析，当磁极对数 $p=2$ 时，电流变化一次，旋转磁场转过 $\frac{1}{2}$ 转。因此，当磁极对数为 p 时，旋转磁场的转速为

$$n_1 = \frac{60f_1}{p} \tag{5-31}$$

式中，n_1 - 旋转磁场转速，又称同步转速（r/min）；f_1 为交流电源的频率（H_z）。

2. 三相异步电动机的转动原理

图 5-20 为三相异步电动机工作原理图。在定子铁芯内圆线槽内嵌放着对称的三相绕组 $U1-U2$、$V1-V2$、$W1-W2$，以鼠笼式异步电动机为例，转子是一闭合的多相绕组，定、转子之间有一很小的空气隙。

当异步电动机三相对称定子绕组中通入对称三相交流时，定子电流便产生一个以同步转速 n_1 旋转旋转磁场，且 $n_1 = \frac{60f_1}{p}$，旋转方向取决于定子三相绕组的排列以及三相电流的相序。图中三相绕组按顺时针方向排列，当定子绕组中通入 $U\to V\to W$ 相序的三相交流电流时，定子旋转磁场为顺时针转向。这时原本静止的转子就与旋转磁场之间有了相对运动，转子导体切割旋转磁场的磁力线，产生感应电动势。因为旋转磁场方向转动，相当于转子导体逆时

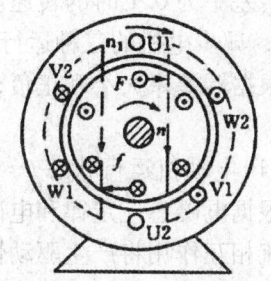

图 5-20 异步电动机工作原理

针方向切割磁力线，根据右手定则，可以确定转子导体感应电动势的方向，因转子绕组自身闭合，转子绕组内便产生了感应电流且转子有功分量电流与转子感应电动势同相位。因转子导体电流处于定子旋转磁场作用范围内，因此与旋转磁场相互作用而长生电磁力 F，其方向由可由左手定则判定。电磁力 F 对转轴形成一个电磁转矩，拖动转子顺着旋转磁场方向旋转，将输入的电能转换呈转子旋转的机械能。如果电动机轴上带有机械负载，则电动机将会拖动机械负载旋转。

由图可见，异步电动机的转子旋转方向始终与旋转磁场的方向一致，且转子转速 n 始终低于旋转磁场同步转速 n_1，所以称这种电动机为异步电动机。尤其要说明的是：转子转速不能达到旋转磁场的转速，否则转子与旋转磁场之间将丧失相对运动，转子导体就不会切割旋转磁场磁力线，继而产生感应电动势，形成感应电流而受到电磁力，更谈不上形成驱动的电

磁转矩并驱动转子旋转。

3. 转差率

通常，我们将旋转磁场的转速（同步转速）n_1和转子转速n之差（$n_1 - n$）与同步转速n_1之比，称为异步电动机的转差率，用符号s表示，即

$$s = \frac{n_1 - n}{n_1} \tag{5-32}$$

转差率是异步电动机的一个重要参数，在分析异步电动机运行特性时极为重要。转子尚未转动（$n=0$）时，转差率$s \approx 1$；而当转子接近同步转速（$n \approx n_1$）时，转差率。由此可见，三相异步电动机转差率在$(0,1]$。

一般情况下，三线异步电动机在额定负载运行工况下，转差率s在0.01~0.06之间；空载情况下，转差率s在0.005~0.05之间。

根据转差率s，可以求的三相异步电动机的实际转速n，即

$$n = (1-s)n_1 \tag{5-33}$$

【应用实例5-1】 JO2-51-2型10kW异步电动机，电源频率为50Hz，转子额定转速为2930r/min，求额定转差率。并求转差率s为0.1时的转速。

解 两极异步电动机的同步转速

$$n_1 = \frac{60f_1}{p} = \frac{60 \times 50}{1} = 300(\text{r/min})$$

额定转差率 $s_N = \dfrac{n_1 - n_N}{n_1} = \dfrac{3000 - 2930}{3000} = 0.0233$

转差率为0.1时的转速 $n = (1-s)n_1 = (1-0.1) \times 3000 = 2700(\text{r/min})$

4. 异步电机的三种运行状态

根据转差率大小和正负，异步电机有电动机运行、发电机运行和电磁制动运行三种运行状态。

(1) 电动机运行状态

根据电磁感应定律和电磁力定律可知，当异步电机作电动机运行时，定子旋转磁场与转子电流相互作用将产生驱动性质的电磁转矩，电磁转矩克服负载制动转矩而作功，将从定子吸收的电功率转变成转子的机械输出功率电动机转速n与定子旋转磁场转速n_1同方向且$n<n_1$，如图5-21(b)所示。实际转速取决于负载大小。当电机静止时，$n=0$，$s \approx 1$；当异步电动机处于理想空载运行时，转速n接近于同步转速n_1，故异步电动机作电动机运行时，转速变化范围为$0<n<n_1$，转差率变化范围$0<s<1$。

(2) 发电机运行状态

如果用原动机拖动异步电机顺着旋转磁场的方向旋转，且使电机转子转速$n>n_1$（同步转速），转差率$s<0$，转子导体切割旋转磁场的方向与电动机状态时相反，如图5-21(c)所示。根据电磁感应定律和电磁力定律可知，转子电势、电流及电磁转矩方向也与电动机运行状态时相反，由于电磁转矩与转子转向相反，电磁转矩对转子的旋转起制动作用，因此，若要维持$n>n_1$，原动机必须向异步电机输入机械功率，从而克服电磁转矩做功。也就是说，转子将从原动机吸收的机械功率转换成定子绕组向电网输出的电功率。故异步电机作为发电机运行时，其转速可在$n_1 < n < +\infty$范围内变化，相应的转差率在$-\infty < s < 0$范围内变化。

(3)电磁制动状态

如果用原动机拖动电机逆着旋转磁场的旋转方向转动,则转子导体将以高于同步转速的速度($n+n_1$)切割旋转磁场,切割方向与电动机状态时相同。因此,根据电磁感应定律和电磁力定律可知,转子电动势、电流和电磁转矩的方向与电动机运行状态时相同,但由于此时电磁转矩与转子转向相反,对转子的旋转起制动作用,故称为电磁制动运行状态,如图5-21(a)所示。为克服这个制动转矩,外力必须向转子

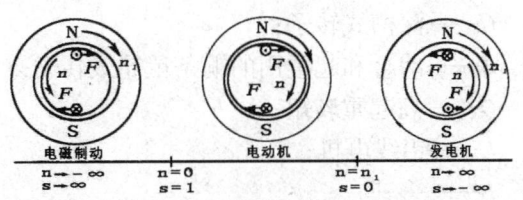

图5-21 异步电动机的三种运行状态
(a)电磁制动;(b)电动机;(c)发电机

输入机械功率。同时电机定子又从电网吸收电功率,这两部分功率都在电机内部以损耗的方式转化成热能消耗了。故异步电机作电磁制动状态运行时,转速变化范围为 $-\infty<n<0$,相应的转差率变化范围为 $1<s<+\infty$。

从上分析可知:异步电机可以在电动机、发电机和电磁制动三种状态下运行。但实际应用中,异步电机主要作为电动机运行;电磁制动往往只是异步电机在完成某一生产过程中而出现的短时运行状态,例如交流起重机下放重物时,为限制下放速度,使异步电机运行于电磁制动状态;至于异步发电机则有时用于农村小型水电站和风力发电场。

5.4 异步电动机的铭牌

在异步电动机的机座上都装有一块铭牌,铭牌上标明了电动机的型号、额定值和主要技术数据等,如表5-1所示。了解铭牌上的额定值及有关数据,对正确选择、使用和维修电动机具有重要意义。

表5-1 三相异步电动机铭牌

型号	Y180M2-4	功率	18.5kW	电压	380V
电流	35.9A	频率	50Hz	转速	1470r/min
接法	△	工作方式	连续	绝缘等级	E
防护形式		IP44(封闭式)		产品编号	
×××电机厂				×年×月	

1)型号

异步电动机的型号主要包括产品代号、设计序号、规格代号和特殊环境代号等,产品代号表示电机的类型,如电机名称、规格、防护型式及转子类型等,一般采用大写印刷体的汉语拼音字母表示。设计序号是指电动机产品设计的顺序,用阿拉伯数字表示。规格代号是用中心高、铁芯外径、机座号、机座长度、铁芯长度、功率、转速或极数表示。型号中汉语拼音字母是根据电机的全名称选择有意义的汉字,再用该汉字第一个拼音字母组成。常用的字母含义是:

J——交流异步电动机;
Y——异步电动机(新系列);
O——封闭式(没有O是防护式);

R——绕线式转子（没有 R 为鼠笼式转子）；
S——双鼠笼式转子；
C——深槽式转子；
Z——冶金和起重用的铜条鼠笼式转子；
Q——高起重转矩；
L——铝线电机；
D——多速；
B——防爆。

现以 Y 系列异步电动机为例说明型号中各字母及阿拉伯数字所代表的含义：

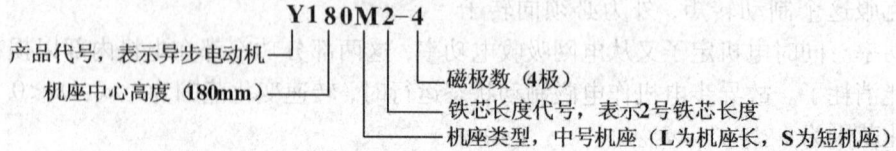

额定值：额定值是制造厂对电机在额定工作条件下所规定的一个量值。

(1) 额定电压 U_N

额定电压是指电动机在额定工作状态下运行时，定子绕组上规定使用的线电压，单位为 V 或 kV。

(2) 额定电流 I_N

额定电流是指电动机在额定工作状态下运行时，电源输入电动机的线电流，单位为 A 或 kA。

(3) 额定功率 P_N

额定功率是指电动机在额定工作状态下运行时，轴上输出的机械功率，单位为 W 或 kW。对于三相异步电动机，其额定功率为

$$P_N = \sqrt{3} U_N I_N \eta_N \cos\varphi_N \tag{5-3}$$

式中 η_N——电动机的额定效率；
$\cos\varphi_N$——电动机的额定功率因数。

(4) 额定转速 n_N

额定转速表示电动机在额定工作状态下运行时的转速，单位为 r/min。

(5) 额定频率 f_N

额定频率表示电动机在额定工作状态下运行时，输入电动机交流电的频率，单位为 Hz。我国交流电的频率为工频 50Hz。

2) 接法

表示电动机在额定电压下运行时，定子三相绕组的连接方式。其连接方式取决于电源电压。如铭牌上标明 380V/220V，Y/△接法。说明电源线电压为 380V 时应接成 Y 形；电源线电压为 220V 时应接成△形。无论采用哪种接法，相绕组承受的电压应相等。

定子三相绕组共有六个出线端，三相绕组的首端分别用 $U1$、$V1$、$W1$ 表示，尾端分别用 $U2$、$V2$、$W2$ 表示。通常把这六个出线端按图 5-22(a) 所示的排列次序接在机座上的接线盒中。图 5-22(b) 及图 5-22(c) 所示，分别为定子绕组的 Y 形接线及△形接线。

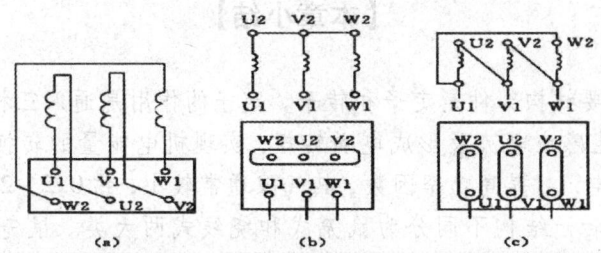

图 5-22 三相异步电动机的接线盒
(a) 接线盒出线端的排列 (b) Y 形连接 (c) △形接线

表示电动机外壳的防护型式。以字母"IP"和其后面的两位数字表示。"IP"为国际防护的缩写。后面的第一位数字代表防尘的等级,共分 0~6 七个等级。第二个数字代表防水的等级,共分 0~8 九个等级,数字越大,表示防护的能力越强。

4) 绝缘等级与温升

绝缘等级表示电动机所用绝缘材料的耐热等级。温升表示电动机发热时允许升高温度。

5) 工作方式

工作方式也称定额,指运行持续的时间。分为连续运行、短时运行、断续运行三种。

2. 异步电动机产品简介

我国生产的异步电动机种类很多,原有的老系列电机逐步被新系列电机所取代。新系列电机符合国际电工委员会(IEC)标准,技术经济指标更高。

(1) Y 系列

Y 系列是一般用途的小型笼式电动机系列,取代了原先的 J2、JO2、JO3 系列。它具有效率高、起动转矩大、噪音低、振动小、防护性能好、安全可靠、外观美观等优点。该系列主要用于金属切削机床,通用机械、矿山机械和农业机械等。

(2) YR 系列(旧型号 JR、JR0)

YR 系列是一种大型三相绕线型异步电动机系列,是我国统一设计的升级换代产品,用于电源线路容量不足,不能用笼式异步电动机起动及要求起动转矩或起动惯量较大的机械设备上,容量为 250~2500kW,主要用于冶金和矿山工业中。

(3) YD 系列(旧型号 JD、JDO)

为变极多速三相异步电动机。它主要用于各式机床以及起重传动设备等需要多种速度的传动装置。

(4) YQ 系列(旧型号 JQ)

为高起动转矩异步电动机,用在起动静止参数或惯性负载较大的机械上。如压缩机,粉碎机等。

(5) YZ 和 YZR 系列

是起重运输机械和冶金厂专用异步电动机,YZ 为笼型,YZR 为绕线转子型。

(6) YCT 系列

为电磁调速异步电动机,主要用于纺织、印染、化工、造纸、造船及要求变速的机械上。

(7) YJ 系列

为精密机床用异步电动机,使用于要求振动小,噪音低的精密机床。

【本章小结】

异步电动机的主要结构部件是定子和转子。定子的作用是通入三相交流电后产生旋转磁场；转子的作用是产生感应电流及形成电磁转矩，实现机电能量的转换。异步电动机为交流励磁，为了减小励磁电流，提高功率因数，其气隙通常较小，约 0.2~2mm。

异步电动机根据转子结构不同分为鼠笼式和绕线式两大类。鼠笼式异步电动机结构简单、价格便宜，但其起动性能和调速性能不及绕线式异步电动机。

三相异步电动机是靠电磁感应作用来工作的，其转子电流是感应产生的，故也称异步电动机为感应式电动机。

转差率 $s = \dfrac{n_1 - n}{n_1}$，它是异步电动机的一个重要参数，它的存在是异步电动机工作的必要条件。根据转差率的大小和正负异步电机可分为：电动机、发电机和电磁制动三种运行状态。

异步电动机额定功率 P_N 为额定运行状态下，转子轴上输出的机械功率，即

$$P_N = \sqrt{3} U_N I_N \eta_N \cos\varphi_N$$

【思考题与习题】

5-1 简述三相鼠笼式异步电动机主要结构部件及各部件的作用。

5-2 三相绕线式异步电动机与鼠笼式异步电动机结构上主要有什么区别？

5-3 异步电动机定、转子之间的气隙是大好还是小好？为什么？

5-4 简述异步电动机工作原理。异步电动机的转向主要取决于什么？说明如何实现异步电动机的反转。

5-5 异步电动机转子转速能不能等于定子旋转磁场的转速？为什么？

5-6 一台绕线式三相异步电动机，如将定子三相绕组短路，转子三相绕组通入三相交流电流，这时电动机能转动吗？转向如何？

5-7 什么叫异步电动机的转差率？异步电动机有哪三种运行状态？并说明三种运行状态下，转速及转差率的范围。

5-8 对绕组的基本要求是什么？试说出有关绕组的术语及其含义。

5-9 已知一单层绕组，$p=2$、$m=3$、$Z=24$、$a=1$，Y接线，试求：

(1) 等元件 U 相绕组展开出图。

(2) 同心式 U 相绕组展开出图。

(3) 计算绕组系数。

5-10 有一双层三相绕组，$Z=24$、$y_1=5$、$p=2$、$a=1$，试给出叠绕组展开图。

5-11 比较交流电机的相电势公式和变压器相电势公式异同。

5-12 一台三相交流电机，50Hz，1500 转/分，其定子绕组是双层短距绕组，$q=3$，$y_1 = \dfrac{8}{9}\tau$，每相串联匝数 $N=108$ 匝，Y联接，每极磁通量 $\phi_1 = 1.015 \times 10^{-2}$ 韦伯，$\phi_3 = 0.66 \times 10^{-2}$ 韦伯，$\phi_5 = 0.24 \times 10^{-2}$ 韦伯，$\phi_7 = 0.09 \times 10^{-2}$ 韦伯，试求：

(1) 电机的极对数。
(2) 定子槽数。
(3) 基波、3 次、5 次谐波及 7 次谐波的绕组系数。
(4) 相电势。

5-13 试求非正弦分布磁场所引起的谐波电势的削弱方法。

5-14 单相绕组的磁势具有什么性质？磁势幅值指什么？最大幅值指什么？

5-15 三相绕组的合成磁势具有什么性质？同步转速与什么有关？

5-16 三相交流电机，$2p=6$，50Hz、Y 接、$Z=54$、双层绕组、$y_1=7$ 槽、每线圈有 10 匝、现通以三相对称电流有效值为 10A 时，试求：

(1) 基波旋转磁势的最大幅值。
(2) 基波旋转磁势的转速。

第六章 异步电机的运行

异步电动机定子与转子之间只有磁的耦合,无电的直接联系。异步电动机定子绕组从电源吸取电能,依据电磁感应原理,将电能传递给转子绕组转化为转子的机械能输出。从电磁感应原理和能量传递角度,异步电动机类同变压器,其定子绕组相当于变压器的一次绕组,转子绕组相当于二次绕组,故分析变压器内部电磁关系的基本方法也适应于异步电动机。本章以变压器运行原理为基础与参照,分析异步电动机空载和负载时的物理情况,导出异步电动机电动势和磁动势平衡方程式,并将转子侧各物理量折算到定子侧,从而得出等值电路和相量图,为研究异步电动机的能量转化、机械特性和运行性能做好铺垫。

由于三相异步电动机定子、转子绕组结构参数相同,因此,正常运行时,各相发生的电磁过程完全相同,故只需分析时其中一相的电动势、磁动势平衡关系、等值电路和相量图。

【教学目标】了解三相异步电动机空载、负载运行的物理过程,熟悉三相异步电动机基本方程、等值电路和相量图,理解电磁转矩对异步电动机启动的意义。

【教学要求】了解异步电动机空载、负载运行的物理过程。理解转差率对转子回路各物理量的影响。熟悉异步电动机功率及转矩平衡关系,理解电磁转矩表达式及其物理意义。了解三相异步电动机的工作特性及其参数测定的方法。

知识要点	能力要求	相关知识	所占分值（100分）	自评分数
磁通	理解主磁通定义;理解理解漏磁通定义	异步电动机磁路	20	
电压平衡方程	理解电压平衡方程,能够在计算中进行应用	变压器电压平衡方程	30	
等值电路	1.理解三相异步电机频率折算原则及方法;2.理解三相异步电机绕组折算原则及方法	磁动势平衡方程式 $\vec{F_1} + \vec{F_2} = \vec{F_m}$	35	
启动转矩	1.理解三相异步电机启动转矩原理及作用;2.理解三相异步电机启动转矩与启动方式的关系	电磁转矩 $M = f(s)$	15	

【引例】三相异步电机具有可逆性，当电机定子绕组从电网吸收电功率时，电磁转矩为驱动转矩，电机转速 n 小于定子旋转磁场转速 n_1 时，电机处于发电状态；若用原动机拖动异步电机顺着定子旋转磁场的方向转动，且使电机转速 n 大于定子旋转磁场转速 n_1 时，定子绕组由原来从电网吸收电功率变成向电网输出电功率，即处于发电机状态。这一奇异的表象，又映射出什么内在机理。

6.1 异步电动机主磁通和漏磁通

根据磁通路径和性质不同，异步电动机磁通可分为主磁通和漏磁通，如图 6-1 所示。

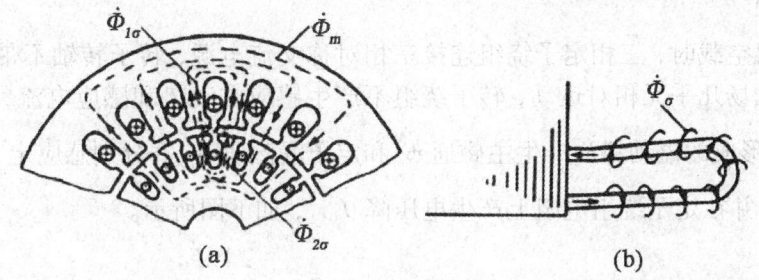

图 6-1 主磁通和漏磁通
(a) 主磁通和槽漏磁通；(b) 端部漏磁通

(1) 主磁通 ϕ_m

定子磁势和转子磁势形成的合成磁势产生的磁通绝大部分通过定子铁芯、转子铁芯及气隙形成闭合回路，并同时与定子、转子绕组相交链，这部分磁通称为主磁通，用 ϕ_m 表示。

主磁通同时交链定、转子绕组，在定、转子绕组中产生感应电动势，并在闭合的转子绕组中产生感应电流。转子载流导体与定子磁场相互作用产生电磁转矩，从而将定子绕组输入的电能转化为轴上输出的机械能。因此，主磁通是实现异步电动机机电能量转换的关键。

(2) 定子漏磁通 $\phi_{1\sigma}$

定子磁势除产生主磁通以外，还产生仅与定子绕组相交链的磁通，称为定子漏磁通 $\phi_{1\sigma}$。漏磁通主要由槽漏磁通和端部漏磁通组成。由于漏磁通沿磁阻很大的空气形成闭合回路，故漏磁通相对于主磁通比较小且定子漏磁通仅与定子绕组交链，只在定子绕组中产生漏电势，故不能起能量转换的媒介作用，只能起电压降的作用。

(3) 转子漏磁通 $\phi_{2\sigma}$

异步电动机负载时，转子绕组电流 $I_2 \neq 0$，转子磁势不仅与定子磁势的合成磁势产生主磁通 ϕ_m，而且还产生仅交链转子绕组的漏磁通 $\phi_{2\sigma}$。漏磁通主要由槽漏磁通和端部漏磁通组成。转子漏磁通与定子漏磁通相似，因漏磁通沿磁阻很大的空气形成闭合回路，漏磁通相对主磁通较小且只在转子绕组中产生漏电势，故同样不起能量转换的媒介作用，只起电压降的作用。

6.2 异步电动机运行

6.2.1 异步电动机空载运行

异步电动机空载运行是指定子绕组接三相对称电源，转子转轴不带任何机械负载的状态。由于转子转轴无机械负载，电动机转速很高，接近同步转速，即 $n \approx n_1$，转子与定子旋转磁场几乎无相对运动。异步电动机空载运行时的定子电流称为空载电流，用 $\dot{I}_0$ 表示。

1. 空载运行特征量：$n \approx n_1$
2. 电磁过程

异步电动机空载时，三相定子绕组连接三相对称交流电源，转子转轴不带任何负载，转子与定子旋转磁场几乎无相对运动，转子绕组不产生感应电动势和感应电流，因此，只有定子空载电流 $\dot{I}_0$ 形成的磁动势 $\dot{F}_0$ 产生主磁通 $\dot{\phi}_m$ 和定子漏磁通 $\dot{\phi}_{1\sigma}$ 并分别感应定、转子电动势和定子漏电动势，并在定子绕组电阻上产生电压降 $\dot{I}_0 r_1$，如下图所示。

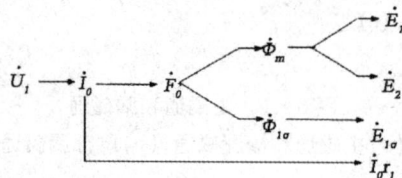

3. 电磁关系

1) 定子侧

异步电动机空载运行时，旋转磁场切割定子绕组的相对转速 $\triangle n_1 = n_1 - 0 = n_1$，定子绕组感应电动势频率 $f_1 = \dfrac{p \triangle n_1}{60} = \dfrac{p n_1}{60}$。

（1）定子绕组电动势

异步电动机三相定子绕组内通入三相交流电后产生的主磁场 ϕ_m 为旋转磁场，定子绕组因切割旋转磁场而感应电动势 $\dot{E}_1$，且 $\dot{E}_1$ 滞后主磁通 $\dot{\phi}_m$ 90°，其相量表达式为

$$\dot{E}_1 = -j4.44 f_1 k_{w1} N_1 \dot{\phi}_m \tag{6-1}$$

式中 ϕ_m – 气隙旋转磁场的每极磁通；N_1 – 定子每相绕组匝数；f_1 – 定子电流频率；k_{w1} – 定子绕组系数，它是由定子绕组的短矩和分布而引起的。

与变压器分析相似，感应电动势 $\dot{E}_1$ 可以用励磁电流 $\dot{I}_0$ 在励磁阻抗 Z_m 上的电压降来表示，即

$$-\dot{E}_1 = \dot{I}_0 (r_m + j x_m) = \dot{I}_0 Z_m \tag{6-2}$$

式中 $Z_m = r_m + j x_m$ – 励磁阻抗；r_m – 励磁电阻，反映铁耗的等效电阻；x_m – 励磁电抗，对应于主磁通 ϕ_m 的电抗。

(2) 定子漏电动势 $\dot{E}_{1\sigma}$

定子漏磁通只交链定子绕组，在定子绕组中感应电动势 $\dot{E}_{1\sigma}$，与变压器一样，漏电势可以用空载电流在漏抗上的电压降来表示，由于 $\dot{E}_{1\sigma}$ 滞后于 $\dot{I}_0$ 90°，故

$$\dot{E}_{1\sigma} = -j\dot{I}_0 x_1 \tag{6-3}$$

式中 x_1——定子绕组漏抗，对应于定子漏磁通。

(3) 定子电势平衡方程式

设定子绕组上每相所加端电压为 $\dot{U}_1$，相电流为 $\dot{I}_0$，主磁通 ϕ_m、定子漏磁通 $\phi_{1\sigma}$，在定子绕组中分别感应电动势 $\dot{E}_1$ 和 $\dot{E}_{1\sigma}$，定子电流 $\dot{I}_0$ 通过定子绕组，将在定子绕组电阻 r_1 上产生电压降 $\dot{I}_0 r_1$。依照变压器一次绕组各电磁量的正方向规定，根据基尔霍夫第二定律，定子每相电路的电压平衡方程式为

$$\dot{U}_1 = -\dot{E}_1 - \dot{E}_{1\sigma} + \dot{I}_0 r_1 = -\dot{E}_1 + \dot{I}_0(r_1 + jx_1) = -\dot{E}_1 + \dot{I}_0 Z_1 \tag{6-4}$$

式中 $Z_1 = r_1 + jx_1$ – 定子绕组的漏阻抗。

由于 r_1 与 x_1 很小，定子绕组漏阻抗压降 $\dot{I}_0 Z_1$ 与外加电压相比很小，一般为额定电压的 2%~5%，为了简化分析，可以忽略。因而近似地认为

$$\dot{U}_1 \approx -\dot{E}_1$$

$$\dot{U}_1 \approx -\dot{E}_1 = -j4.44 f_1 k_{w1} N_1 \dot{\phi}_m$$

于是电动机每极主磁通为

$$\phi_m = \frac{U_1}{4.44 f_1 k_{w1} N_1} \tag{6-5}$$

显然，对于一定的异步电动机，k_{w1}、N_1 均为常数，当频率一定时，主磁通 ϕ_m 与电源电压 U_1 成正比，如外施电压不变，主磁通 ϕ_m 也基本不变，与之相对应产生 ϕ_m 的合成磁势 $\sum \vec{F}$ 也基本不变，这和变压器的情况相同。

2) 转子侧

异步电动机空载运行时，旋转磁场切割转子绕组的相对转速 $\triangle n_2 = n_1 - n \approx n_1 - n_1 \approx 0$，转子绕组感应电动势频率 $f_2 = \frac{p \triangle n_2}{60} \approx 0$。

(1) 转子绕组电动势

$$\dot{E}_2 = -j4.44 f_2 k_{w2} N_2 \dot{\phi}_m \approx 0$$

(2) 转子漏电动势

由于转子电流 $\dot{I}_2 \approx 0$，转子漏磁电动势

$$\dot{E}_{1\sigma} = -j\dot{I}_2 x_2 = 0$$

3) 磁动势平衡方程式

由于异步电动机空载运行时，转子磁势 $\vec{F}_2 = \frac{m_2}{2} \times 0.9 \frac{k_{w2} N_2}{p} \dot{I}_2 \approx 0$，所以合成磁势

$$\sum \vec{F} = \vec{F}_1 + \vec{F}_2 = \vec{F}_0 \qquad (6-6)$$

式中 $\vec{F}_1$ —定子磁动势；$\vec{F}_2$ —转子磁动势；$\vec{F}_0$ —空载磁动势

即 $$\sum \vec{F} = \vec{F}_1 = \vec{F}_0$$

$$\frac{m_1}{2} \times 0.9 \frac{k_{w1} N_1}{p} \dot{I}_1 = \frac{m_1}{2} \times 0.9 \frac{k_{w1} N_1}{p} \dot{I}_0$$

式中 N_1 —定子每相绕组匝数；N_2 —转子每相绕组匝数；k_{w1} —定子绕组系数；k_{w2} —转子绕组系数，它是由转子绕组的短矩和分布而引起的。

以上分析可知，异步电动机空载时，合成磁势 $\sum \vec{F}$ 仅有定子磁势产生，空载时的定子磁势又称作励磁磁势；空载时的定子电流 $\dot{I}_1$ 记为 $\dot{I}_0$，被又称作励磁电流，基本为一无功性质电流。

气隙磁场只由定子空载磁势产生，其转速 $n_1 = \dfrac{60 f_1}{p}$。

4. 空载时的等值电路

根据式(6-7)可画出异步电动机空载运行时的等值电路，如图6-2所示。

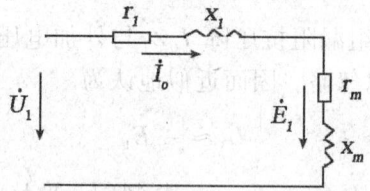

图6-2 异步电动机空载运行时的等值电路

6.2.2 异步电动机转子不动

转子不动是异步电动机运行的特殊情况，异步电动机的这种运行方式与变压器二次侧短路时的运行状态非常相似。为使问题简化，现以绕线式异步电动机为例，设定、转子都有 p 对极的三相对称绕组，转子被堵住且转子三相绕组对外短接。

1. 转子不动特征量 $n = 0$

2. 电磁关系

1) 定子侧

异步电动机转子不动时，旋转磁场切割定子绕组的相对转速 $\triangle n_1 = n_1 - 0 = n_1$，定子绕组感应电动势频率 $f_1 = \dfrac{p \triangle n_1}{60} = \dfrac{p n_1}{60}$。

(1) 定子绕组电动势

$$\dot{E}_1 = -j 4.44 f_1 k_{w1} N_1 \dot{\phi}_m$$

(2) 定子漏电动势

$$\dot{E}_{1\sigma} = -j \dot{I}_1 x_1$$

(3) 电势平衡方程式

$$\dot{U}_1 = -\dot{E}_1 - \dot{E}_{1\sigma} + \dot{I}_1 r_1 = -\dot{E}_1 + \dot{I}_1 (r_1 + j x_1) = -\dot{E}_1 + \dot{I}_1 Z_1$$

2)转子侧

异步电动机转子不动时,旋转磁场切割转子绕组的相对转速 $\triangle n_2 = n_1 - 0 = n_1$,转子绕组感应电动势频率 $f_2 = \dfrac{p\triangle n_2}{60} = \dfrac{pn_1}{60} = f_1$。转子不动时的转子每相绕组漏电抗(其中 L_2 为转子每相绕组漏电感);转子不动时的转子每相绕组漏阻抗 $Z_{20} = r_2 + jx_{20}$。

(1)转子绕组电动势

$$\dot{E}_{20} = -j4.44 f_1 k_{w2} N_2 \dot{\phi}_m \tag{6-7}$$

式中 $\dot{\phi}_m$ — 气隙旋转磁场的每极磁通;N_2 — 转子每相绕组匝数;f_1 — 定子电流频率;k_{w2} — 转子绕组系数,它是由转子绕组的短矩和分布而引起的;

异步电动机变比

$$k_e = \dfrac{E_1}{E_{20}} = \dfrac{4.44 f_1 k_{w1} N_1 \phi_m}{4.44 f_1 k_{w2} N_2 \phi_m} = \dfrac{k_{w1} N_1}{k_{w2} N_2} \tag{6-8}$$

(3)转子电动势平衡方程式

$$\dot{U}_{20} = \dot{E}_{20} - \dot{I}_2(r_2 + jx_{20}) = 0$$

即

$$\dot{E}_{20} = \dot{I}_2(r_2 + jx_{20}) = \dot{I}_2 Z_{20} \tag{6-9}$$

6.2.3 异步电动机的负载运行

异步电动机负载运行是指定子绕组接三相对称电源,转子转轴带上机械负载的状态。由于转子转轴已带上机械负载,因此,电动机以低于同步转速 n_1 的转速 n 旋转,其转向仍与定子旋转磁场的方向相同,并与定子旋转磁场存在相对运动。

1. 空载特征量 $n_1 > n$

2. 电磁过程

异步电动机负载运行时,定子磁势 $\vec{F}_1$ 与转子磁势 $\vec{F}_2$ 共同建立气隙主磁通 $\dot{\phi}_m$。主磁通 $\dot{\phi}_m$ 分别交链于定、转子绕组,并分别在定、转组中感应电动势 $\dot{E}_1$ 和 $\dot{E}_2$。同时定、转子磁动势 $\vec{F}_1$ 和 $\vec{F}_2$ 分别产生只交链于本侧的漏磁通 $\dot{\phi}_{1\sigma}$ 和 $\dot{\phi}_{2\sigma}$,并感应出相应的漏电动势 $\dot{E}_{1\sigma}$ 和 $\dot{E}_{2\sigma}$。其电磁关系如下:

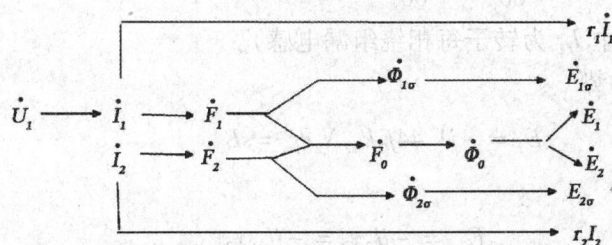

3. 电磁关系

1)定子侧

异步电动机负载运行时,旋转磁场切割定子绕组的相对转速 $\triangle n_1 = n_1 - 0 = n_1$,定子绕

组感应电动势频率 $f_1 = \dfrac{p \triangle n_1}{60} = \dfrac{pn_1}{60}$。

(1) 定子绕组电动势

$$\dot{E}_1 = -j4.44 f_1 k_{w1} N_1 \dot{\phi}_m$$

与变压器分析相似,感应电动势 $\dot{E}_1$ 可以用励磁电流 $\dot{I}_0$ 在励磁阻抗 Z_m 上的电压降来表示,即

$$-\dot{E}_1 = \dot{I}_0 (r_m + jx_m) = \dot{I}_0 Z_m$$

(2) 定子漏电动势 $\dot{E}_{1\sigma}$

$$\dot{E}_{1\sigma} = -j \dot{I}_1 x_1$$

(3) 定子电势平衡方程式

$$\dot{U}_1 = -\dot{E}_1 - \dot{E}_{1\sigma} + \dot{I}_1 r_1 = -\dot{E}_1 + \dot{I}_1(r_1 + jx_1) = -\dot{E}_1 + \dot{I}_1 Z_1$$

由于 r_1 与 x_1 很小,定子绕组漏阻抗压降 $\dot{I}_0 Z_1$ 与外加电压相比很小,一般为额定电压的 2%~5%,为了简化分析,可以忽略。因而近似地认为

$$\dot{U}_1 \approx -\dot{E}_1$$

$$\dot{U}_1 \approx -\dot{E}_1 = 4.44 f_1 k_{w1} N_1 \dot{\phi}_m$$

于是电动机每极主磁通为

$$\dot{\phi}_m = \dfrac{U_1}{4.44 f_1 k_{w1} N_1}$$

显然,对于一定的异步电动机,k_{w1}、N_1 均为常数,当频率一定时,主磁通 $\dot{\phi}_m$ 与电源电压 $\dot{U}_1$ 成正比,如外施电压不变,主磁通 $\dot{\phi}_m$ 也基本不变,与之相对应产生 $\dot{\phi}_m$ 的合成磁势 $\vec{\sum F}$ 也基本不变,故与异步电动机空载时的空载磁动势 $\vec{F}_0$ 相等。

2) 转子侧

异步电动机转子转动时时,旋转磁场切割转子绕组的相对转速 $\triangle n_2 = n_1 - n = sn_1 > 0$,转子绕组感应电动势频率 $f_2 = \dfrac{p \triangle n_2}{60} = s \dfrac{pn_1}{60} = sf_1$,转子转动时的转子每相绕组漏电抗 $x_2 = 2\pi f_2 L_2 = s(2\pi f_1 L_2) = sx_{20}$(其中 L_2 为转子每相绕组漏电感)。

(1) 转子绕组电动势

$$\dot{E}_2 = -j4.44 f_2 k_{w2} N_2 \dot{\phi}_m = s\dot{E}_{20} \qquad (6-10)$$

(2) 转子漏电动势

$$\dot{E}_{2\sigma} = -j\dot{I}_2 x_2 = -j\dot{I}_2 sx_{20} \qquad (6-11)$$

(3) 转子电动势平衡方程式

$$\dot{U}_2 = \dot{E}_2 + \dot{E}_{2\sigma} - \dot{I}_2 r_2 = s\dot{E}_{20} - \dot{I}_2 (r_2 + jsx_{20}) = 0$$

即

$$\dot{E}_{20} = \dot{I}_2 \left(\dfrac{r_2}{s} + jx_{20}\right) \qquad (6-12)$$

$$\dot{I}_2 = \frac{\dot{E}_{20}}{(r_2 + \frac{1-s}{s}r_2 + jx_{20})} \tag{6-13}$$

于是

$$I_2 = \frac{E_{20}}{\sqrt{(\frac{r_2}{s})^2 + x_{20}^2}} \tag{6-14}$$

$\dot{I}_2$ 滞后 $\dot{E}_2$ 的相位角称作转子的内功率因数角，可表示为

$$\psi_2 = \tan^{-1}\frac{sx_{20}}{r_2} \tag{6-15}$$

（4）转子功率因数

$$\cos\psi_2 = \frac{r_2}{\sqrt{r_2^2 + x_2^2}} = \frac{r}{\sqrt{r_2^2 + (sx_{20})^2}} \tag{6-16}$$

以上各式表明，异步电动机转动时，转子各物理的大小与转差率 s 有关。转子各物理量随转差率变化的情况如图 6-3 所示。转子频率 f_2、转子电抗 x_2、电动势 E_2 与转差率 s 成正比。转子电流 I_2 随转差率增大而增大，转子功率因数随转差率增大而减小。例如：异步电动机起动时，$n = 0$，$s = 1$，此时，转子回路频率 $f_2 = f_1$，转子回路电抗 x_2、电动势 E_2、转子电流 I_2 最大，功率因数 $\cos\varphi_2$ 最小。

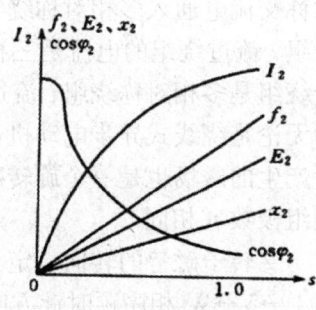

图 6-3 转子各物理量与转差率的关系

【**应用实例 6-1**】 一台在频率 50Hz 下运行的四极异步电动机，额定转速 $n_N = 1425\text{r/min}$，转子电路参数 $r_2 = 0.02\Omega$，$x_{20} = 0.08\Omega$，电动机变比 $k_e = 10$，当 $E_1 = 200\text{V}$ 时，求：

（1）起动瞬时（$s = 1$）转子绕组每相的 E_{20}、I_{20}、$\cos\psi_{20}$ 及转子频率 f_{20}。

（2）额定转速下转子绕组每相的 E_2、I_2、$\cos\psi_2$ 及转子频率 f_2。

解 （1）起动瞬时 $f_{20} = f_1 = 50\text{Hz}$，则

转子电动势 $E_{20} = \frac{E_1}{k_e} = \frac{200}{100} = 20(\text{V})$

转子电流 $I_{20} = \frac{E_{20}}{\sqrt{r_2^2 + x_{20}^2}} = \frac{20}{\sqrt{0.02^2 + 0.08^2}} = 242.5(\text{A})$

转子功率因数 $\cos\psi_{20} = \cos(\tan^{-1}\frac{x_{20}}{r_2}) = \cos 75.96° = 0.243$

（2）四极异步电动机同步转速 $n_1 = 1500\text{r/min}$，所以

额定转差率 $s_N = \frac{n_1 - n_N}{n_1} = \frac{1500 - 1425}{1500} = 0.05$

转子电动势 $E_2 = sE_{20} = 0.05 \times 20 = 1(\text{V})$

转子电流 $I_2 = \frac{sE_{20}}{\sqrt{r_2^2 + (sx_{20})^2}} = \frac{20}{\sqrt{0.02^2 + (0.05 \times 0.08)^2}} = 49(\text{A})$

功率因数 $\cos\psi_2 = \cos(\tan^{-1}\dfrac{sx_{20}}{r_2}) = \cos 11.3° = 0.98$

转子频率 $f_2 = sf_1 = 0.05 \times 50 = 2.5\text{Hz}$

本例计算结果表明：与转子起动状态时相比，额定运行状态下的转差率较小、转子频率较低、转子电流较小，功率因数角高，具有较好的运行性能。

(5) 转子磁动势

负载运行时，除了定子电流 $\dot{I}_1$ 产生一个定子磁势 $\vec{F}_1$ 外，由于转子电流 $\dot{I}_2 \neq 0$，转子电流 $\dot{I}_2$ 还将产生一个转子磁势 $\vec{F}_2$，总的气隙磁势 $\sum \vec{F}$ 则是 $\vec{F}_1$ 与 $\vec{F}_2$ 的合成，由它们来共同建立气隙磁场。

$$\vec{F}_2 = \dfrac{m_2}{2} \times 0.9 \dfrac{k_{w2}N_2}{p}\dot{I}_2 \qquad (6-17)$$

①转子磁势性质。三相对称交流电通入三相对称绕组产生旋转磁势，同理可以论证多相对称交流电通入多相对称绕组产生的也是旋转磁势。绕线式异步电动机转子绕组为对称三相绕组，流过绕组的电流是三相对称电流，其转子磁势是一旋转磁势；鼠笼式异步电动机的转子绕组是多相对称绕组，流过绕组的电流为多相对称电流，其转子磁势也是一个旋转磁势。即无论是绕线式异步电动机还是鼠笼式异步电动机，转子磁势都是一个旋转磁势，这个磁势所产生的磁场也是一个旋转磁场。由于转子磁势产生于定子磁势，故转子绕组极数 p_2 与定子绕组极数 p 相同。

②转子磁势的转向。定子旋转磁势转向与定子绕组三相电流相序有关，若定子旋转磁场沿 U→V→W 相序顺时针方向旋转，如图 5-20 所示，因为 $n < n_1$，因此在转子绕组中感应电动势和感应电流的相序也必然为 $u \to v \to w$。又因为转子磁势转向取决于转子绕组中电流的相序，始终从超前电流相转向滞后电流相，故转子磁势一转向也是从 $u \to v \to w$ 沿顺时针方向转动，于是可以得出如下结论：转子电流与定子电流相序一致，转子磁势 $\vec{F}_2$ 与定子磁势 $\vec{F}_1$ 同方向旋转。

③转子旋转磁势的转速。

转子磁势相对于转子的转速为

$$n_2 = \dfrac{60f_2}{p_2} = s\dfrac{60f_1}{p_1} = sn_1 \qquad (6-18)$$

由于转子本身以转速 n 转速，故转子磁势相对于定子的转速为

$$n_2 + n = sn_1 + n = n_1 \qquad (6-19)$$

所以转子磁势与定子磁势在气隙中的转速相同。

综上所述，无论异步电动机的转速 n 如何变化，定子磁势 $\vec{F}_1$ 与转子磁势 $\vec{F}_2$ 总是相对静止的。定、转子磁势相对静止也是一切旋转电机能够正常运行的必要条件，因为只有这样，才能产生恒定的平均电磁转矩，从而实现机电能量转换。

3) 磁动势平衡方程式

转子转动时，定子磁动势 $\vec{F}_1$ 相对定子的转速仍为 n_1，而频率为 $f_2 = sf_1$ 的转子电流产生的相对转子转速的旋转磁动势 $\vec{F}_2$ 的转速 $n_2 = sn_1$，转子磁势相对于定子的转速 $n_2 + n = n_1$，$\vec{F}_1$ 和

$\vec{F}_2$ 同向同速旋转，实现电动机平稳转动。

$$\vec{F}_1 + \vec{F}_2 = \vec{F}_0$$

即 $\dfrac{m_1}{2} \times 0.9 \dfrac{k_{w1} N_1}{p} \dot{I}_1 + \dfrac{m_2}{2} \times 0.9 \dfrac{k_{w2} N_2}{p} \dot{I}_2 = \dfrac{m_1}{2} \times 0.9 \dfrac{k_{w1} N_1}{p} \dot{I}_0$ (6-20)

式中 N_1 - 定子每相绕组匝数；N_2 - 转子每相绕组匝数。

将上式除以 $\dfrac{m_1}{2} \times 0.9 \dfrac{k_{w1} N_1}{p}$，得

$$\dot{I}_1 + \dfrac{m_2 k_{w2} N_2}{m_1 k_{w1} N_1} \dot{I}_2 = \dot{I}_1 + \dfrac{1}{k_i} \dot{I}_2 = \dot{I}_0 \quad (6-21)$$

式中，异步电动机电流变比 $k_i = \dfrac{m_1 k_{w1} N_1}{m_2 k_{w2} N_2}$。

6.2.4 异步电动机负载时的等值电路及相量图

异步电动机与变压器一样，定子电路与转子电路之间只有磁的耦合而无电的直接联系。为了便于分析和简化计算，也采用了与变压器相似的等值电路的方法。

根据定、转子电动势平衡方程，可得到异步电动机旋转时定、转子电路，如图6-4(a)所示。

由于异步电动机定、转子间的电磁关系与变压器一、二次侧电磁关系相似，且定、转子绕组的有效匝数、绕组系数不相等，因此在推导等效电路时，同样需要进行相应的绕组折算，但由于定、转子电路频率不相等，即便绕组折算后，一、二次电路仍然不能直接相连，还需频率折算，方能使异步电机定、转子电路归并统一。

1. 折算

（1）频率折算

频率折算就是要用一个频率与定子相同的等值转子绕组替代实际的转子绕组。从前面的分析知：当异步电动机转子不动时，异步电动机定、转子具有相同的频率 $f_2 = f_1$。所以频率折算的实质就是将旋转的转子等效成静止的转子。

在等效过程中，为了要保持电机的电磁效应不变，折算必须遵循：折算前、后转子磁动势不变，以保持转子电路对定子电路的影响不变；等效后的转子电路功率和损耗与转子旋转时一样。频率折算后的等值电路，如图6-4(b)所示。

（2）绕组折算

转子绕组折算就是用一个和定子绕组具有相同相数 m_1、匝数 N_1 及绕组系数 k_{w1} 的等值转子绕组来替代原来的相数为 m_2、匝数为 N_2 及绕组系数 k_{w2} 的实际转子绕组。其折算方法类似变压器的折算方法。折算值在原物理量符号的右上角加"′"表示。若定、转子绕组相数，$m_1 = m$ 相同，则异步电动机电流变比

$$k_1 = \dfrac{m_1 k_{w1} N_1}{m_2 k_{w2} N_2} = \dfrac{k_{w1} N_1}{k_{w2} N_2} = k_e,$$

令 $k = k_i = k_e$，于是可设 $\dfrac{E'_{20}}{E_{20}} = \dfrac{I_2}{I'_2} = k$，而由 (6-8) 又知 $k = \dfrac{E_1}{E_{20}}$ 故

$$E_1 = E'_{20} = kE_{20} \quad (6-22)$$

$$I'_2 = \dfrac{1}{k} I_2 \quad (6-23)$$

而(6-12)式 $\dot{E}_{20} = \dot{I}_2(\frac{r_2}{s} + jx_{20})$ 两边乘以 k

$$k\dot{E}_{20} = \frac{\dot{I}_2}{k}k^2(\frac{r_2}{s} + jx_{20})$$

$$\dot{E}'_{20} = \dot{I}'_2(\frac{r'_2}{s} + jx'_{20}) \tag{6-24}$$

式中 $r'_2 = k^2 r_2$；$x'_{20} = k^2 x_{20}$

(3) 归纳折算后的方程

$$\left.\begin{array}{l}\dot{U}_1 = -\dot{E}_1 + \dot{I}_1(r_1 + jx_1) \\ \dot{E}'_{20} = \dot{I}'_2(\frac{r'_2}{s} + jx'_{20}) \\ \dot{I}_1 + \dot{I}'_2 = \dot{I}_0 \\ \dot{E}_1 = \dot{E}'_{20} = -\dot{I}_0(r_m + jx_m) \\ \dot{E}_1 = -j4.44 f_1 k_{w1} N_1 \phi_m\end{array}\right\} \tag{6-25}$$

2. 等值电路

根据折算后的异步电动机基本方程组(6-25)，可得频率和绕组折算后的定、转子等值电路，如图 6-4(c) 所示。最后得异步电动机 T 型等值电路，如图 6-4(d) 所示。需要注意的是，折算仅是一种等值计算方法，不论是频率折算还是绕组折算，代替实际转子的等值转子均是虚拟的。等值电路的获得为异步电动机运行分析及计算带来了方便。

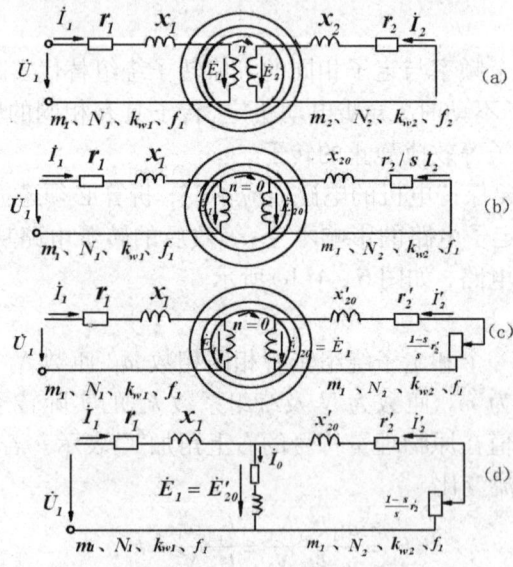

图 6-4 异步电动机型等值电路的形成
(a) 绕组折算后的电路；(b) 频率折算后的电路；
(c) 绕组折算后的电路；(d) T 形等值电路

下面说明变换后的转子电路中多了一个附加电阻 $\frac{1-s}{s}r_2$ 的物理意义。附加电阻 $\frac{1-s}{s}r_2$ 在转子电路中将消耗功率，而实际旋转的电动机不存在这项电阻损耗，但要产生轴上的机械功率。由于静止的转子电路与旋转的转子电路等效，有功功率应相等，因此消耗在附加电阻 $\frac{1-s}{s}r_2$ 的电功率 $m_2 I_2^2 \frac{1-s}{s} r_2$ 就代替了实际旋转电机轴上总机械功率的等值电阻。

3. 相量图

异步电动机负载时的相量图与变压器负载时的相量图类似，也可根据其基本方程得到，本质上说，基本方程、等值电路和相量图都是异步电动机各物理量相互关系的不同表现形式，只不过各有侧重。相对基本方程、等值电路，相量图更加突出各物理量相位关系，适合异步电动机定性分析，图6-5为异步电动机负载运行时的相量图。

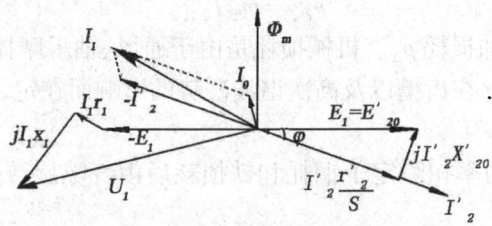

图6-5 异步电动机相量图

6.3 异步电动机的电磁转矩

电磁转矩是异步电动机实现机电能量转换的关键，由于转动物体的转矩 T 乘以旋转角速度 Ω 等于功率 P，所以对电磁转矩的分析从从功率平衡关系入手。

1. 功率平衡方程式

异步电动机运行时，定子绕组从交流电源吸取的电功率，然后将其转化为转子轴上的机械功率输出。电机在实现机电能量的转换和传递过程中，必然会产生各种损耗，并遵从能量守恒定律。图6-6所示为异步电动机内部功率传递和功率损耗流程图。

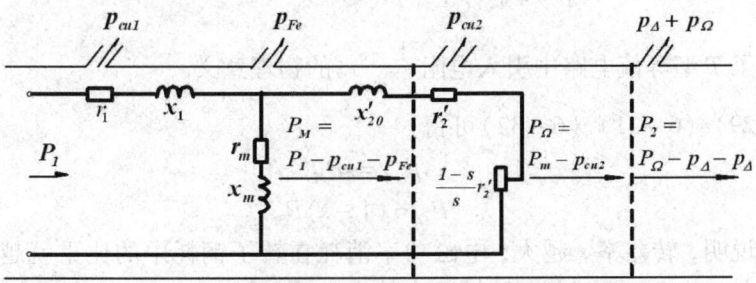

图6-6 异步电动机的功率传递、功率损耗流程图

（1）输入电功率 P_1

异步电动机定子绕组从电网吸收的电功率为

$$P_1 = m_1 U_1 I_1 \cos\varphi_1 \tag{6-26}$$

式中 U_1、I_1——定子绕组的相电压、相电流；$\cos\varphi_1$——异步电动机的功率因数。

(2) 功率损耗 p_{cu1}

① 定子铜损耗

定子铜耗是定子电流 I_1 通过定子绕组时，在定子绕组电阻上产生的功率损耗

$$p_{cu1} = m_1 I_1^2 r_1 \quad (6-27)$$

② 铁芯损耗 p_{Fe}

定子铁耗实际上就是整个电动机的铁芯损耗。由于异步电动机正常运行时，额定转差率很小，转子频率很低（约为 1~3Hz），转子铁耗很小，可略去不计。

$$p_{Fe} = m_1 I_0^2 r_m \quad (6-28)$$

③ 转子铜耗

根据 T 型等效电路可知，转子铜耗为

$$p_{cu2} = m_1 {I_2'}^2 r_2' \quad (6-29)$$

④ 机械损耗 p_Ω 及附加损耗 p_Δ。机械损耗是由于通风、轴承摩擦等产生的损耗；附加损耗是由于电动机定、转子铁芯存在齿槽以及高次谐波磁势的影响而在定、转子铁芯中产生的损耗。

(3) 电磁功率 P_M

电磁功率为输入电功率扣除定子铜耗和铁损耗后由气隙旋转磁场通过电磁感应传递到转子的电功率

$$P_M = P_1 - p_{cu1} - p_{Fe} \quad (6-30)$$

根据 T 型等效电路的能量传递关系，输入功率 P_1 减去 r_1 和 r_m 上的损耗 p_{cu1} 和 p_{Fe} 后，应等于在电阻 $\dfrac{r_2'}{s}$ 上所消耗的功率，即

$$P_M = m_1 E_{20}' I_2' \cos\varphi_2 = m_1 {I_2'}^2 \dfrac{r_2'}{s} \quad (6-31)$$

(4) 总机械功率 P_Ω

根据 T 型等效电路的能量传递关系，总机械功率 P_Ω 减去转子绕组 r_2' 上的铜耗 p_{cu2} 后，应等于在附加电阻 $\dfrac{1-s}{s} r_2'$ 上的功率

$$P_\Omega = P_M - p_{cu2} = m_1 {I_2'}^2 \dfrac{1-s}{s} r_2' \quad (6-32)$$

该式说明了 T 型等值电路中引入电阻 $\dfrac{1-s}{s} r_2'$ 的物理意义。

由式 (6-29)、(6-31)、(6-32) 可得

$$p_{cu2} = s P_M \quad (6-33)$$
$$P_\Omega = (1-s) P_M \quad (6-34)$$

以上两式说明，转差率 s 越大，电磁功率消耗在转子铜耗中的比重就越大，电动机效率就越低，故异步电动机正常运行时，转差率较小，通常在 0.01~0.06 的范围内。

(5) 输出机械功率 P_2

总机械功率 P_Ω 减去机械损耗 P_Ω 和附加损耗 p_Δ 后，才是转子输出的机械功率 P_2，即

$$P_2 = P_\Omega - (P_\Omega + p_\Delta) = P_\Omega - p_0 \quad (6-35)$$

(6) 功率平衡方程式为

$$P_2 = P_1 - (p_{cu1} + p_{Fe} + p_{cu2} + p_\Omega + p_\Delta) = P_1 - \sum p \qquad (6-36)$$

式中 $\sum p$ — 电动机总损耗。

2. 转矩平衡方程式

功率等于转矩与角速度的乘积，即 $P = T\Omega$，在式(6-35)两边同除以机械角速度 Ω，$\Omega = \dfrac{2\pi n}{60}$ rad/s 可得转矩平衡方程式为

$$T_2 = T - T_0 \text{ 或 } T = T_2 + T_0 \qquad (6-37)$$

式中 $T = \dfrac{P_\Omega}{\Omega}$ — 电磁转矩；$T_2 = \dfrac{P_2}{\Omega}$ — 负载转矩；$T_0 = \dfrac{P_0}{\Omega}$ — 空载转矩。

式(6-37)表明，当电动机稳定运行时，驱动性质的电磁转矩与制动性质的负载转矩及空载转矩相平衡。

3. 电磁转矩 T

（1）电磁转矩物理表达式

$$T = \frac{P_\Omega}{\Omega} = \frac{(1-S)P_M}{\dfrac{2\pi n}{60}} = \frac{(1-S)P_M}{2\pi(1-S)n_1/60} = \frac{P_M}{\Omega_1} \qquad (6-38)$$

式中 $\Omega_1 = \dfrac{2\pi n}{60} = \dfrac{2\pi f_1}{p} \Omega_1$ — 同步角速度。

由式(6-38)和式(6-31)可得

$$T = \frac{P_M}{\Omega_1} = \frac{m_1 E_{20}' I_2' \cos\varphi_2}{2\pi n_1/60} = \frac{m_1 \times 4.44 f_1 k_{w1} N_1 \phi_m I_2' \cos\varphi_2}{2\pi f_1/p} = C_T \phi_m I_2' \cos\varphi_2 \qquad (6-39)$$

式中 $C_T = \dfrac{m_1 \times 4.44 p k_{w1} N_1}{2\pi}$ — 转矩常数，电机结构参数决定的常数。

式(6-35)表明，电磁转矩 T 与气隙磁场 ϕ_m、转子电流 I_2' 和功率因数 $\cos\varphi_2$ 的乘积成正比。

（2）电磁转矩参数表达式

式(6-39)能够比较直观地表示出电磁转矩形成的物理概念，常用于定性分析。为便于计算，需推导出电磁转矩的参数表达式。

根据异步电动机简化等值电路，可得转子电流为

$$I_2' = \frac{U_1}{\sqrt{(r_1 + \dfrac{r_2'}{s})^2 + (x_1 + x_{20})^2}} \qquad (6-40)$$

将式(6-40)代入式(6-38)可得电功率磁转矩的参数表达式

$$T = \frac{P_M}{\Omega_1} = \frac{m_1 I_2'^2 \dfrac{r_2'}{s}}{\dfrac{2\pi f_1}{p}} = \frac{m_1 p U_1^2 \dfrac{r_2'}{s}}{2\pi f_1 \left[(r_1 + \dfrac{r_2'}{s})^2 + x_1 + x_{20})^2 \right]} \qquad (6-41)$$

式(6-41)表明了电磁转矩和定子绕组上的相电压、频率、电机参数和转差率的关系。

6.4 三相异步电动机电磁转矩与转差率的关系

三相异步电动机负载运行时，若电网加在定子绕组上的相电压 U_1 和频率 f_1 为常数，同时电机的结构参数电阻和漏电抗也认为不变时，则电磁转矩 T 仅与转差率 s 转有关。此时的电磁转矩与转差率之间的关系，称为转矩特性 $T=f(s)$，如图6-7所示。转矩特性 $T=f(s)$ 曲线的形状，可由式(6-41)解释。

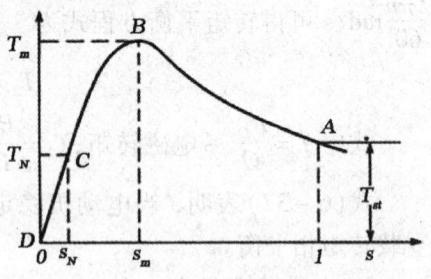

图6-7 异步电动机的转距特性曲线

(1) 当 s 值较小(如 $s\approx0$)时，$\dfrac{r'_2}{s}$ 很大，(6-41)中 r_1 和 $(x_1+x'_{20})$ 都可忽略，此时可近似地认为 $T\propto s$，对应图中单调上升的直线部分。

(2) 当 s 值较大(如 $s\approx1$)时，$\dfrac{r'_2}{s}$ 较小，式(6-41)中 $(x_1+x'_{20})\gg(r_1+\dfrac{r'_2}{s})$，即 $r_1+\dfrac{r'_2}{s}$ 可以忽略，此时可近似地认为 $T\propto\dfrac{1}{s}$，对应图中双曲线部分。

(3) 理想空载运行点 D

该点 $n\approx n_1=60f/p, s=0$，电磁转矩 $T\approx0$，异步电动机基本无机电能量转换。

(4) 额定运行点 C

异步电动机带额定负载运行，$s_N=0.01\sim0.06$，其对应的电磁转矩为额定转矩 T_N。若忽略空载转矩，T_N 即为额定输出转矩。

$$T_N=\frac{P_N\times10^3}{\Omega}=\frac{P_N\times10^3}{2\pi n_N/60}=9950\frac{P_N}{n_N} \qquad(6-42)$$

(5) 最大电磁转矩点 B

① 最大电磁转矩 T_m 与临界转差率 s_m

对式(6-41)求导，令 $\dfrac{dT}{ds}=0$。即可求得产生最大电磁转 T_m 的转差 s_m，称为临界转差率，且

$$s_m=\frac{r'_2}{\sqrt{r_1^2+(x_1+x'_{20})^2}} \qquad(6-43)$$

$$T_{max}=\frac{m_1pU_1^2}{4\pi f[r_1^2+\sqrt{r_1^2+(x_1+x'_{20})^2}]} \qquad(6-44)$$

通常 $r_1\ll(x_1+x'_{20})$，所以有

$$s_m\approx\frac{r'_2}{x_1+x'_{20}} \qquad(6-45)$$

$$T_{max}\approx\frac{m_1pU_1^2}{4\pi f_1(x_1+x'_{20})} \qquad(6-46)$$

由式(6-45)和(6-46)可得如下结论：

② 最大电磁转矩 T_{max} 与转子回路电阻无关，而与外加电压 U_1 的平方成正比，从式6-45可

以推出：U_1 减少（$U_{11} > U_{12} > U_{13}$）时，对应的 T_{max} 也相应减少（$T_{max1} > T_{max2} > T_{max3}$），如图 6-8 所示。可见虽然曲线下降，但不同的电压下临界转差率 s_m 却不变化。

③最大电磁转矩 T_{max} 虽与转子电路电阻 r_2' 无关，但与之相对应的临界转差率 s_m 却与转子电路电阻 r_2' 成正比，由式 6-46 可以推出：当转子电阻增加（$r_{21}' < r_{22}' < r_{23}'$）时，临界转差率也相应增加（$s_{m1} < s_{m2} < s_{m3}$），如图 6-8 所示。可见虽然曲线极值点右移，但不同的转子电阻下，最大转矩 T_{max} 不变。因此，改变转子电阻大小，最大电磁转矩虽然不变，但可以改变产生最大电磁转矩时的转差率，可以在某一特定转速时，使电动机产生的转矩为最大，这一性质对于绕线式异步电动机具有特别重要的意义。

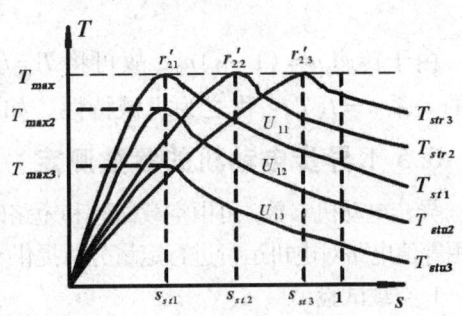

图 6-8 T_{max}、T_{st} 随 U_1、r_2' 的变化关系

④过载系数 k_m

为了保证电动机不会因短时过载而停转，一般电动机都具有一定的过载能力。最大电磁转矩愈大，电动机短时过载能力愈强，因此把最大电磁转矩与额定转矩之比称为电动机的过载系数，它可以衡量电动机的短时过载能力和运行的稳定性。用 k_m 表示，即

$$k_m = \frac{T_m}{T_N} \tag{6-47}$$

一般电动机的过载能力 $k_m = 1.6 \sim 2.2$，起重、冶金、机械专用电动机 $k_m = 2.2 \sim 2.8$。

(6) 起动点 A

电动机起动时 $n = 0, s = 1$，将 $s = 1$ 代入电磁转矩的参数表达式，可求得起动转矩为

$$T_{ST} = \frac{m_1 p U_1^2 r_2'}{2\pi f_1 [(r_1 + r_2')^2 + (x_1 + x_{20}')^2]} \tag{6-48}$$

由式(6-48)可知，起动转矩具有以下特点：

①起动转矩 T_{st} 与外加电压 U_1 的平方成正比。从图 6-7 可知：电压减少（$U_{11} > U_{12} > U_{13}$）时，对应的 T_{st} 也相应减少（$T_{stU1} > T_{stU2} > T_{stU3}$），曲线下降。

②起动转矩 T_{st} 与转子回路电阻有关，转子回路串入适当电阻可以增大起动转矩。绕线式异步电动机可以通过转子回路串入电阻的方法来增大起动转矩，从图 6-7 可知：当外部串入转子回路的电阻增加（$r_{21}' < r_{22}' < r_{23}'$）时，起动转矩也相应增加（$T_{str1} > T_{str2} > T_{str3}$）。要使起动时有最大的转矩，即改 $T_{st} = T_{max}$，可令 $s_m = 1$，求得实现 $T_{st} = T_{max}$ 时转指引传入的电阻为

$$r_{st}' = x_1 + x_{20}' - r_2' \tag{6-49}$$

③起动转矩倍数 k_{st}，

起动转矩与额定转矩之比，称为起动转矩倍数，即

$$k_{st} = \frac{T_{st}}{T_N} \tag{6-50}$$

起动转矩倍数也是反映电动机性能的另一个重要参数，它反映了电动机起动能力的大小，电动机起动的条件是起动转矩不小于 1.1 倍的负载转矩，即 $T_{st} \geq 1.1 T_L$。

6.5 机械特性

由于转速 $n=(1-s)n_1$,故可将 $T=f(s)$ 曲线转化为异步电动机转速 n 与电磁转矩 T 之间的关系 $n=f(T)$,称之为机械特性。如图 6-9 所示。

6.5.1 异步电动机的参数测定

异步电动机参数,可由空载试验和短路(堵转)试验来测定,为使用等值电路对电机运行进行定量分析提供支撑。

1. 空载试验

异步电动机与变压器类似,可用空载试验测定励磁参数 r_m、x_m 以及铁损耗 p_{Fe} 和机械损耗 p_Ω。

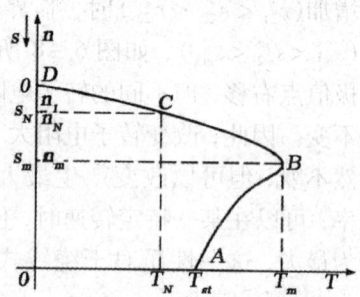

图 6-9 异步电动机机械特性

(1)实验步骤

①电动机转轴上不带任何机械负载,定子三相绕组接额定频率的三相电源。

②用调压器改变外加电压,使定子电压从 $(1.1\sim1.3)U_N$ 开始,逐渐降低电压,直到电机转速明显下降,电流开始回升为止,测量数点,记录电动机的端电压 U_1、空载电流 I_0、空载损耗 p_0 和转速 n,并绘成空载特性曲线 $I_0=f(U_1)$ 和 $p_0=f(U_1)$,如图 6-10(b) 所示。

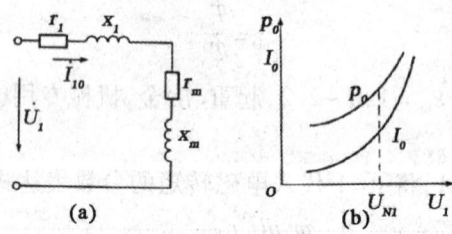

图 6-10 空载试验
(a)空载等效电路;(b)空载试验曲线

(2)铁耗和机械损耗的确定

异步电机空载时,转子铜耗和附加损耗较小,忽略不计,此时电机输入的功率全部消耗在定子铜耗、铁耗和机械损耗上,即

$$p_0 = p_{cu1} + p_{Fe} + p_\Omega \tag{6-51}$$

所以,铁耗与机械损耗之和为

$$p_{Fe} + p_\Omega = p_0 - m_1 I_0^2 r_1$$

铁损耗 p_{Fe} 与磁通密度平方成正比,即正比于 U_1^2,而机械损耗与电压无关,转速变化不大时,可认为 p_Ω 为一常数,因此在图 6-11 的 $p_{Fe}+p_\Omega=f(U_1^2)$ 曲线中可将铁损耗 p_{Fe} 和机械损耗 p_Ω 分开。只要将曲线延长使其与纵轴相交,交点的纵坐标就是机械损耗,过这一点作横坐标平行的直线,该线上面的部分就是铁损耗。如图 6-11 所示。

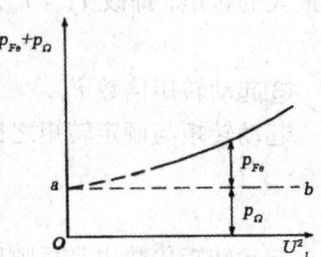

图 6-11 铁耗和机械损耗分离图

(3)励磁参数的确定

由空载等值电路图6-10(a),根据空载试验测得的数据,可以计算空载参数

$$Z_0 = \frac{U_1}{I_0}$$

$$r_0 = \frac{p_0 - p_\Omega}{3I_0^2}$$

$$x_0 = \sqrt{Z_0^2 - r_0^2}$$

励磁参数为

$$x_m = x_0 - x_1 (短路试验求取)$$

$$r_m = r_0 - r_1$$

2. 短路(堵转)试验

短路(堵转)试验可确定异步电机的短路参数 r_k 和 x_k,以及转子电阻 r_2'、定、转子漏抗 x_1 和 x_2'。

(1)实验步骤

①转子使其停转,$s=1$,电动机等值电路中附加电阻 $\frac{1-s}{s}r_2'$ 为零,定子短路电流很大,故与变压器相似。在作异步电动机短路试验时也要降低电源电压。

②加到定子绕组上的电压 U_1,约从 $0.4U_N$ 逐渐降低,再次记录定子相电压 U_1,定子短路电流 I_k 和短路功率 p_k。根据实验数据,即可绘出短路特性曲线 $I_k = f(U_1)$ 和 $p_k = f(U_1)$,如图 6-12(a)所示。(注意:为避免绕组过热损坏,实验应尽快进行。)

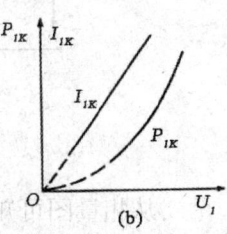

图6-12 异步电动机短路试验
(a)短路等效电路;(b)短路试验曲线

由于短路试验时电机不转,机械损耗为零,而降压后铁损耗和附加损耗很小,可以略去,$I_0 \approx 0$,可以认为励磁支路开路,所以等值电路如图6-12(a)所示,这时功率表读出的短路功率 p_k,都消耗在定、转子的电阻上,即

$$p_k = m_1 I_k^2 (r_1 + r_2') = m_1 I_k^2 r_k$$

(2)短路参数的确定

根据试验测得的数据,可以计算得出短路参数

$$Z_k = \frac{U_k}{I_k}$$

$$r_k = \frac{p_k}{3I_k^2}$$

$$x_k = \sqrt{Z_k^2 - r_k^2}$$

对大、中型异步电动机,可以认为:$r_2' = r_k - r_1$

$$x_1 = x_2' = \frac{1}{2}x_k$$

6.6 三相异步发电机

异步电机主要用作电动机,也可作为发电机。如用原动机顺着旋转磁场方向拖动异步电机旋转,且转速大于旋转磁场转速($n > n_1$),$s < 0$ 时,异步电机处于发电机状态。

1. 异步发电机等值电路与相量图

根据前述异步电动机基本方程式、等值电路和相量图分析,发电状态时转差率 s 应取负值,等值电路仍与图 6-4 形式相同,只是由于 $s < 0$,从 $\dot{I}_2 = \dfrac{\dot{E}_{20}}{r_2'/s + jx_{20}}$ (6-12) 知:转子电流的有功分量 $\dot{I}_{2a}'$ 应与 $\dot{E}_2'$ 反向,无功分量 $\dot{I}_{2r}'$ 仍为感性,即滞后 $\dot{E}_2'$ 90°,相量 $\dot{I}_2' \dfrac{r_2'}{s}$ 的实际方向与 $\dot{I}_2'$ 反向,相量图如图 6-13 所示。

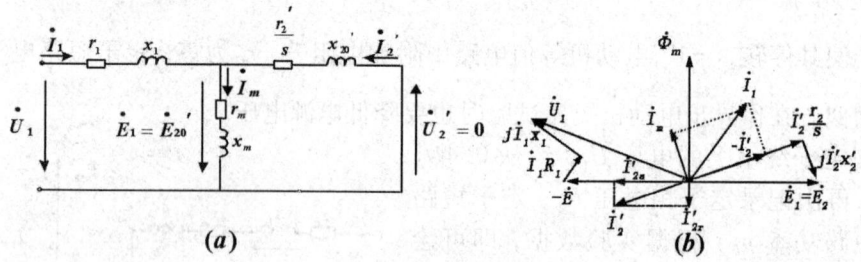

图 6-13 异步发电机等效电路和相量图

从相量图可知:在发电机状态,定子电流与电压 $\dot{U}_1$ 间的相位差,即功率因数角 $\phi_1 > 90°$,$P_1 = U_1 I_1 \cos\phi$ 为负值,故电机此时向电网输出有功功率;而 $\dot{I}_1$ 的无功分量滞后 $\dot{U}_1$ 90°,因而仍然吸收电网感性无功电流励磁。

2. 异步发电机运行方式

(1) 异步发电机并网运行

异步发电机并网运行时,定子电压和频率完全取决于电网电压和频率。当原动机的输入机械功率增加,转速就相应增大,转差率 $|s|$ 随之增大,异步发电机输出有功功率也增大;但由于励磁电流由电网提供,且励磁电流约为 $0.3\dot{I}_N$ 左右,增加了电网的无功负担,这是异步发电机较为突出的缺点。但由于这种电机结构简单、运行可靠、并网便利且只需转速略大于同步转速,即可投入电网,因此,在风力发电领域得到广泛的应用。

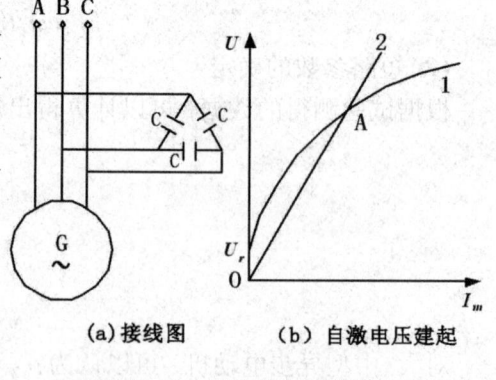

图 6-14 异步发电机单机运行

(2) 异步发电机单机运行

异步发电机如果独立运行,直接向负载供电,励磁电流由并联在端点上的电容器供给,如

图 6-14 所示。曲线 1 表示异步单机的空载特性 $U=f(I_m)$，它是一条饱和曲线，曲线 2 是电容器的特性曲线，它是一条直线，其斜率决定于容抗 x_c，其电压建起过程如下：异步发电机最初只有很小的剩磁电压 U_r，该电压加在电容器上产生相应的电容电流，该电流又流经电机绕组，从而增加电机磁场，使电压上升，随着电压增大，电容器电流 I_c 又会增大，相互激励直到曲线 1 和曲线 2 的交点 A，即为稳定运行点。显然，电压的大小与空载特性，转速及电容器有关，电容 C 大，则电容线的斜率变小，交点上升，发电机电压升高；如电容 C 过小，两曲线无明确交点，电机无法正常工作，空载时临界电容值可用以下方法估算：

$$\left. \begin{array}{l} I_m \approx \dfrac{U_N}{x_1+x_m} \\ I_c = \dfrac{U_N}{x_c} \end{array} \right\}$$

因为 $I_m \approx I_c$，由此求得

$$\left. \begin{array}{l} x_c = x_1 + x_m \\ C = \dfrac{1}{\omega x_c} = \dfrac{1}{\omega(x_1+x_m)} \end{array} \right\}$$

式中，x_1、x_m 是异步电机的电抗参数，可由空载求得。

外接电容器的电容应大于临界电容值 C，外接电容器通常为三角形连接，是为了节省投资，如星形连接，则电容量为三角形连接的三倍。这样增大了电容器的电容值。

单机运行与并网运行不同，欲保持其电压和频率恒定，随着负载的变化，必须相应调节转速和电容。例如，有功负载增加，转差率 $|s|$ 增大，要维持 f_1 不变，$f_1 = \dfrac{pn_1}{60} = \dfrac{pn}{60(1-s)}$ 必须增大原动机的输入功率，提高转速，否则会使 f_1 下降，还会导致端电压下降；又如负载感性电流增大，必须加大电容量，才能维持电压不变。这样调节比较困难，给使用带来不便，也较难保证电压和频率不变。因此单机运行只使用于供电系统无法达到且供电质量要求不太高的边远地区。

【本章小结】

异步电动机的主要结构部件是定子和转子。定子的作用是通入三相交流电后产生旋转磁场；转子的作用是产生感应电流及形成电磁转矩，实现机电能量的转换。异步电动机为交流励磁，为了减小励磁电流，提高功率因数，其气隙通常较小，约 0.2~2mm。

异步电动机根据转子结构不同分为鼠笼式和绕线式两大类。鼠笼式异步电动机结构简单、价格便宜，但其起动性能和调速性能不及绕线式异步电动机。

三相异步电动机是靠电磁感应作用来工作的，其转子电流是感应产生的，故也称异步电动机为感应式电动机。

转差率 $s = \dfrac{n_1-n}{n_1}$，它是异步电动机的一个重要参数，它的存在是异步电动机工作的必要条件。根据转差率的大小和正负可区分异步电动机运行状态。

异步电动机额定功率 P_N 为额定运行状态下，转子轴上输出的机械功率，即
$$P_N = \sqrt{3} U_N I_N \eta_N \cos\varphi_N$$

从电磁感应本质看，异步电动机与变压器极为相似。所以可以采用研究变压器的方法来分析异步电动机。但两者之间存在本质区别：1）结构不同。变压器绕组可看作是集中和整距绕组，而异步电动机绕组大都采用短路、分布绕组，故计算电动机电动势、磁动势应考虑绕组系数。2）磁场的性质不同。变压器是脉振磁场，而异步电动机是旋转磁场；3）频率不同。变压器原、副边频率相同，而异步电动机定、转子电量的频率不同，转子频率 $f_2 = sf_1$；4）作用不同。变压器的作用是升高或降低电压，实现电能传递，而异步电动机的作用是进行机电能量转换。5）异步电动机主磁路有气隙，故与变压器相比异步电动机的励磁阻抗 Z_m 较小，励磁电流较大。

异步电动机与变压器的 T 型等值电路形式相同。等值电路中 $\dfrac{1-s}{s} r_2'$ 是模拟总机械功率的等值电阻。

由异步电动机功率平衡关系及 T 型等值电路可获得转子铜损耗 p_{cu2}、电磁功率 P_M 及转差率间的关系，即 $p_{cu2} = sP_M$，为了减小转子铜损耗，提高电动机效率，异步电动机正常运行时转差率很小。

电磁转矩是异步电动机实现机能量转换的关键，是电动机很重要的一个物理量。其物理表达式表明电磁转矩是转子电流有功分量与气隙主磁场作用产生的，其参数表达式反映了电磁转矩与电压、频率、电机参数和转差率之间的关系。

【思考题与习题】

6-1 一台六极异步电动机由频率为 $50Hz$ 的电源供电，其额定转差率为 $s_N = 0.05$，求该电动机的额定转速。

6-2 一台三相异步电动机，$P_N = 4kW$，$U_N = 380V$，$\cos\varphi_N = 0.88$，$\eta_N = 0.87$，求异步电动机的额定电流。

6-3 一台 $P_N = 4.5kW$、$Y/\triangle$ 联结、$380/220V$、$\eta_N = 0.8$、$n_N = 1450r/min$ 的三相异步电动机，试求：(1) 接成 Y 连接及 $\triangle$ 连接时的额定电流；(2) 同步转速 n_1 及定子磁极对数 p；(3) 带额定负载时的转差率 s_N。

6-4 试说明异步电动机转轴上机械负载增加时，电动机的转速 n、转子电流 I_2 和定子电流 I_1 如何变化？

6-5 异步电动机转子回路哪些物理量与转差率有关？试分析转差率 s 对这些物理量的影响。

6-6 有一台4极异步电动机，频率为 $50Hz$，额定转速 $n_N = 1425r/min$，转子电路的参数 $r_2 = 0.02\Omega$，$x_2 = 0.08\Omega$，定、转子绕组相电势比 $k_e = E_1/E_2 = 10$，当 $E_1 = 200V$ 时，求：

(1) 起动时，转子绕组每相的 E_{20}，I_{20}，$\cos\varphi_{20}$ 和 f_{20}。

(2) 额定转速时，转子绕组每相的 E_2，I_2，$\cos\varphi_2$ 和 f_2。

6-7 当异步电动机的容量与变压器的容量相等时，哪个空载电流大？为什么？

6-8 当电源电压不变时,三相异步电动机产生的主磁通为什么基本不变?

6-9 三相异步电动机在额定电压下运行,若转子突然被卡住,会产生什么后果?为什么?

6-10 异步电动机等效电路中的附加电阻 $\frac{1-s}{s}r_2'$ 的物理意义是什么?能否用电抗或电容代替这个附加电阻?为什么?

6-11 一台异步电动机额定运行时,通过气隙传递的电磁功率约有3%转化为转子铜损耗,试问这时电动机的转差率是多少?有多少转化为总机械功率?

6-12 已知一台三相异步电动机定子输入功率为60kW,定子铜损耗为600W,铁损耗为400W,转差率为0.03,试求电磁功率 P_M、总机械功率 P_Ω 和转子铜损耗 p_{cu2}。

6-13 一台三相异步电动机,$2p=4$,$U_N=380$V,$f=50$ Hz,$P_N=10$kW,$n_N=1465$r/min,$\cos\varphi_N=0.8$,$p_{cu1}=480$W,$p_{Fe}=240$W,$P_\Omega=45$W,$P_\Delta=70$W,求转差率 s_N、转子电流频率 f_2、转子铜耗 p_{cu2}、效率 η_N 及额定电流 I_N。

6-14 一台四极异步电动机,$P_1=10$kW,$p_{cu1}=450$W,$p_{Fe}=200$W,$s=0.029$,求该电动机的电磁功率 P_M、转子铜耗 p_{cu2}、总机械功率 P_Ω 及电磁转矩 T。

6-15 一台6极异步电动机额定功率,$P_N=28$kW,额定电压 $U_N=380$V,频率为 $f=50$Hz,额定负载时 $n_N=950$ r/min,$\cos\varphi_N=0.88$,$p_{cu1}+p_{Fe}=2.2$kW,$P_\Omega=1.1$kW,忽略附加损耗 p_Δ,试计算在额定负载时的 s_N、P_M、p_{cu2}、η_N 和定子电流 I_1。

6-16 一台三相四极Y连接的异步电动机,$P_N=10$kW,$U_N=380$V,$I_N=11.6$A,额定运行时,$p_{cu1}=560$W,$p_{cu2}=310$W,$p_{Fe}=270$W,$P_\Omega=70$W,$P_\Delta=200$W,试求额定运行时的:(1)额定转速 n_N;(2)空载转矩 T_0;(3)输出转矩 T_2;(4)电磁转矩 T。

6-17 有一台四极异步电动机,$P_N=10$ kW,$U_N=380$V,$f=50$ Hz 转子铜损耗 $p_{cu2}=314$W,$P_\Omega=175$W,$P_\Delta=102$W,求电动机的额定转速及额定电磁转矩。

6-18 一台三相异步电动机,$2p=4$,$P_N=5.5$kW,$f=50$ Hz 输入功率 $P_1=6.43$kW 且 $p_{cu1}=341$W,$p_{cu2}=237.5$W,$p_{Fe}=167.5$W,试求电磁功率 P_M,总机械功率 P_Ω,转差率 s_N,转速 n_N,电磁转矩 T 及空载转矩 T_0。

第七章 异步电动机的电力拖动

知识要点	能力要求	相关知识	所占分值（100分）	自评分数
起动性能	理解起动电流倍数和起动转矩的定义，能够利用起动性能指标分析起动问题。	1. 起动电流； 2. 起动转矩	30	
直接起动	了解直接起动接线、优缺点及应用范围；	空气开关的接线	10	
降压起动	1. 了解降压起动几种常见的起动方法； 2. 熟练掌握 Y-△ 变换起动接线； 3. 熟练掌握自耦变压器降压起动接线	自耦变压器	45	
绕线式异步电机的起动	1. 了解绕线式异步电机起动方法	1. 起动变阻器； 2. 频敏变阻器	15	

【教学目标】 掌握鼠笼式异步电动机的常用起动方法、起动性能及适用范围。掌握异步电动机常用调速方法，熟悉其特点及适用范围；掌握异步电动机正、反转控制接线，了解异步电动机的制动方法、制动原理及应用。掌握异步电动机正确使用方法，初步学会异步电动机维护和常见故障处理。

【教学要求】 熟悉异步电动机起动性能指标，理解绕线式异步电动机改善起动性能的原理，了解其常用起动方法。了解深槽式和双鼠笼式异步电动机的结构特点和工作原理。了解电磁调速异步电动机的结构特点和工作原理。掌握单相异步电动机基本结构和工作原理，了解单相异步电动机的起动，反转和调速方法。

第七章 异步电动机的电力拖动

7.1 三相异步电动机的起动概述

三相异步电动机从接通电源开始，转速从零增加到额定转速或对应负载下的稳定转速的过程称为起动过程。

1. 起动性能的指标

起动性能的指标有以下几种：

(1) 起动转矩倍数 $\dfrac{T_{st}}{T_N}$；

(2) 起动电流倍数 $\dfrac{I_{st}}{I_N}$；

(3) 起动时间；

(4) 起动设备。

异步电动机起动时，为了使电动机能够转动并很快达到额定转速，要求电动机具有足够大起动转矩，较小的起动电流，起动设备简单、可靠、操作方便，起动时间短。

2. 起动电流和起动转矩

(1) 起动电流

电动机起动瞬间的电流叫起动电流。刚起动时，$n=0$，$s=1$，气隙旋转磁场与转子相对速度最大，因此，转子绕组中的感应电动势也最大，由转子电流公式 $I_2 = \dfrac{E_{20}}{\sqrt{(r_2/s)^2 + x_{20}^2}}$ 可知，起动时 $s=1$，异步电动机转子电流达到最大值，一般转子起动电流 $I_{st2} \approx (5 \sim 8) I_{2N}$。根据磁动势平衡关系，定子电流随转子电流而相应变化，故起动时定子电流 I_{st1} 也很大，$I_{st1} \approx (4 \sim 7) I_{1N}$，故起动电流将带来以下不良后果：

①使线路产生很大电压降，导致电网电压波动，从而影响到接在电网上其它用电设备正常工作。特别是容量较大的电动机起动时问题更为突出。

②电压降低，电动机转速下降，严重时使电动机停转，甚至可能烧坏电动机。另一方面，电动机绕组电流增加，铜损耗过大，使电动机发热、绝缘老化。特别是对需要频繁起动的电动机影响较大。

③电动机绕组端部受电磁力冲击，甚至发生形变。

(2) 起动转矩

异步电动机起动时，起动电流很大，但起动转矩却不大。因为起动时，$s=1$，$f_2 = f_1$ 转子漏抗 x_{20} 很大，$x_{20} \gg r_2$，转子功率因数角 $\varphi_2 = \tan^{-1}\dfrac{x_{20}}{r_2}$ 接近 90°，功率因数 $\cos \varphi_2$ 很低；同时，起动电流大，定子绕组漏阻抗压降大，由定子电动势平衡方程 $\dot{U}_1 = -\dot{E}_1 + \dot{I}_1(r_1 + jx_1)$ 可知，定子绕组感应电动势 E_1 减小，使电机主磁通有所减小。由于这两方面因素，根据电磁转矩公式 $T = C_T \phi_M I_2' \cos \varphi_2$ 可知尽管 I_2 很大，异步电动机的起动转矩并不大。

通过以上分析可知，异步电动机起动的主要问题是起动电流大，而起动转矩却不大。为了限制起动电流，并得到适当的起动转矩。根据电网的容量、负载的性质、电动机起动的频繁程度，对不同容量、不同类型的电动机应采用不同的起动方法。由式(6-40)可推出起动电流 I_{st2} 为

$$I_{st1} \approx I'_{st2} = \frac{U_1}{\sqrt{(r_1+r'_2)^2+(x_1+x'_{20})^2}} \quad (7-1)$$

由式(7-1)可知，减小起动电流有如下两种方法：

①降低异步电动机电源电压 U_1。

②增加异步电动机定、转子阻抗。对鼠笼式和绕线式异步电动机，可采用不同的方法来改善起动性能。

7.2 鼠笼式异步电动机的起动

鼠笼式异步电动机的起动方法有两种，即直接起动(全压起动)和降压起动。

1. 直接起动

直接起动是将额定电压通过开关直接加在电动机定子绕组上，使电动机起动。采用的起动装置为三相闸刀开关、铁壳开关或接触器，如图7-1所示。这种起动方法的缺点是起动电流大，起动转矩却不大，起动性能较差；优点是起动设备简单、操作方便，起动迅速。

异步电动机能否采用直接起动应由电网的容量、起动频繁程度、电网允许干扰的程度以及电动机的容量、型式等因素决定。若电网容量足够大，而电动机容量较小时，一般采用直接起动，而不会引起电源电压有较大的波动。允许直接起动的电动机容量通常有如下规定：

(1)电动机由专用变压器供电，且电动机频繁起动时电动机容量不应超过变压器容量的20%；电动机不经常起动时，其容量不超过30%。

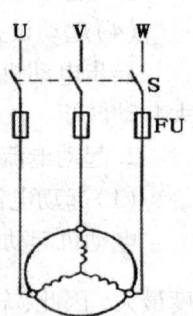

图7-1 鼠笼式异步电动机直接起动

(2)若无专用变压器，照明与动力共用一台变压器时，允许直接起动的电动机的最大容量应以起动时造成的电压降落不超过额定电压的10%~15%的原则确定。

(3)容量在7.5KW以下的三相异步电动机一般均可采用直接起动。通常也可用下面经验公式来确定电动机是否可以采用直接起动。

$$\frac{I_{st}}{I_N} < \frac{3}{4} + \frac{变压器容器(kVA)}{4 \times 电动机功率(kW)} \quad (7-2)$$

若满足(7-2)要求，则电动机能够采用直接起动。

2. 降压起动

降压起动是利用起动设备将加在电动机定子绕组上的电源电压降低，起动结束后恢复其额定电压运行的起动方式。当电源容量不够大，电动机直接起动的线路电压降超过15%时，应采用降压起动。降压起动以降低起动电流为目的，但由于电动机的转矩与电压的平方成正比，因此降压起动时，虽然起动电流减小，起动转矩也大大减小，故此法一般只适用于电动机空载或轻载起动。降压起动的方法有以下几种：

(1)定子回路串电抗(电阻)降压起动

如图7-2所示，起动时，接触器触点S1闭合，在异步电动机定子回路串入适当的电抗器或变阻器，起动电流在电抗器X(或电阻器R)上产生电压降，对电源电压起分压作用，使定子绕组上所加电压低于电源电压，待电动机转速升高后，接触器触点S2闭合，切除电抗器X(或电阻器R)，电动机在全电压下正常运行。

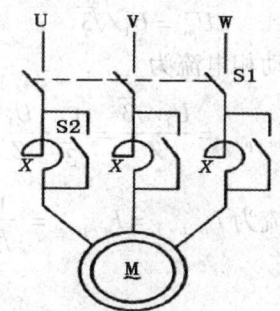

图 7-2 用电抗器降压起动原理接线图

定子回路串电抗（或电阻）降压起动时，由式(7-1)可知，起动电流与起动电压成比例减小，若加在电动机上的电压减小到原来的 $1/k$，则起动电流也减小到原来的 $1/k$，而起动转达矩因与电源电压平方成正比，因而减小到原来的 $1/k^2$。

定子回路串电阻器降压起动，设备简单、操作方便、价格便宜，但要在电阻上消耗大量电能，故不能用于经常起动的场合，一般用于容量较小的低压电动机。电抗器降压起动避免了上述缺点，但其设备费用较高，故通常用于容量较大的高压电动机。

(2) 星形-三角形变换(Y-△)降压起动

星形-三角形变换(Y-△)降压起动，适用于正常运行时定子绕组作三角形(△)接法运行的电动机。

异步电动机起动时暂将绕组换接成星形接线，待电机转速上升到接近额定转速时再恢复至三角形(△)接线。原理接线如图7-3(a)所示。

Y-△换接降压起动是利用 Y-△起动器来实现的。起动时，合上开关 $S1$；再将 $S2$ 置于 Y 形侧，定子绕组作 Y 形接法，每相绕组承受的相电压为线电压的 $1/\sqrt{3}$，从而实现起动电流较小。待电动机转达速升高到接近额定转速，再把开关 $S2$ 置于 △ 侧，定子绕组相电压即为线电压，电动机在额定电压下正常运行。

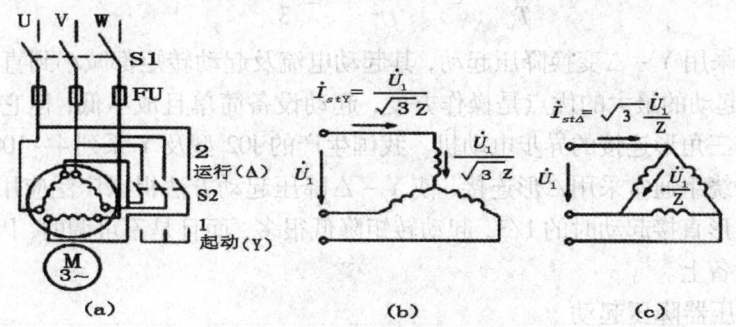

图 7-3 换接降压起动
(a)原理接线图；(b) Y 起动；(c) △ 起动

下面我们将电动机作 Y 形起动及 △ 形全压起动时的起动电流起动转矩作一比较。如图 7-3(b)(c)所示。

设电源电压为 U_1（线电压），电动机每相阻抗为 Z。

① 起动时(Y)

三相绕组接成 Y 形，施加在绕组上的相电压为

$$U_{py} = U_1/\sqrt{3}$$

流过异步电动机定子绕组的起动相电流为

$$I_{st \cdot p \cdot y} = \frac{U_1/\sqrt{3}}{Z} = \frac{1}{\sqrt{3}} \cdot \frac{U_1}{Z}$$

故电网供给电动机的起动线电流为 $I_{st \cdot L \cdot Y} = I_{st \cdot p \cdot y} = \frac{1}{\sqrt{3}} \cdot \frac{U_1}{Z}$

② 正常工作时(△)

异步电动机转速上升到接近额定转速后，异步电动机采用△形接线。

电源施加在异步电动机定子绕组上的相电压为

$$U_{\triangle p} = U_{\triangle L} = U_1$$

异步电动机定子绕组流过的相电流为

$$I_{st \cdot \triangle p} = \frac{U_{\triangle p}}{Z} = \frac{U_1}{Z}$$

故电网供给电动机的起动线电流为

$$I_{st \cdot \triangle L} = \sqrt{3} \, I_{st \cdot \triangle p} = \sqrt{3} \frac{U_1}{Z}$$

于是星形－三角形变换(Y－△)降压起动时的电流比值为

$$\frac{I_{st \cdot yL}}{I_{st \cdot \triangle L}} = \frac{\frac{1}{\sqrt{3}} \cdot \frac{U_1}{Z}}{\sqrt{3} \frac{U_1}{Z}} = \frac{1}{3} \tag{7-3}$$

由于起动转矩与相电压的平方成正比，故星形－三角形变换(Y－△)降压起动时的起动转矩的比值为

$$\frac{T_{st \cdot y}}{T_{st \cdot \triangle}} = \frac{(U_1/\sqrt{3})^2}{U_1^2} = \frac{1}{3} \tag{7-4}$$

综上所述，采用 Y－△变换降压起动，其起动电流及起动转矩都减小到直接起动时的1/3。Y－△变换降压起动的最大的优点是操作方便，起动设备简单且成本低，但它仅适用于正常运行时定子绕组作三角形连接的异步电动机。我国生产的 J02 型及 Y 系列 4～100KW 三相鼠笼式异步电动机定子绕组通常采用△形连接，使 Y－△降压起动方法得以广泛应用。此法的缺点是起动转矩只有△形直接起动时的1/3，起动转矩降低很多，而且是不可调的，因此只能用于轻载或空载起动的设备上。

(3) 自耦变压器降压起动

自耦变压器降压起动是利用自耦变压器来降低加在电动机定子绕组上的端电压，其原理接线如图 7-4 所示。起动时，先合上开关 S1，再将开关 S2 掷于"起动"位置，这时电源电压经过自耦变压器降压后加在电动机上起动，限制了起动电流，待转速升高到接近额定转速时，再将开关 S2 掷于"运行"位置，自耦变压器被切除，电动机在额定电压下正常运行。

第七章 异步电动机的电力拖动

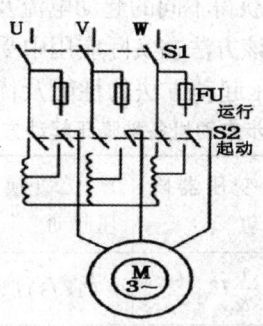

图7-4 自耦变压器降压起动的原理接线图

下面我们对自耦变压器降压起动后起动电流和起动转矩与全压起动时的情况作一比较。

设电网电压为U_1,自耦变压器的变比为k_a,变压器抽头比为$k=1/k_a$,经自耦变压器降压时,加在电动机上的起动电压(自耦变压器二次侧电压)为U_1/k_a,由于电动机的起动电流与定子绕组上的电压成正比,故通过电动机定子绕组的电流(自耦变压器二次侧电流)I'_{sta}也为额定电压下直接起动时起动电流I_{st}的$1/k_a$倍,又由于自耦变压器一次侧电流为其二次侧电流的$1/k_a$,故电网供给电动机的起动电流I_{sta}为流过电动机定子绕组电流的$1/k_a$,为直接起动电流的$1/k_a^2$倍即

$$I_{sta} = \frac{1}{k_a} I'_{sta} = \frac{1}{k_a}(\frac{1}{k_a}I_{st}) = \frac{1}{k_a^2} I_{st} = k^2 I_{st} \tag{7-5}$$

式中 I_{sta}——降压后电网供给电动机的起动电流;I'_{sta}——降压后电动机定子绕组的起动电流;I_{st}——在额定电压下直接起动的电流。

采用自耦变压器降压起动时,加在电动机上的电压为额定电压的$1/k_a$倍,由于起动转矩与电源电压的平方成正比,所以起动转矩也减小到直接起动时的$1/k_a^2$倍,即

$$I_{sta} = \frac{1}{k_a^2} T_{st} = k^2 T_{st} \tag{7-6}$$

式中 T_{sta}——自耦变压器降压起动转矩;T_{st}——在额定电压下直接起动的转矩。

由此可见,利用自耦变压器降压起动,电网供给的起动电流及电动机的起动转矩都减小到直接起动时的$1/k_a^2$倍。

自耦变压器二次侧通常有几个抽头,例如40%、60%、80%三个抽头分别表示二次侧电压为一次侧电压的百分比。自耦变压器降压起动的优点是不受电动机绕组连接方式的影响,且可按允许的起动电流和负载所需的起动转矩来选择合适的自耦变压器抽头。其缺点是设备体积大,投资高。自耦变压器降压起动一般用于Y-△降压起动不能满足要求,且不频繁起动的大容量电动机。

(4)延边三角形降压起动

用Y-△降压起动,起动电流和起动转矩固定地减小为直接起动的1/3,无法调节。在此基础上发展了延边三角形降压起动,它的起动方法与Y-△起动法相似。在起动时,将电动机的定子绕组的一部分接成Y形,另一部分接成△形,当起动结束时,再把绕组改接成△形接法正常运行。延边三角形降压起动时,每相绕组所承受的电压比Y连接时大,而比△连接时小,故其起动电流及起动转矩介于Y-△降压起动与△形直接起动之间。这种起动方法的优点是改变

Y 连接及 △ 连接中间抽头位置,可以获得不同的起动电流及起动转矩,以适应不同的起动要求。其缺点是结构复杂,绕组抽头多,故该方法在实际应用中受到了一定限制。

三相鼠笼式异步电动机各种降压起动方法的性能及优缺点如表 7-1 所示。

表 7-1　　　三相鼠笼式异步电动机各种降压起动方法的性能比较

起动方法	电抗(电阻)串联降压起动	自耦变压器降压起动	Y-△变换降压起动	延边三角形降压起动		
				抽头 1:2	抽头 1:1	抽头 2:1
起动电压	$\frac{1}{K}U_N$	$\frac{1}{K}U_N$	$(1/\sqrt{3})U_N$	$0.78U_N$	$0.71U_N$	$0.66U_N$
起动电流	$\frac{1}{K}I_{st}$	$\frac{1}{K^2}I_{st}$	$\frac{1}{3}I_{st}$	$0.6I_{st}$	$0.5I_{st}$	$0.43I_{st}$
起动转矩	$\frac{1}{K^2}T_{st}$	$\frac{1}{K^2}T_{st}$	$\frac{1}{3}T_{st}$	$0.6T_{st}$	$0.5T_{st}$	$0.43T_{st}$
各种起动方法的优缺点	电动机定子回路串电抗起动,起动过程中把电抗短接。电阻降压起动次数不能频繁,较少采用。用电抗器代替电阻电动,无上述缺点,但设备费用高。	电动机定子回路接入自耦变压器起动,起动后切除之。起动电流与电压平方成比例减小。应用较多。但设备价格贵;不宜频繁起动。	用于定子绕组△接法的电动机,设备简单,可以频繁起动。应用较多。	用于定子绕组△接法的电动机,可采用不同的抽头比例来适应不同的使用要求。设备简单,可以频繁起动。		

【应用实例 7-1】　一台鼠笼式异步电动机,额定功率 $P_N=28\text{kW}$,△连接,额定电压 $U_N=380\text{V}$,$\cos\varphi_N=0.88$,$\eta=0.83$,$n_N=1455\text{r/min}$,$I_{st}/I_N=6$,$T_{st}/T_N=1.1$,$k_m=2.3$。要求起动电流 I_{st} 小于 150A,负载转矩为 $T_L=73.5\text{N}\cdot\text{m}$,试求:

(1)额定电流 I_N 及额定转矩 T_N。
(2)能否采用 Y-△ 换接降压起动?
(3)若采用自耦变压器降压起动,抽头有 55%、64%、75% 三种,应选用哪个抽头?

解　(1)电动机额定电流

$$I_N = \frac{P_N}{\sqrt{3}U_N\eta_N\cos\varphi_N} = \frac{28\times10^3}{\sqrt{3}\times380\times0.83\times0.88} = 58.25(\text{A})$$

(2)电动机额定转矩

$$T_N = 9550\frac{P_N}{n_N} = 9550\times\frac{28}{1455} = 183.78(N\cdot m)$$

(3)用 Y-△ 换接降压起动
起动电流

$$I_{st\cdot y} = \frac{1}{3}I_{st\cdot\triangle} = \frac{1}{3}\times6\times58.25 = 116.5\ (\text{A})$$

起动转矩

$$T_{st\cdot y} = \frac{1}{3}T_{st\cdot\triangle} = \frac{1}{3}\times1.1\times183.78 = 67.39(N\cdot m)$$

正常起动通常要求起动转矩应不小于负载转矩的1.1倍。由上面计算可知起动电流满足要求，但起动转矩小于负载转矩，故不能采用Y-△换接降压起动。

(4) 用自耦变压器降压起动

当抽头为55%时具起动电流和起动转矩为

$$I_{sta} = k^2 I_{st} = 0.55^2 \times 6 \times 58.25 = 105.72(A)$$

$$T_{sta} = k^2 T_{st} = 0.55^2 \times 1.1 \times 183.78 = 67.15(N \cdot m)$$

$I_{sta} < I_{st1}$，但 $T_{sta} < T_L$，故不能采用55%的抽头。

当抽头为64%时，其起动电流和起动转矩为

$$I_{sta} = k^2 I_{st} = 0.64^2 \times 6 \times 58.25 = 143.16(A)$$

$$T_{sta} = k^2 T_{st} = 0.64^2 \times 1.1 \times 183.78 = 82.8(N \cdot m)$$

$I_{sta} < I_{st1}$，但 $T_{sta} > T_L$，故可以采用64%的抽头。

当抽头为75%时，其起动电流

$$I_{sta} = k^2 I_{st} = 0.75^2 \times 6 \times 58.25 = 196.6(A)$$

$I_{sta} > I_{st1}$，故不能采用75%的抽头。

【应用实例7-2】 有一台△形连接的异步电动机 $U_N = 380V$，$I_N = 20(A)$，$\cos\varphi_N = 0.87$，$I_{st}/I_N = 7$，T_{st}/T_N，试问：

(1) 负载转矩 $T_L = 0.5T_L$ 时，能否采用Y-△换接降压起动？

(2) 当负载转矩 $T_L = 0.5T_N$ 时，如果采用自耦变压器降压起动，试确定自耦变压器的电压抽头。(设自耦变压器有三个抽头：73%、64%、55%)

(3) 自耦变压器降压起动时，电网供给的起动电流是多少？

解 (1) 正常起动时要求起动转矩不小于负载转矩的1.1倍，用Y-△换接起动时

$$T_{st \cdot y} = \frac{1}{3} T_{st \cdot \triangle} = \frac{1}{3} \times 1.4 T_N = 0.46 T_N$$

$T_{st \cdot y} < T_L$，故不能采用Y-△换接降压起动。

(2) 用自耦变压器降压起动，设电压抽头比为 k，如前所述，当起动转矩 $T_{sta} \geq 1.1 T_L$ 时，可以正常起动 $T_{sta} = k^2 T_{st} = k^2 \times 1.4 T_N \geq 1.1 \times 0.5 T_N (N \cdot m)$

$$k \geq \sqrt{\frac{1.1 \times 0.5 T_N}{1.4 T_N}} = 0.63$$

故应选64%的电压抽头。

(3) 电网供给起动电流为 $I_{sta} = k^2 I_{st} = 0.64^2 \times 7 \times 20 = 57.34(A)$

7.3 绕线式异步电动机的起动

鼠笼式异步电动机直接起动时，起动电流大，起动转矩却不大；利用降压方法虽然限制了起动电流，但起动转矩也随起动电压成平方倍地减小，故只适用于空载及轻载起动的机械负载。对于重载起动的机械负载，如起重机、卷扬机、龙门吊车等，广泛采用起动性能较好的绕线式异步电动机。

绕线式异步电动机与鼠笼式异步电动机的最大区别是转子绕组为三相对称绕组。转子回

路串入可调电阻或频敏变阻器之后，可以减小起动电流，同时增大起动转矩，因而起动性能比鼠笼式异步电动机好。绕线式异步电动机起动方式分为转子回路串电阻及转子回路串频敏变阻器两种。

1. 转子回路串电阻起动

(1) 起动原理

根据转子电流公式 $I_2 = \dfrac{sE_{20}}{\sqrt{r_2^2 + (sx_{20})^2}}$，起动时的转子电流为

$$I_{st2} = \dfrac{E_{20}}{\sqrt{r_2^2 + x_{20}^2}} \quad (7-7)$$

起动时的转子回路功率因数为

$$\cos\varphi_{st2} = \dfrac{r_2}{\sqrt{r_2^2 + x_{20}^2}} = \dfrac{1}{\sqrt{1+(\dfrac{x_{20}}{r_2})^2}} \quad (7-8)$$

起动转矩为

$$T_{st} = C_T \phi_m I_{st2} \cos\varphi_{st2} \quad (7-9)$$

式(7-7)和(7-8)表明，转子回路串入电阻后，可以减小起动电流，提高功率因数，在转子回路串入适当的电阻，可以使 $\cos\varphi_{st2}$ 增加的效果大于 I_{st2} 的减小，从而使起动转矩增加。

增加转子回路电阻，最大电磁转矩不变，但可以改变获得最大电磁转矩的转差率，使起动时获得最大的电磁转矩，但起动时转子回路所串电阻并不是越大越好，否则起动转矩反而会减小，这在前面已作过阐述。

(2) 起动过程

在整个起动过程中为了获得较大的加速转矩，缩短起动时间，并使起动过程比较平滑，应在转子回路中串入多级对称电阻。起动时，随着转速的升高，逐渐切除起动电阻。绕线式异步电动机转子串接对称电阻分级起动的接线图，如图7-5(a)所示。图7-5(b)所示为绕线式异步电动机三级起动时的一组机械特性曲线。起动开始时，接触器

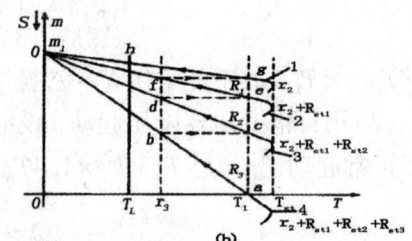

图 7-5　三相绕线式异步电动机转子串电阻分级起动
(a) 接线图；　　　(b) 机械特性

触点 S 闭合，$S1$、$S2$、$S3$ 断开，起动电阻全部串入转子回路中，转子每相电阻为 $R_3 = r_2 + R_{st1} + R_{st2} + R_{st3}$，对应的机械特性如图中曲线4。起动瞬间，电磁转矩为最大加速转矩 T_1 大于负载转矩 T_L，电动机从 a 点沿曲线4开始加速，电磁转矩逐渐减小，当减小到 T_2，如图中 b 点时，触点 $S3$ 闭合，切除 R_{st3}。此时转子每相电阻变为 $R_2 = r_2 + R_{st1} + R_{st2}$，对应的机械特性变为曲线3。切换瞬间，转速 n 不能突变，电动机的运行点由 b 点跃到 c 点，电磁转矩又跃升为 T_1。此后电动机转子加速，随转速升高，电磁转矩沿曲线3逐渐下降到 T_2，如图中 d 点时，触点 $S2$ 闭合，切除 R_{st2}。此后转子每相电阻变为 $R_1 = r_2 + R_{st1}$，电动机运行点由 d 点变到 e 点，电动机转速上升，工作点沿曲线2变化，最后在 f 点触点 $S1$ 闭合，切除 R_{st1}，电动机转子绕组直接短接，电动机机械特性曲线变为曲线1，电磁转矩回升到 g 点之后，电动机沿固有特性加速到负载点 h 点稳定运

行,起动过程结束。

在起动过程中,一般取最大加速转矩 $T_1=(0.7\sim0.85)T_m$,切换转矩 $T_2=(1.1\sim1.2)T_N$。

如果绕线式异步电动机不接起动电阻,而采用全压起动,电动机机械特性曲线即为曲线1所示,起动转矩很小,有可能导致电动机起动困难,甚至无法起动。

绕线式异步电动机转子回路串电阻可以抑制起动电流并获得较大的起动转矩,选择适当电阻可使起动转矩达到最大值,故可以允许电动机在重载下起动。其缺点是在分级切除电阻的起动中,电磁转矩和转速突然增加,会产生较大的机械冲击。该起动方法起动设备较复杂、笨重,运行维护工作量较大。

2. 转子回路串频敏变阻器起动

1. 频敏变阻器的结构

频敏变阻器其外部结构与三相电抗器相似,由三个铁芯柱和三个绕组组成,三个绕组接成星形,通过滑环和电刷与转子电路相接,如图7-6所示。

频敏变阻器铁芯用几片或十几片厚钢板制成,铁芯间有可以调节的气隙,当绕组通过交流电后,在铁芯中产生的涡流损耗和磁滞损耗都较大。

2. 工作原理

频敏变阻器是根据涡流原理工作的,即铁芯涡流损耗与频率的平方成正比。当转子电流频率变化时,铁芯中的涡流损耗变化,频敏变阻器的等值电路如图7-6(c),其参数 r_m 和 x_m 随之而变化,故称为频敏变阻器。

当绕线式异步电动机刚起动时,电动机转速很低,转子电流频率 f_2 很高,接近于 f_1,铁芯中涡流损耗及其对应的等效电阻 r_m 最大,相当于转子回路串入了一个较大的起动电阻,起到了限制起动电流和增加起动转矩的作用。起动后,随转子转速上升,转差率减小,转子电流频率 $f_2=sf_1$ 随之而减小,于是频敏变阻器的涡流损耗减小,反映铁芯损耗的等值电阻 r_m 也随之减小,起到转子回路自动切除电阻的作用。起动结束后,转子绕组短接,把频敏变阻器从电路中切除。

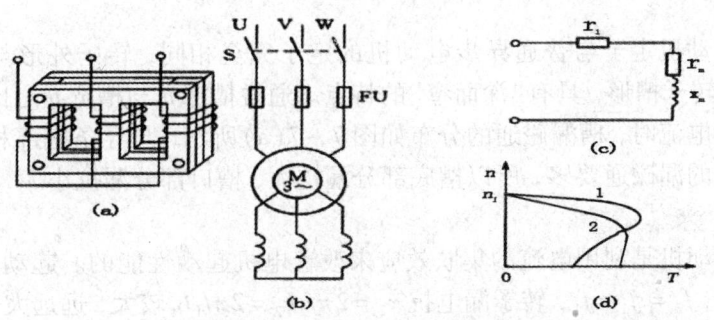

图7-6 三相绕线式异步电动机转子串频敏变阻器起动
(a)频敏变阻器结构示意图;(b)频敏变阻器启动线路图
(c)频敏变阻器-相等效电路;(d)机械特性
1-固有机械特性;2-带频敏变阻器机械特性

频敏变阻器实际上是利用转速上升,转子频率 f_2 的平滑变化来达到使转子回路电阻自动平滑减小目的。故是一种无触点的变阻器,能实现无级平滑起动,如果参数选择适当可获得恒转矩的起动特性,使起动过程平稳,快速,没有机械冲击。这时电动机的机械特性如图7-6(d)

曲线2所示，曲线1是电动机的固有机械特性。且频敏变阻器结构较简单，成本低，使用寿命长，维护方便。其缺点是体积较大，设备较重。由于其电抗的存在，功率因数较低，起动转矩并不很大。因此，当绕线式异步电动机在轻载起动时，采用频敏变阻器起动，重载时一般采用串变阻器起动。

3. 深槽式和双鼠笼式异步电动机

鼠笼式异步电动机具有结构简单、造价低、效率高、坚固耐用等优点，但由于其起动转矩小，故应用受到一定限制。绕线式异步电动机通过转子回路串电阻来改善起动性能，而鼠笼式异步电动机转子导条自成短路闭合回路，无法外接电阻。为了改善鼠笼式异步电动机的起动性能，只好通过改进电机的内部结构，采用特殊的转子槽形，利用电流的集肤效应，制成深槽式和双鼠笼式异步电动机。这两种电动机基本保持了普通鼠笼式异步电动机的优点，又具有起动时转子电阻较大，正常运行时转子电阻自动减小的特点，从而减小了起动电流，增大了起动转矩，达到了改善起动性能的目的。

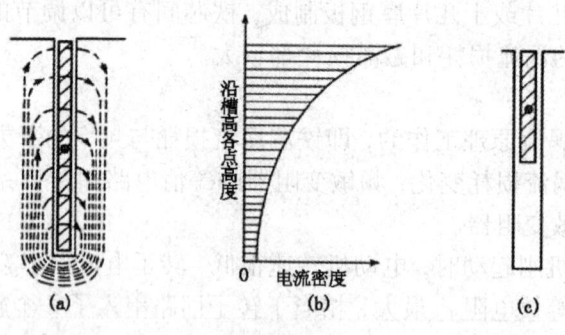

图7-7 深槽式转子导条中电流的集肤效应
(a)漏磁通的分布；(b)电流密度分布；(c)导条的有效截面

1) 深槽式异步电动机

(1) 结构特点

深槽式异步电动机定子与普通异步电动机的定子完全相同，转子外形与单鼠笼转子相同，主要区别在于转子槽形，具有"深而窄"的特点。通常槽深 h 与槽宽 b 之比 $h/b = 10 \sim 12$。当转子导条中通过电流时，槽漏磁通的分布如图7-7(a)所示，与导条底部相交链的漏磁通比槽口部分所交链的漏磁通要多，所以槽底部分漏抗大，槽口部分漏抗小。

(2) 工作原理

深槽式异步电动机是利用电流的集肤效应来改善电机起动性能的。起动时，$n=0$，$s=1$转子电流频率较高，$f_2 = sf_1 = f_1$，转子漏电抗 $x_2 = 2\pi f_2 L_2 = 2\pi f_1 L_1$ 较大，远远大于转子电阻，即 $x_2 \gg r_2$，故转子电流分布基本取决于漏电抗，转子电流按电抗成反比分布，所以导条中靠近槽口处电流密度将很大，靠近槽底处则较小，沿槽高的电流密度分布自上而下逐步减小，如图7-7(b)所示。大部分电流集中在导体上部，这就是电流的集肤效应。其效果相当于减小了导条的高度和截面，如图7-7(c)所示。因此转子有效电阻增大，如同起动时转子回路串入了一个起动变阻器。从而限制了起动电流，提高了起动转矩，改善了起动性能。

集肤效应与转子电流的频率和槽形尺寸有关，频率越高，槽形越深，集肤效应越显著。随着转速升高，转差率减小，转子电流频率 $f_2 = sf_1$ 逐渐减小，集肤效应逐渐减小，转子电阻自动减小。当起动完毕，电动机正常运行时，转差率 s 很小，转子电流频率很低，仅 $1\sim 3Hz$，转子漏电抗很小，远远小于转子电阻，即 $x_2 \ll r_2$，转子导条内电流按电阻均匀分布，集肤效应基本消失，转子电阻恢复为正常的数值。相当于转子回路中起动变阻器自动切除了。

可见深槽式异步电动机是根据集肤效应原理，减小转子导体有效截面，增加转子回路有效电阻以达到改善起动性能的目的。但深槽会使槽漏磁通增多，故深槽式异步电动机漏抗比普通鼠笼式异步电动机大，功率因数、最大转矩及过载能力稍低。

2）双鼠笼式异步电动机

（1）结构特点

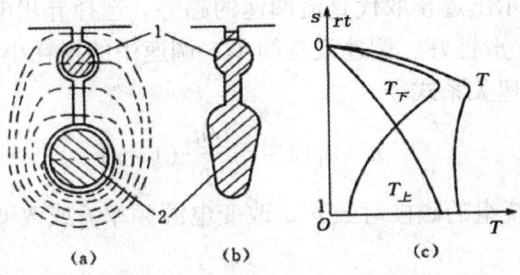

图 7-8 双笼式电动转子槽形及其机械特性

双鼠笼异步电动机转子上具有两套鼠笼型绕组，如图 7-8(a)所示，上笼的导条截面积较小，并用黄铜或铝青铜等电阻系数较大的材料制成，电阻较大。下笼导条的截面积大，并用电阻系数较小的紫铜制成，电阻较小。此外，也可采用铸铝转子，如图 7-8(b)所示。由于下笼处于铁芯内部，交链的漏磁通多，上笼靠近转子表面，交链的漏磁通较少，故下笼的漏电抗较上笼漏电抗大得多。

（2）起动原理

双鼠笼式异步电动机也是利用集肤效应原理来改善起动性能的。起动时，转子电流频率较高，转子漏抗大于电阻，转子电流分布主要取决于漏电抗，由于下笼漏抗大于上笼，故电流主要流过上笼，起动时上笼起主要作用，由于上笼电阻大，可以限制起动电流，产生较大的起动转矩，我们把上笼又称为起动笼。

起动过程结束后，电动机正常运行，转差率 s 很小，转子电流频率 $f_2 = sf_1$ 很低，转子漏抗远小于电阻。转子电流分布主要取决于电阻，于是电流从电阻较小的下笼流过，产生正常时的电磁转矩，下笼在运行时起主要作用，故下笼又称为工作笼（运行笼）。

双鼠笼式异步电动机的机械特性曲线，如图 7-8(c)所示，可以看成是上、下笼两条机械特性曲线的合成，改变上、下笼导体的材料和几何尺寸就可以得到不同的机械特性曲线，以满足不同负载的要求，这是双鼠笼式异步电动机一个突出的优点。

综上所述，深槽式和双鼠笼式异步电动机都是利用集肤效应原理来增大起动时的转子电阻，来改善起动性能的。起动电流较小，起动转矩较大，电动机可获得近似恒定转矩的起动特性，一般都能带额定负载起动。因此，大容量、高转速电动机一般都作成深槽式的或双鼠笼式的。

深槽式和双鼠笼式异步电动机也有一些缺点，由于槽深，槽漏磁通增多，转子漏电抗比普通鼠笼式电动机增大，故功率因数较低，过载能力稍差。

双鼠笼式异步电动机比深槽式异步电动机的起动性能要好些，但由于深槽式异步电动机结构简单，耗铜量少，价格相对较便宜，因此深槽式异步电动机应用得更为广泛。

7.4 异步电动机的调速

为了适应生产的需要，满足生产机械的要求，在生产过程中需要人为地改变电动机的转速，称为调速。直流电动机调速性能虽好，但存在价格高，维护困难等一系列缺点，异步电动机具有结构简单，运行可靠，维护方便等优点，随着电力电子技术和计算机技术以及电机理论和自动控制理论的发展，交流调速装置的容量不断扩大，性能不断提高。目前高性能的异步电动机调速系统已显示出逐步取代直流调速的趋势。选择异步电动机调速方法的基本原则是：调速范围广、调速平滑性好、调速设备简单、调速中的损耗小。

根据异步电动机的转速关系式

$$n = n_1(1-s)\frac{60f_1}{p}(1-s) \tag{7-10}$$

可知，通过改变定子绕组的磁极对数 p、改变电源频率 f_1 或改变转差率 s，可以实现异步电动机的调速。

1. 变极调速

1）变极原理

当电源频率 f_1 不变时，改变电动机的极数，电动机的同步转速随之成反比变化。若电动机极数增加一倍，同步转速下降一半，电动机的转速也几乎下降一半，即改变磁极对数可以实现电动机的有极调速。

要改变电动机的极数，可以在定子铁芯槽内嵌放两套不同极数的定子绕组，但从制造的角度看，很不经济，故通常采用的方法是单绕组变极调速，即在定子铁芯内只装一套绕组，通过改变定子绕组的接法来改变极数和电动机的转速，这种电动机称为多速电动机。变极调整只适用于笼式异步电动机。因为笼式异步电动机转子的磁极对数能自动地随着定子磁极对数相应地变化。而绕线式异步电动机的转子绕组在转子嵌线时就已确定了磁极对数，在改变定子磁极对数时，转子绕组必须相应地改变接法，才能得到与定子绕组相同的磁极对数，不容易实现。故绕线式异步电动机一般都不采用变极调速。

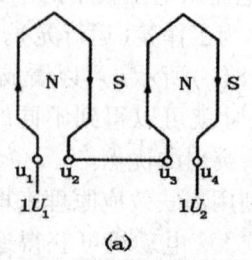
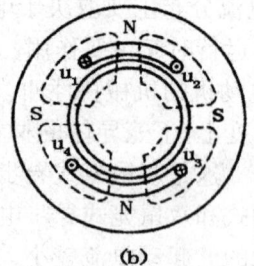

图7-9 四级三相异步电动机定子 U 相绕组

(a)两线圈正向串联 (b)绕组布置及其磁场

定子绕组的变极原理如下。图7-9只画出了定子三相绕组中的 U 相绕组，每相绕组都由两个线圈组串联组成，为了便于分析，每个线圈组用一个等效集中线圈来表示。若把 U 相两组线圈u_1u_2和u_3u_4顺向串联,即它们的首端和尾端接在一起,则根据图中电流方向可判断气隙中形成四极磁场,即$2p=4$。若将绕组中的一组线圈u_3u_4反接,如图7-10使其中的电流方向与另一组线圈u_1u_2中的电流方向相反,即u_1u_2与u_3u_4反向串联,或反向并联,则气隙中形成两极磁场,即$2p=2$。

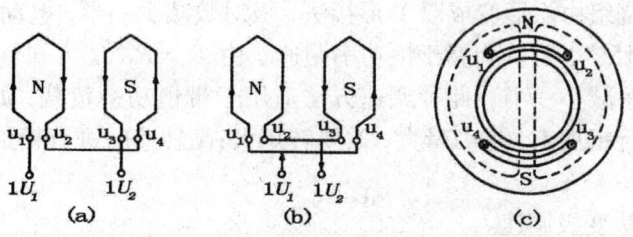

图7-10 二级三相异步电动机的U相绕组
(a)线圈反向串联;(b) 线圈反向并联;(c) 绕组布置反磁场

由此可见,改变每相定子绕组的接线方式,使其中一半绕组中的电流反向,可使极对数发生改变,这种仅在每相内部改变绕组连接来实现变极的方法称为反向变极法。一般变极时均采用这种方法。

多极电动机定子绕组的接线方式很多,在变极时,三相绕组中都有一半要反接,其中最常用的有两种,一种是绕组从△形改接成双Y形,写作△/ YY(或△/2Y),另一种是从单Y形改接成双Y形,写作Y/ YY(或Y/2Y)。这两种接法都能使电动机极数减小一半,使电动机转速接近成倍改变。但不同的接线方式,电动机允许输出功率不同,因此要根据生产机械的要求进行选择。

(1)△/ YY接法变极调速。

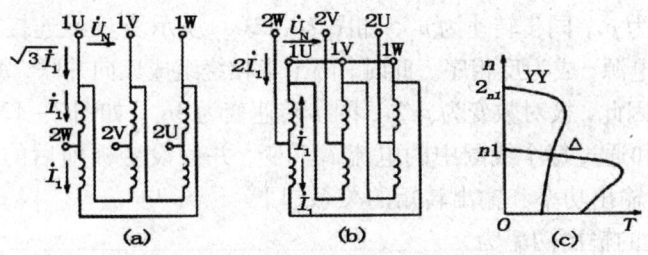

图7-11 △/ YY变极电动机的绕组连结及机械特性
(a)△连接(p,m) ;(b)YY连接;(c) 机械特性

该连接方法如图7-11所示。△连接方法时,端子1U、1V、1W接电源,2W、2V、2U空着,每相的两个半绕组正向串联,电流方向一致,极对数为p,同步转速为n_1,如图7-11所示。双Y连接方法时,可将1U、1V、1W短接,2W、2V、2U接电源,此时半相绕组反向并联,其中一个半相绕组电流反向,极对数为$p/2$,同步转速为$2n_1$,如图7-11所示。

设电网电压为U_N,通过每个线圈中的电流I_1不变,并假设变极前后电动机效率η和功率因数$\cos\varphi$不变,则变极前后的输出功率和输出转矩的关系如下:

△形接法时电动机的输出功率为

$$P_{2(\triangle)} = 3U_N I_1 \eta \cos\varphi$$

双Y形接法时电动机的输出功率为

$$P_{2(2y)} = 3\frac{U_N}{\sqrt{3}}(2I_1)\eta\cos\varphi = 2\sqrt{3}U_N I_1 \eta\cos\varphi$$

$$\frac{P_{2(2y)}}{P_{2(\triangle)}} = \frac{2\sqrt{3}}{3} = 1.15 \qquad (7-11)$$

上式说明定子绕组由△形变成双Y形接法，极对数减少一半，电动机转速增加一倍。但输出功率只增加了15%，可认为属于恒功率调速。由 $T_2 = P_2/\Omega$ 可知，高转速时产生的输出转矩比低转速时几乎减小一半。此种调速方法适用于带恒功率负载，如各种金属切削机床。机床在低转速时进行粗加工，进刀量大，需要转矩大；高转速时进行精加工，进刀量小，需要转矩小。

(2) Y/ Y Y 接法变极调速。

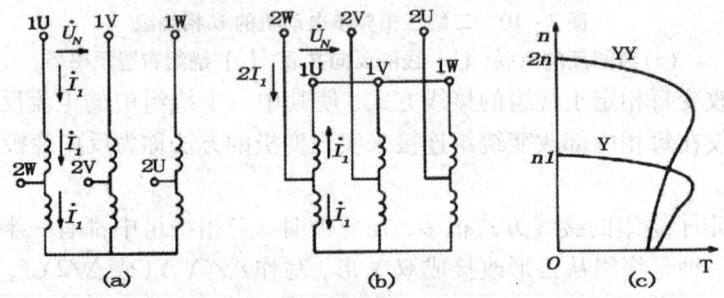

图 7-12 Y/ Y Y 变极电动机的绕组连接及机械特性
(a) 单Y(p,m) ; (b) YY 连接(p/2,m) ; (c) 机械特性

该接线方法如图 7-12 所示。电动机定子绕组有六个出线端。低速运行时端子 1U、1V、1W 接电源；2W、2U、2V 空着。此时，定子绕组为单Y连接方法，每相的两个半相绕组正向串联，电流方向一致，极对数为 p，同步转速为 n_1，如图 7-12(a)所示。双Y连接方法时，1U、1V、1W 短接，2W、2V、2U 接电源，成为反相序。此时，两个半相绕组成反向并联，每相中都有一个半相绕组改变电流方向，因此，极对数变为 $p/2$，同步转速变为 $2n_1$，如图 7-12(b)所示。

设电网电压 U_N 和通过每个线圈中的电流 I_1 不变，并假设变极前后的效率和功率因数保持不变，则变极前后输出功率和输出转矩的关系如下：

Y 接法时电动机的输出功率为

$$P_{2(y)} = 3\frac{U_N}{\sqrt{3}}I_1\eta\cos\varphi = \sqrt{3}U_N I_1 \eta\cos\varphi$$

2Y 接法时电动机的输出功率为

$$P_{2(2y)} = 3\frac{U_N}{\sqrt{3}}(2I_1)\eta\cos\varphi = 2\sqrt{3}U_N I_1 \eta\cos\varphi$$

$$\frac{P_{2(2y)}}{P_{2(y)}} = 2 \qquad (7-12)$$

上式表明由单Y形改接成双Y形时，极对数减半，电动机转速增倍，输出功率也增加一倍。由 $T_2 = P_2/\Omega$ 可知，输出转矩基本不变。故 Y/2Y 变极调速方法属于恒转矩调速，适宜于带动起重机、运输机等恒转矩的负载。

反向变极法除了能得到如 2/4、4/8 极等倍极比双速电动机外，还可以得到 4/6、6/8、6/4/2、

8/4/2、8/6/4等非倍极比多速电动机。一般用倍极比变极调速，变极后绕组相序将发生改变。这是由于电角度 = $P \times$ 机械角度，极对数不同，空间电角度大小也不同。当 $P=1$ 时，$U、V、W$ 三相绕组在空间的电角度依次为 $0°、120°、240°$；而当 $P=2$ 时，$U、V、W$ 三相绕组在空间分布的电角度变为 $0°、120° \times 2 = 240°、240° \times 2 = 480°$（即 $120°$）。可见，变极前后三相绕组的相序发生了变化。若要保持电动机转向不变，应把接到电动机的3根电源线任意对调两根。

变极调速的优点是设备简单、运行可靠，机械特性硬、损耗小，为了满足不同生产机械的需要，定子绕组采用不同的接线方式，可获得恒转矩调速或恒功率调速。缺点是电动机绕组引出头较多，调速的平滑性差，只能分级调节转速，且调速级数少。必要时需与齿轮箱配合，才能得到多极调速。另多速电动机的体积比同容量的普通笼型电动机大，运行特性也稍差一些，电动机的价格也较贵，故多速电动机多用于一些，不需要无级调速的生产机械，如金属切削机床、通风机、升降机等。

2. 变频调速

变频调速是改变电源频率 f_1，从而使电动机的同步转速 $n_1 = \dfrac{60f_1}{p}$ 变化达到调速的目的。由转速公式 $n = n_1(1-s)$，考虑到正常情况下转差率 s 很小，故异步电动机转速 n 与电流频率 f_1 近似成正比，改变电动机供电频率即可实现调速。

在变频的同时，通常希望气隙主磁通 ϕ_m 维持不变。因为 ϕ_m 若增加，电动机磁路过饱和，引起励磁电流增加、铁芯损耗加大、电机温升过高、功率因数降低；若 ϕ_m 减小，电动机容量将得不到充分利用。由电动势公式 $U_1 \approx E_1 = 4.44 f_1 k_{w1} N_1 \phi_m$ 可知，若要保持磁通 ϕ_m 为定值，则电源电压 U_1 必须随频率的变化作正比变化，即保持 U_1/f_1 为常数。

另一方面，调速前后还希望电机过载能力 k_m 不变，可以推导出保证 k_m 不变的条件是：

$$\frac{U_1'}{U_1} = \frac{f_1'}{f_1} \sqrt{\frac{T_N'}{T_N}} \tag{7-13}$$

对于恒转矩负载，若保持 U_1/f_1 = 定值，可保持磁通 ϕ_m 不变，同时也能保证电动机的过载能力 k_m 不变。对于恒功率负载，若保持 U_1/f_1 = 定值，气隙磁通 ϕ_m 可维持不变，但过载能力将发生变化。若满足 U_1/f_1 = 定值，则电动机过载能力不变，但气隙磁通 ϕ_m 将发生变化。故变频调速特别适用于恒转矩负载。

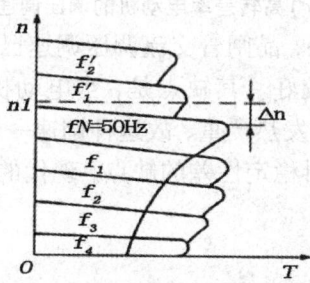

图7-13 三相异步电动机变频调速时的机械特性

变频调速的主要优点是调速范围大、调速平滑、机械特性较硬、效率高。高性能的异步电动机变频调速系统的调速性能可与直流调速系统相媲美。但它需要一套专用变频电源，调速系统较复杂、设备投资较高。近年来随着晶闸管技术的发展，为获得变频电源提供了新的途径。晶闸管变频调速器的应用,大大促进了变频调速的发展。变频调速是近代交流调速发展的主要方向之一。三相异步电动机的变频调速在很多领域内已获得广泛应用,如轧钢机、纺织机、球磨机、鼓风机及化工企业中的某些设备等。

3. 改变转差率调速

异步电动机的改变转差率调速包括定子调压调速、绕线式异步电动机的转子串接电阻调速及串级调速。

(1) 调压调速

改变加在异步电动机定子绕组上的电压,即获得了一组人为机械特性曲线。其最大转矩随电压的平方而下降,产生最大转矩的临界转差率不变。对于恒转矩负荷 T_L,若采用调压调速,如图 7-14(a) 所示,调速范围小,实用价值不大。但若用于通风机负载,其负载转矩 T_L 随转速的变化关系如图 7-14(b) 虚线所示,从 a、a'、a'' 三个工作点所对应转速看,调速范围较宽,因此改变电压调速适合于通风性质的负载。对于恒转矩负载,若要获得较宽的调速范围,可采用转子电阻较大、机械特性较软的高转差率鼠笼式异步电动机,如图 7-14(c) 所示。负载转矩为恒转矩 T_L 时,不同的电源电压 U_1、U'_1、U''_1 获得不同的工作点 a、a'、a''。调速范围较宽,但在电压低时,特性曲线太软,负载波动将引起转速的较大变化,其转差率和运行稳定性往往不能满足生产工艺的要求。

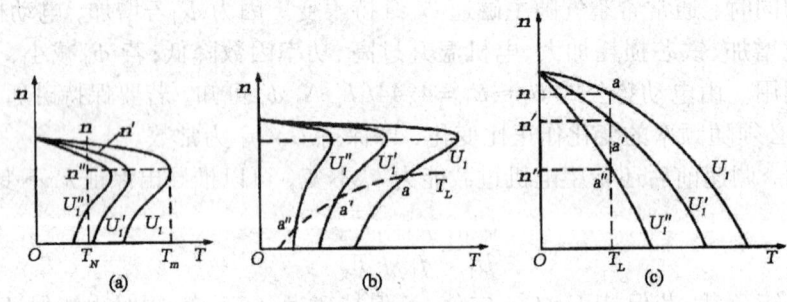

图 7-14 鼠笼式异步电动机调压调速(U_1、U'_1、U''_1)
(a) 恒转矩负载调压调速;(b) 通风机负载调压调速;
(c) 高转差率电动机的调压调速

目前,随着晶闸管技术的发展,晶闸管交流调压调速已得到广泛应用。其优点是可以获得较大的调速范围,调速平滑性较好。其缺点是,当电动机运行在低转速时,转差率较大,转子铜耗较大,使电动机效率低,发热严重,故这种调速一般不宜于在低转速下长时间运转。为了克服降压调速在低速下运行时稳定性差的缺点,现代的调压调速系统通常采用速度反馈闭环控制。

(2) 改变转子回路电阻调速

改变转子回路的电阻调速,只适用于绕线式异步电动机。如图 7-15 所示为改变转子回路电阻所获得的一组人为机械特性。增加转子回路电阻,最大电磁转矩不变,但产生最大转矩的转速要发生变化。当负载转矩阵 T_L 一定时,不同转子电阻对应不同的稳定转速,而且随转子电阻的增加 $R_{s2} > R_{s1}$,电动机转速下降 $n_C < n_B < n_A$。转子回路串变阻器调速与转子回路串变阻器起动的原理相似,但起动变阻器是按短时设计的,而调速变阻器允许在某一转速

下长期工作。

从调速性质来看，转子回路串电阻属于恒转矩调速，调速过程中负载转矩不变，故电动机产生的电磁转矩应不变。由电磁转矩公式可知，转子回路电阻与转差率成正比，$\dfrac{r'_2}{s}$ = 定值，即 $\dfrac{r_2}{s}$ = 定值。

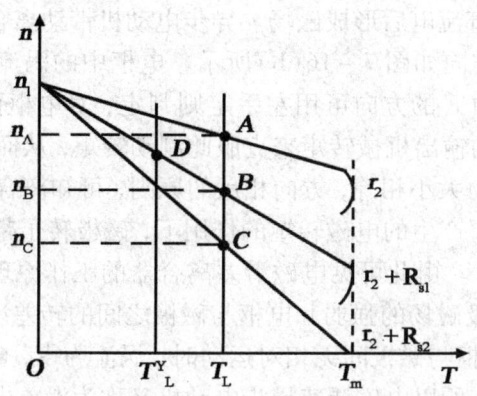

图 7-15　绕线式异步电动机转子串电阻调速

$$\frac{r_2}{s} = \frac{r_2 + R_s}{s'} \tag{7-14}$$

$$R_s = \left(\frac{s'}{s} - 1\right) \tag{7-15}$$

式中 R_s 及 s' 分别为转子回路串接电阻和串入电阻 R_s 后的转差率。

这种调速方法的优点是设备简单、操作方便，可在一定范围内平滑调速，调速过程中最大转矩不变，电动机过载能力不变。缺点是转子回路串接电阻越大，机械特性越软，转速随负载的变化很大，运行稳定性下降，故最低转速不能太小，调速范围不大。且调速电阻上要消耗一定的能量，随外接电阻增大，转速下降，转差率增大，转子铜耗增大，电动机效率下降。在空载和轻载时调速范围很窄。此法主要用于运输、起重机械中的绕线式异步电动机上。

4. 电磁调速异步电动机

电磁调速异步电动机亦称滑差电动机。它实际上就是一台带有电磁滑差离合器的鼠笼式异步电动机，其原理如图 7-16 所示。

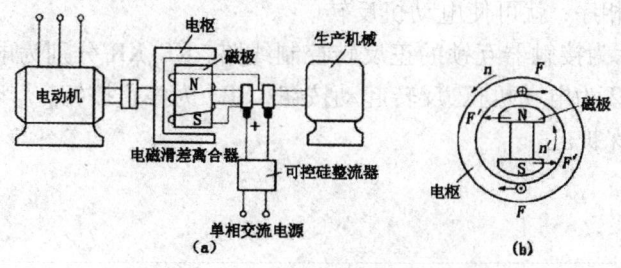

图 7-16　电磁调速异步电动机
(a)联接原理图；(b)电磁滑差离合器工作原理

(1) 电磁滑差离合器的结构

电磁滑差离合器由电枢和磁极两部分组成，两者之间无机械联系，各自能独立旋转。电枢是由铸钢制成的空心圆柱体，直接固定在异步电动机轴端上，由电动机拖动旋转，是离合器的主动部分。磁极的励磁绕组由外部直流电源经滑环通入直流励磁电流进行励磁。磁极通过联轴器与异步电动机拖动的生产机械直接联接，称为从动部分。

(2) 电磁滑差离合器的工作原理

磁极的励磁绕组通入直流电后形成磁场。异步电动机带动离合器电枢以转速 n 旋转，电枢便切割磁场产生涡流，方向如图 7-16(b) 所示。电枢中的涡流与磁场相互作用产生电磁力和电磁转矩，电枢受到力 F 的方向可用左手定则判定，对电枢而言，f 产生的是个制动转矩，需要依靠异步电动机的输出机械转矩来克服此制动转矩，从而维持电枢的转动。

根据作用力与反作用力大小相等，方向相反的原则，可知离合器磁极所受到电磁力 f' 的方向，与 f 方向相反。在 f' 产生的电磁转矩的作用下，磁极转子带动生产机械沿电枢旋转方向以 n' 的速度旋转，$n' < n$。由此可见电磁滑差离合器的工作原理和异步电动机工作原理相同。电磁转矩的大小由磁极磁场的强弱和电枢与磁极之间的转差决定。当励磁电流为零，磁通为零，无电磁转矩；当电枢与磁极间无相对运动时，涡流为零，电磁转矩也为零，故电磁离合器必须有滑差才能工作，所以电磁调速异步电动机又称为滑差电动机。

当负载转矩一定时，调节励磁电流的大小，磁场强弱、电磁转矩随之改变，从而达到调节转速的目的。

电磁离合器结构有多种形式。目前我国生产较多的是电枢为圆筒形铁芯，磁极为爪形磁极，电磁调速异步电动机的主要优点是调速范围广，可达 10∶1，调速平滑，可实现无级调速，且结构简单，操作维护方便，适用于恒转矩负载。其缺点是由于离合器是利用电枢中的涡流与磁场相互作用而工作的，故涡流损耗大，效率较低。另一方面由于其机械特性较软，特别是在低转速下，其转速随负载变化很大，不能满足恒转速生产机械的需要。为此电磁调速异步电动机一般都配有根据负载变化而自动调节励磁电流的控制装置。

7.5 异步电动机的反转与制动

1. 三相异步电动机的反转

讨论三相异步电动机工作原理时就已经知道，异步电动机的转向取决于旋转磁场的方向，而定子旋转磁场的方向又取决于定子电流的相序，故通过对调电动机的任意两根电源线，改变定子电流的相序，就可使电动机反转。

图 7-17(a) 所示为接触器互锁的正反转控制线路，KF、KR 分别为电动机正、反转控制的交流接触器，SB1、SB2 为电动机正、反转起动按钮，SB3 为停止按钮，熔断器 FU 作短路保护，热继电器 FR 作过载保护。

第七章 异步电动机的电力拖动

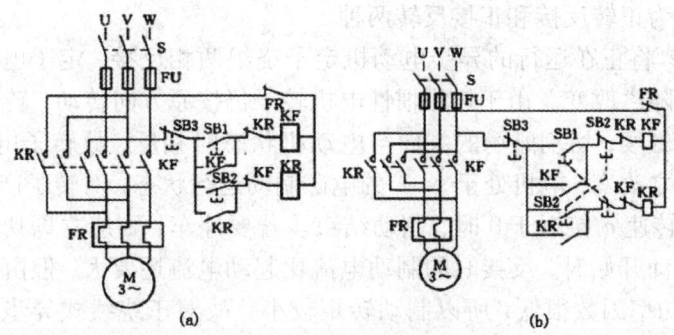

图 7-17 异步电动机的正反转控制电路
(a) 接触器互锁的正反转控制电路；
(b) 双重连锁的正、反转控制电路

合上开关 S，接通电源，按下正转按钮 SB1，正转控制电路接通，电流流过的路径是电源 U 相→停止按钮 SB3→正转按钮 SB1→接触器常闭辅助触点 KR→接触器线圈 KF→热继电器 FR 常闭触点→电源 W 相。接触器线圈 KF 带电，其主触点 KF 闭合，电动机与电源接通，通入定子绕组的电源相序为 U→V→W，电动机起动正转运行。

按下按钮 SB3，无论原来电动机是正转还是反转，控制电路都将断电，交流接触器线圈 KF 和线圈 KR 都将失电，使电动机停下来。

电动机若要反转，可在 S 接通情况下，按下反转按钮 SB2，反转控制电路通电，接触器线圈 KR 带电，其主触点 KR 闭合，此时通入电动机定子绕组电源的相序为 U→W→V，电动机反转。

接触器 KF(KR) 的常开触点与按钮 SB1(SB2) 并联，起自保持(自锁)作用，而 KF(KR) 的常闭辅助触点串联在反转(正转)控制电路中，起联锁(互锁)作用，以防止因误操作而使两只接触器主触点同时闭合所造成的短路事故。两个接触器 KF、KR 中的任一个通电后，它的常闭辅助触点应断开，但有时遇到该触点已损坏，并未断开，不能实现互锁。为了安全起见，采用了图 7-17(b) 所示的双重连锁的正、反转控制电路，分别把正、反转起动按钮 SB1、SB2 的常闭触点串在反转、正转接触器 KR、KF 电路中，该控制电路安全可靠，在实际应用中较多。

2. 三相异步电动机的制动

异步电动机运行在制动状态时，电磁转矩与转子转速反方向，电动机从轴上吸收机械能并转换成电能，该电能或消耗在电机内部，或反馈回电网。在电力拖动中，常要求拖动生产机械的异步电动机处于制动运行。异步电动机制动的目的是使电力拖动系统快速停车或者使拖动系统尽快减速，对于位能性负载，制动运行可获得稳定的下降速度以保证设备及人身安全。如起重机下放重物，电气机车下坡时，异步电动机都处于制动状态。

三相异步电动机的制动分为机械制动和电气制动两大类。机械制动是利用机械装置使电动机在切断电源后迅速停止，如电磁抱闸机构。电气制动是使异步电动机产生一个与其转向相反的电磁转矩，作为制动转矩，从而使电动机减速或停转。下面介绍电气制动的主要方法反接制动、能耗制动及再生制动。

1) 反接制动

异步电动机运行时，若转子的转向与气隙旋转磁场的转向相反，这种运行状态叫反接制动。反接制动又分为正转反接和正接反转两种。

(1) 正转反接。将正在运行的异步电动机定子绕组两相反接,定子电流相序改变,气隙旋转磁场的方向也随之改变。由于机械惯性电机转子仍按原方向转动,转子导体以 n_1+n 的相对速度切割旋转磁场,切割磁场的方向与电动机状态时相反,故转子电动势、转子电流和电磁转矩的方向随之改变,电机处于 $s\approx2$ 的电磁制动运行状态,对转子产生制动作用,转子转速迅速下降,当转速 n 接近于 0 时,制动结束。若要停车,则应立即切断电源,否则电动机将反转。反接制动开始时,反接时的制动电流比起动电流还要大,但由于转子电流频率较大,转子漏抗大,功率因数很低,所以制动转矩较小。故对于绕线式异步电动机,反接时一般在转子回路中串入制动电阻以限制反接时的制动电流和增大制动转矩,提高制动效果。改变制动电阻的数值可以调节制动转矩的大小以适应生产机械的不同要求。鼠笼式电动机为了限制反接时的电流冲击,可在定子绕组电路中串联限流电阻 R。如图 7-18 所示。

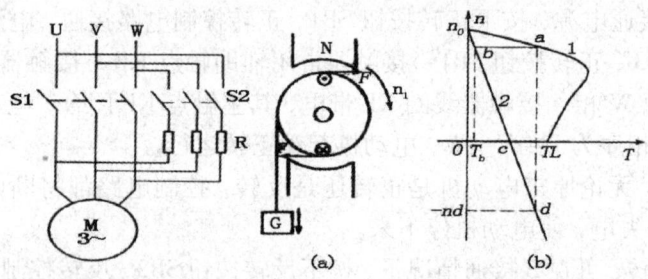

图 7-18 三相异步电动机　　7-19 三相异步电动机
(a) 正转反接原理接线图　　(b) 正转反接原理接线图

(2) 正接反转。正接反转制动适用于绕线式异步电动机拖动位能性负载的情况,它能够使重物获得稳定的下放速度。如图 7-19(a) 所示。电动机的定子绕组按电动机运行时的接法接线,即所示正接,而利用转子回路串入较大电阻 r_t 来使转子反转,其原理与在转子回路中串电阻调速相同。异步电动机提升重物时,在固有机械特性曲线 a 点上以 n_a 稳定运行时,如图 7-19(b) 所示。当异步电动机下放重物时,在转子回路串入较大电阻,人为机械特性曲线斜率随串入电阻的增加而增加,如图 7-19(b) 中的特性 2 所示。由于机械惯性,转速瞬时来不及变化,电动机的工作点由固有机械特性曲线 1 上的 a 点转移到人为机械特性曲线 2 的 b 点。而此时电动机电磁转矩 T_d 小于负载转矩 T_L,电机转速逐渐减小,工作点沿曲线 2 由 b 点向 c 点移动,在减速过程中电机仍运行在电动机状态。当转速 n 下降到 c 点为零时,电动机电磁转矩 T_c 仍小于 T_L,重物将倒拉电动机的转子反向加速,电机进入正接反转制动状态,在重物作用下,电动机反向加速,电磁转矩逐步增大,直到 d 点 $T_d=T_L$ 为止,电动机便以较低的转速 n_d 下放重物,而不致于把重物损坏。在 d 点,电磁转矩 T_d 起制动作用,负载转矩成为拖动转矩,拉着电动机反转,故这种制动又称为倒拉反转的反接制动。调节转子回路电阻可以控制重物下放的速度。利用同一转矩下转子电阻与转差率成正比的关系,即

$$\frac{s_d}{s_a}=\frac{r_2+r_t}{r_2}$$

可求得在需要的下放速度 n_d 时,转子附加电阻 r_t 的数值

$$r_t=\left(\frac{s_d}{s_a}-1\right)r_2$$

式中 s_a——反转制动开始时的转差率；s_d——以稳定速度下放重物时的转差率。

反接制动优点是制动能力强，停车迅速，所需设备简单，缺点是制动过程冲击大，电能消耗多，不易准确停车，一般只用于小型异步电动机中。

2) 发电机制动

在电动机工作过程中，由于外来因素的影响，使电动机转速 n 超过旋转磁场的同步转速 n_1，电动机进入发电机状态，此时电磁转矩的方向与转子转向相反，变为制动转矩，电机将机械能转变成电能向电网反馈，故又称为再生制动或回馈制动。

(1) 下放重物时的回馈制动。当异步电动机拖动位能负载高速下放重物时，首先将电动机定子两相反接，定子旋转磁场方向改变了，电磁转矩方向也随之改变，电动机反向起动，重物下放。刚开始，电动机转速小于同步转速，即 $n < n_1$，它处于电动机运行状态，电磁转矩与电动机旋转方向相同。接着，在电磁转矩和重物重力产生的负载转矩双重作用下，使转子转速超过旋转磁场转速，即 $n > n_1$，电机进入发电机制动状态运行，这时，电磁转矩方向与电动机运行状态时相反，成为制动转矩，电动机开始减速，直到制动转矩与重力转矩相平衡时，重物将以恒定转速平稳下降。

(2) 变极(或变频)调速时的发电机制动。当电动机由少极数变换到多极数瞬间，旋转磁场转速突然成倍地减小，而转子由于惯性，转速 n 尚未降下来，于是转子转速大于同步转速，电动机进入发电机制动状态。

发电机制动的优点是经济性能好，可将负载的机械能转换成电能反馈回电网。其缺点是应用范围窄，仅当电动机转速 $n > n_1$ 时才能实现制动。

3) 能耗制动

能耗制动原理线路如图 7-20 所示，拉开开关 S1，将异步电动机从交流电源断开，然后迅速合上开关 S2，直流电源通过电阻 R 接入定子两相绕组中，此时，定子绕组产生一个静止磁场，而转子因惯性仍继续旋转，则转子导体切割此静止磁场而产生感应电动势和电流，转子电流与静止磁场相互作用并产生电磁转矩。

电磁转矩的方向由左手定则判定，与转子转动的方向相反，为一制动转矩，使转速下降。当转速下降为零时，转子感应电动势和感应电流均为零，制动过程结束。这种制动方法是利用转子惯性，转子切割磁场而产生制动转矩，把转子的动能变为电能，消耗在转子电阻上，故称为能耗制动。

能动制动的优点是制动力强，制动较平稳，无大冲击，对电网影响小。缺点是需要一套专门的直流电源，低速时制动转矩小，电动机功率较大时，制动的直流设备投资大。

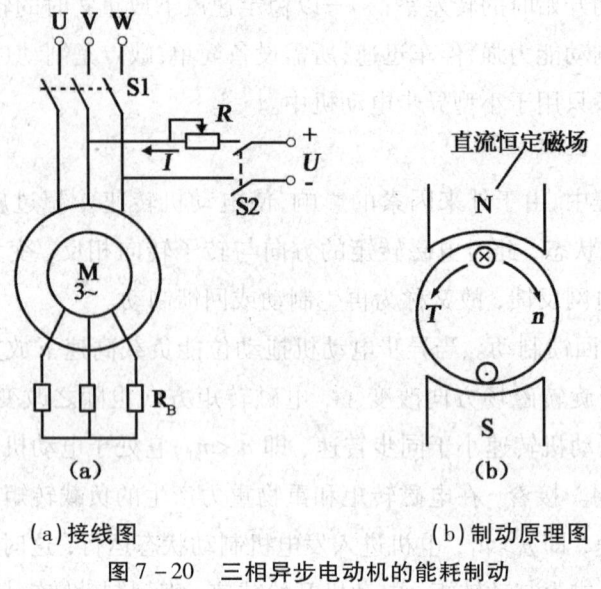

(a)接线图　　　　　　　(b)制动原理图

图7-20　三相异步电动机的能耗制动

7.6　异步电动机的使用、维护及常见故障的处理

合理地选择电动机,电动机的安装和接线方式,并对其运行进行监视、维护和定期检查维修,是消除电动机隐患、延长使用寿命的重要手段。

1. 电动机起动前的准备

为保证电动机的正常、安全起动,起动前一般应做好下述准备:

(1)检查电源是否有电,电压是否正常,若电压过高或过低都不宜起动。

(2)检查起动装置是否完好,如零件有无损坏,使用是否灵活,触头接触是否良好,接线是否正确、牢固等。

(3)熔丝规格大小是否合适,安装是否牢固,有无熔断和损伤。

(4)电动机接线盒的接头有无松动或氧化。

(5)检查传动装置是否正常,如皮带松紧是否合适,连接是否牢固,联轴器的螺丝、销子是否牢固等。

(6)转动电动机的转子和负载机械的转轴,看其是否灵活,有无摩擦声或其他异常声响。

(7)用500V的兆欧表测量电动机相间及对地绝缘电阻,若阻值小于0.5MΩ时,电动机必须经过干燥处理或进行返修后方能使用。

(8)检查电动机及起动电器外壳是否接地,接地线有无断路,接地螺丝是否松动、脱落等。

(9)搬开电动机周围的杂物并清理机座表面的灰尘、油污等。

(10)检查负载机械是否做好了起动准备。

（11）详细核对电动机铭牌上的各项数据，如功率、电压、转速等，是否和实际使用要求相符；检查电动机定子绕组连接方法是否正确。

（12）核对启动设备的规格、容量是否和电动机的使用条件相符。

（13）应先做空载运行检查，检查运行方向是否正确。若旋转方向相反，应立即切断电源，并将三相电源中的任意两相对调。

2. 异步电动机起动注意事项

（1）电动机在通电试运行时必须提醒在场人员注意，不应站在电动机及被拖动设备的两侧，以免旋转物切线方向飞出造成人身伤害。

（2）接通电源后，若电动机出现起动缓慢、异常声音、不能起动等非正常情况，应立即切断电源，绝对不能迟疑等待，更不能带电检查故障，否则将会有可能造成电动机烧毁等危险。

（3）起动时应观察电动机、传动装置、负载机械的工作情况以及线路上的电流表和电压表的指示，若有异常现象立即断电检查，带故障排除后再行起动。

（4）使用双头闸刀起动、星－三角变换起动器或自耦降压起动器时，特别要注意操作顺序。一定要先将手柄推到起动位置，待电动机转速稳定后再拉到运转位置，以防误操作造成设备和人身事故。

（5）同一线路上的电动机不应同时起动，一般应由大到小逐台起动，以免多台电动机同时起动引发线路电流过大、电压过低而造成电动机起动困难或使开关跳闸。

（6）一台电动机连续多次起动时，应按制造厂规定，保持适当的间隔时间，以防电动机过热，连续起动一般不应超过 $3 \sim 5$ 次。

3. 电动机运行监视

电动机运行时，值班人员可以通过仪表和感觉器官监视其运行情况，以便及早发现问题，减少或避免故障发生。

（1）电动机正常运行时会发热，电动机温度会升高，但不应超过允许温升。如果电动机负载过大，工作环境温度过高，通风不畅或运行中发生故障，就会使温度超过允许温升，导致绕组过热烧毁，因此电动机温度的高低是反映电动机是否正常运行的重要参数，在运行中应经常检查电动机通风是否良好。发现电动机过热应立即停机检查，待查明原因排除故障后再行使用。

（2）一般容量较大的电动机均应装设电流表，随时对其电流进行监视。若电流大小超过了允许值或三相电流不平衡，应立即停机检查。容量较小的电动机一般不装设电流表，应使用钳形电流表对其经常进行测量。

（3）电动机电源上最好装设一只电压表和转换开关，以便对其三相电源电压进行监视。电动机的电源电压过高、过低或三相电压不平衡，特别是三相电源缺相将会造成严重后果。因此发现缺相情况应立即停机检查，待查明并排除故障后再行使用。

（4）电动机正常运行时应平稳、轻快、无异常声响或气味，若发生剧烈振动，出现噪音或焦臭气味应立即停机进行检查修理。

（5）电动机运行时要随时检查皮带或联轴器有无松动，传动皮带是否过紧、松弛的现象等，如若出现上述情形，应立即停机上紧或进行调整。

（6）电动机运行中应注意轴承声响和发热情况。若轴承声音异常或过热，应检查润滑油情况是否良好和有无磨损。

（7）绕线式电动机在运行过程中应注意电刷与集电环之间出现的火花，若火花大于规定限度，必须及时加以调整。

4. 电动机的定期检查和保养

为了保证电动机正常工作，除了应按操作规程正确使用，运行过程中注意监视和维修外，还应进行定期检查和保养。间隔时间可根据电动机的类型、使用环境决定。

（1）及时清除电动机机座外部的灰尘、油泥，如使用环境灰尘较多，最好每天清扫一次。

（2）经常检查接线板螺丝是否松动或烧伤。

（3）定期测量电动机绝缘电阻，若使用环境比较潮湿更应经常测量。

（4）定期用煤油清洗轴承，并更换新润滑油。

（5）定期检查起动设备，查看触头和接线有无烧伤、氧化，触头是否良好等。

（6）电动机在使用过程中应经常检查绝缘电阻，注意查看电动机机壳接地是否可靠。

（7）除了上述几项检查内容对电动机定期维护外，每年还应大修一次。

5. 三相异步电动机的常见故障及排除方法

三相异步电动机的故障现象有多种形式，其原因也很多，而且即便故障原因不同，故障现象却很相似，或同一故障却有不同的外观表现。故电动机使用过程中一旦发生故障，必须迅速而准确地分析、判断故障原因并及时排除。

异步电动机故障可分为机械故障和电气故障。机械故障如轴承、风扇、机座、转轴等故障，一般比较容易观察与发现。电气故障主要是定子绕组、转子绕组、电刷等导电部分出现的故障。电动机出现了故障，首先要了解其型号结构、使用情况，旧的电动机还要了解其维修情况，同时还要注意观察或询问运行情况及故障现象，如起动情况、所带负载的大小、有无振动、噪音、发热、冒烟、烧焦气味等异常现象。从故障的主要现象入手，通过观察了解、仪表测量，必要时可让电动机通电短时运行，分析判断确定故障原因。异步电动机的常见故障现象、原因及处理方法如下表所示。

第七章　异步电动机的电力拖动

表7-2　异步电动机的常见故障现象、原因及处理方法

序号	故障现象	可能原因	处理方法
1	电动机不能起动且无任何声响	1. 电源没电； 2. 熔丝熔断两相以上； 3. 电源线有两相或三相断线或接触不良； 4. 开关或起动设备有两相以上接触不良	1. 接通电源； 2. 更换熔丝； 3. 找出故障处，重新刮净、接好； 4. 查出接触不良处，予以修复
2	电动机不能起动且有嗡嗡声	1. 电源单相断线； 2. 熔丝熔断一相； 3. Y形接线电机绕组有一相断线，△形接法绕组有一相或两相断线； 4. 定、转子相擦； 5. 负载机械卡死； 6. 轴承损坏； 7. 电压太低	1. 查出断线处，重新接好； 2. 更换熔丝； 3. 检查绕组断线处，重新修好； 4. 找出相擦原因，予以排除； 5. 检查负载机械及传动装置； 6. 更换轴承； 7. 电源线太细，起动压降太大，应更换粗导线，设法提高电压
3	电动机起动时熔丝熔断	1. 定子绕组一相反接； 2. 定子绕组短路或接地故障； 3. 负载机械卡住； 4. 起动设备操作不当； 5. 传动皮带太紧； 6. 轴承损坏； 7. 熔丝过细	1. 分清三相首尾，重新接好； 2. 检查绕组短路和接地处，重新修好； 3. 检查负载机械和传动装置； 4. 纠正操作错误； 5. 调整皮带松紧适当； 6. 更换轴承； 7. 合理选用熔丝
4	电动机起动困难，起动后转速较低	1. 电源电压过低； 2. 定子线圈有短路或接地； 3. 转子笼条或端环断裂； 4. 电动机过载； 5. 将三角形接法的电动机错接为星形接法	1. 调整电压或等线路电压正常时在使用电动机； 2. 检查线圈短路、接地处，并予以修复； 3. 重新铸铝或另换转子； 4. 减轻负载； 5. 按正常接法改接过来
5	电动机三相电流不平衡且温度过高甚至冒烟	1. 电源电压不平衡； 2. 绕组有短路或接地； 3. 重换线圈后，部分线圈接发错误； 4. 电动机单相运转	1. 查出线路电压不平衡原因并予以排除； 2. 检查线路接地处并予以修复； 3. 检查接错处，改接过来； 4. 检查线路或绕组的中断或接地不良处并重新修好
6	电动机三相电流同时正大，温度过高甲至冒烟	1. 电源电压过高； 2. 电动机过载； 3. 接法错误； 4. 起动频繁	1. 调整线路电压或等电压正常后再起动； 2. 减轻负载； 3. 改接过来； 4. 减少起动次数或改用其它合适类型的电动机

续表

序号	故障现象	可能原因	处理方法
7	电流没有超过额定值，但电动机温度过高	1. 环境温度过高； 2. 电动机手太阳直接暴晒； 3. 通风不畅； 4. 电动机灰尘、油泥过多影响散热	1. 设法降低环境温度或降低电动机容量； 2. 增加遮阳设施； 3. 清理风道或搬开影响通风的物体； 4. 清除灰尘、油泥
8	电动机有不正常的振动	1. 电动机基础不稳或校正不好； 2. 风扇叶片损坏造成转子不平衡； 3. 轴弯或有裂纹； 4. 传动皮带接头不好； 5. 电动机单相运转； 6. 绕组有短路或接地； 7. 并联绕组支路有断路； 8. 转子笼条或端环断裂	1. 加固基础或重新校正； 2. 更换风扇或设法校正转子； 3. 更换新轴或校正弯轴； 4. 重新接好； 5. 查找线路或绕组的断线和接触不良处； 6. 查找短路或接地处并与修复； 7. 查出断线处并予以修复； 8. 重新铸铝或更换转子
9	电动机运行声响不正常	1. 轴承损坏或润滑油严重缺少，油中含杂质等； 2. 定转子相擦； 3. 风罩或转轴上零件（风扇、联轴器等松动）； 4. 风罩内有杂物； 5. 轴承内圈与轴承间隙太大； 6. 电动机单相运行； 7. 绕组有短路或接地； 8. 线圈错接； 9. 并联绕组中的支路断路； 10. 电源电压过低； 11. 电动机过载； 12. 转子笼条或端环断裂	1. 更换或清洗轴承并换新油； 2. 找出相擦原因并予以排除； 3. 箍紧风罩或其它零件； 4. 清除杂物； 5. 堆焊转轴轴承档，并按规定尺寸车好，使其配合紧密； 6. 检查线路，绕组断线或接触不良处并予以修复； 7. 检查短路、接地处并重新修好； 8. 改接过来； 9. 检查断路点，重新接好； 10. 设法调整电压或等电压正常时使用； 11. 减轻负载； 12. 转子重新铸铝或更换转子
10	轴承过热	1. 传动皮带过紧； 2. 轴弯； 3. 端盖松动或没有装好； 4. 黄油太脏或变质； 5. 黄油过多或过少； 6. 黄油牌号不符； 7. 轴承损坏； 8. 端盖轴承室太紧	1. 调整皮带使其松紧适当； 2. 校正弯轴或更换新油； 3. 上紧螺栓合严止口； 4. 清洗轴承或更换新油； 5. 黄油应加到油腔的2/3； 7. 更换轴承； 8. 按正常尺寸扩大轴承室

续表

序号	故障现象	可能原因	处理方法
11	机壳带电	1. 引出线或接线盒接头的绝缘损坏接地； 2. 定子槽两端的槽绝缘损坏； 3. 槽内有铁屑等杂物未清除，导线嵌入后即接地； 4. 外壳没有可靠接地	1. 套一绝缘套管或包扎绝缘布； 2. 找出绝缘损坏处，然后垫上绝缘纸再涂上绝缘漆； 3. 拆开每个线圈接头，用淘汰法找出接地线圈并进行局部修理； 4. 将外壳可靠接地
12	绝缘电阻降低	1. 潮气浸入或雨水滴入电动机内； 2. 绕组灰尘或污垢太多； 3. 引出线或接线盒接头绝缘损坏； 4. 电动机过热造成绝缘老化	1. 用摇表检查后进行烘干处理； 2. 清除灰尘、油污后，浸渍处理； 3. 重新包扎引出线接头； 4. 7kW 以下电动机可重新浸渍处理

【本章小结】

三相异步电动机的机械特性是指电动机转速 n 与电磁转矩 T 之间的关系曲线 $n=f(T)$。分析时关键要抓住最大转矩，临界转差率及起动转矩这三个量随参数的变化规律。

人为改变电源电压、转子回路电阻可以改变机械特性曲线，以适应不同机械负载对电动机转矩及转速的需要。绕线式异步电动机就是利用转子回路串电阻的方法来改善起动和调速性能。

标志异步电动机起动性能的主要指标是起动电流倍数 I_{st}/I_N 和起动转矩倍 T_{st}/T_N。对起动性能的主要要求是起动电流小，起动转矩足够大。

鼠笼式异步电动机起动方法有直接起动和降压起动。若电网容量较大，输电线压降在 $10\%\sim15\%U_N$ 的允许范围内，应尽量采用直接起动，以获得较大的起动转矩。当电网容量较小或电动机容量较大时，应采用降压起动。降压起动时，起动电流减小，起动转矩也同时减小了，故只适用于空载和轻载起动。降压起动常用的方法有：定子回路串电抗器起动、Y-△ 变换降压起动和自耦变压器降压起动。Y-△ 变换降压接起动只适用于三角形连接的电动机。

绕线式异步电动机的起动方法有：转子回路串电阻起动或转子回路串频敏变阻器起动。其起动转矩大、起动电流小，起动性能较好，它适用于中、大型异步电动机的重载起动。频敏变阻器是根据涡流原理工作的，可以实现无级平滑起动。

深槽式和双鼠笼式异步电动机是利用"集肤效应"原理来改善起动性能的。

异步电动机调速方法较多。如变极调速、变频调速、改变电源电压调速、转子回路串入电阻调速、利用滑差离合器调速等。一般鼠笼式异步电动机采用变极调速；绕线式异步电动机采用转子回路串电阻调速。变极调速是通过改变定子绕组连接方法，使每相一半绕组电流方向改变，来实现调速的。变频调速性能好，在近代交流调速方法中最有发展前途。

改变异步电动机电源相序，即任意对调定子绕组的两根电源线，可改变定子旋转磁场的方向，从而使异步电动机反转。

制动方法有机械制动和电磁制动两种。电磁制动的方法有：反接制动、发电机制动、能耗制动。

反接制动有正转反接和正接反转两种。正转反接制动主要用于中型车床和铣床的主轴制动。正接反转制动常用于起重机缓慢下放重物。反接制动比较简单、效果好，但能量损耗较大，不经济。

发电机制动主要用于鼠笼式异步电动机变极调速中和拖动位能负载的电动机中（如电车下坡、起重机下放重物）。此制动方式简单、经济、可靠性较高。

能耗制动较平稳，但需要直流电源供给励磁电流。能耗制动被广泛用于矿井提升机及起重运输等生产机械上。如船用起货机和锚机，门机起升机构，可利用能耗制动实现快速停车和低速下降。

【思考题与习题】

7-1 三相异步电动机直接起动时，为什么起动电流大而起动转矩却不大？起动电流大对电网及电动机有什么影响？

7-2 对三相异步电动机的起动性能有哪些基本要求？

7-3 鼠笼式异步电动机的起动方式分哪两大类？说明其适合场合。

7-4 异步电动机有哪些降压起动方式？各有什么优缺点？

7-5 三相鼠笼式异步电动机定子串接电阻或电抗降压起动时，当定子电压降到额定电压的几倍时，起动电流和起动转矩降到额定电压时的多少倍？

7-6 三相鼠笼式异步电动机采用自耦变压器降压起动时，起动电流和起动转矩与自耦变压器的变比有什么关系？

7-7 什么是三相异步电动机的Y-△降压起动？它与直接起动相比，起动转矩和起动电流有何变化？

7-8 有一台异步电动机的额定电压为380V/220V，Y-△连接，当电源电压为380V时，能否采用Y-△换接降压起动？为什么？

7-9 绕线式异步电动机的起动方法有哪些？各有什么优缺点？

第七章 异步电动机的电力拖动

7-10 绕线式异步电动机在转子回路串电阻后,为什么能减小起动电流、增大起动转矩?串入的电阻是否越大越好?

7-11 简述频敏变阻器的结构特点及工作原理。

7-12 为什么深槽式和双鼠笼式异步电动机能改善起动性能?

7-13 异步电动机常用的调速方法有哪些?

7-14 三相异步电动机怎样实现变极调速?变极调速时为什么要改变定子电源的相序?

7-15 三相异步电动机变极调速常采用 Y/YY 接法和 △/YY 接法,对于切削机床一类的恒功率负载,应采用哪种接法的变极线路来实现调速才比较合理?

7-16 有一台过载能力 $k_m=1.8$ 的异步电动机,带额定负载运行时,由于电网突然故障,电源电压下降到 $70\%U_N$,问此时电动机能否继续运行?为什么?

7-17 三相异步电动机额定功率 7.5kW,频率为 50Hz,额定转速为 2890r/min,最大转矩 T_m 为 $57N \cdot m$。求该电动机的过载系数 k_m 和转差率。

7-18 一台三相异步电动机的额定数据为 $P_N=7.5\text{kW}$, $f_N=50\text{Hz}$, $n_N=1440\text{r/min}$, $k_m=2.2$,求:(1)临界转差率 s_m (2)求实用机械特性表达式;(3)电磁转矩为多大时电动机的转速为 1300r/min;(4)绘制出电动机的固有机械特性曲线。

7-19 一台三相绕转子异步电动机, $P_N=7.5\text{kW}$, $n_N=750\text{r/min}$, $k_m=2.4$,求:(1)临界转差率 s_m 和最大转矩 T_m;(2)用实用表达式计算并绘制固有机械特性。

7-20 什么叫三相异步电动机制动?电气制动有哪几种方法?

7-21 三相绕线式异步电动机反接制动时,为什么要在转子回路中串入比较大的电阻?

7-22 三相鼠笼式异步电动机,定子绕组 △ 接法,直接加全压起动时,起动电流是额定电流的 5.4 倍,起动转矩是额定转矩的 1.2 倍。现采用 Y-△ 起动,求起动电流倍数及起动转矩倍数。如果采用自耦变压器起动,保证起动转矩为额定转矩的 5/6,则选用的自耦变压器变比应为多少?此时起动电流变为额定电流的几倍?

7-23 一台三相鼠笼式异步电动机的数据为 $U_N=380V$ △连接, $I_N=20A$, $k_i=7$, $k_m=1.4$,求:(1)若保证满载起动,电网电压不得低于多少伏?(2)如用 Y-△ 降压起动,起动电流为多少?能否半载起动?(3)如用自耦变压器在半载下起动,试选择抽头比。并求起动电流为多少?

7-24 一台 55kW 鼠笼式异步电动机, $U_N=380V$,△接法,1450r/min,额定运行时效率为 0.9,功率因数为 0.88。当在额定电压下起动时, $I_{st}/I_N=5.6$, $T_{st}/T_N=1.4$。那么,采用 Y-△ 起动时起动电流,起动转矩为多少?当负载转矩为 $0.5T_N$ 时,Y-△ 起动方法能否采用?

7-25 有一台异步电动机,其额定数据为: $P_N=10\text{kW}$, $n_N=1450\text{r/min}$, $U_N=380V$,△连接, $\cos\varphi=0.87$, $I_{st}/I_N=7$, $T_{st}/T_N=1.4$,试求:

(1)额定电流及额定转矩;

(2) 采用 Y-△ 换接降压起动时的起动电流和起动转矩；

(3) 当负载转矩为额定转矩的 50% 和 30% 时，能否采用 Y-△ 换接降压起动？

(4) 如果用自耦变压器降压起动，当负载转矩为额定转矩的 80% 时，应在什么地方抽头？起动电压为多少？起动电流为多少？

7-26 三相绕线式异步电动机，$f_N=50\text{Hz}$，$2P=4$，$n_N=1450\text{r/min}$，转子电阻 $r_2=0.02\Omega$，若电机轴上机械负载转矩为电机额定转矩不变，要求转速下降到 1000r/min，试求：

(1) 转子回路应串入多大电阻？

(2) 串电阻调速后，转子电流是原值的几倍？

7-27 为什么单相异步电动机不能自行起动？怎样才能使它起动？

7-28 单相异步电动机主要分哪几种类型？简述罩极电动机的工作原理。

7-29 三相异步电动机起动时，如果电源一相断线，这时电动机能否起动？如果运行中电源或绕组一相断线，能否继续旋转？有何不良后果？

第三篇 同步电机

第三篇　国家审计

第八章 同步发电机的基本工作原理和结构

同步电机是交流旋转电机的一种,并且依据电磁感应原理工作。同步电机因其转子的转速始终与定子旋转磁场的转速相同而得名。同步电机主要用作发电机,也可用作电动机。同步电机作为发电机时,可将机械能转换为电能。同步发电机是现代电力工业的主要发电设备,无论火力发电、水力发电、还是原子能发电,几乎全部采用同步发电机;同步电机作为电动机时,可将电能转换为机械能,同步电动机主要用于拖动功率较大,转速不作调节要求的生产机械,如大型水泵、空气压缩机、矿井通风机等。同步电机还可用作同步调相机,而同步调相机实际上就是一台空载运转的同步电动机,专向电网输送感性无功功率,用来改善电网的功率因数,以提高电网的运行经济性及电压的稳定性。

知识要点	能力要求	相关知识	所占分值（100分）	自评分数
同步发电机结构	1. 了解隐机式同步发电机结构； 2. 了解凸机式同步发电机结构	直流励磁	60	
铭牌参数	理解额定容量、额定电压、额定电流含义及应用规定	$P_N = \sqrt{3}\, U_N I_N \eta_N \cos\varphi_N$	15	
励磁方式	1. 了解直流励磁机励磁方式； 2. 了解可控硅励磁方式	1. 直流电； 2. 整流	25	

【教学目标】掌握同步电机的工作原理、结构及分类。

【教学要求】了解同步电机基本工作原理、结构、分类、用途特点以及励磁方式;理解同步电机铭牌参数含义。

8.1 同步发电机的基本工作原理

同步发电机由定子和转子两部分组成，定、转子之间有气隙，如图 8-1 所示。同步发电机定子(或称电枢)和异步电动机定子相同，即在定子铁芯内圆均匀分布的槽内嵌放三相对称绕组；转子主要由磁极铁芯与励磁绕组组成。当励磁绕组统一直流电流后，转子将会建立恒定磁场，作为发电机，当原动机拖动转子旋转时，其定子绕组切割磁场而产生交流感应电动势，电动势的频率为 $f = \dfrac{pn}{60}$，波形如图 8-1 所示。

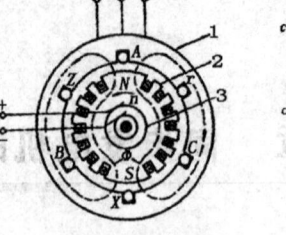
同步电机的工作原理图
1-定子；2-转子；3-滑环

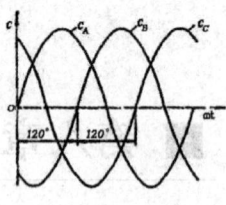
定子三相电动势波形

图 8-1 同步电机工作原理图

如果同步发电机接上负载，在电动势作用下，将有三相电流流过。说明同步发电机将机械能转换成了电能。

如果同步电机作为电动机运行，当在定子绕组上施以三相交流电压时，电机内部产生一个定子旋转磁场，其旋转速度为同步转速 n_1，转子将在定子旋转磁场的带动下，带动负载沿定子磁场的方向以相同的转速旋转，转子的转速为：

$$n = n_1 = \frac{60f_1}{p} \tag{8-2}$$

此时，同步电动机将电能转换为机械能。

综上所述，同步电机无论作为发电机还是作为电动机运行，其转速与频率之间都将保持严格不变的关系。电网频率一定时，电机转速为恒定值，这是同步电机和异步电机的根本区别。

由于我国电力系统的标准频率为 50Hz，所以同步电机的转速为 $n = n_1 = \dfrac{60f_1}{p} = \dfrac{300}{p} \text{r/min}$。计算可知，2 极电机的转速为 3000r/min，4 极电机的转速为 1500r/min，依此类推。

8.2 同步电机的基本结构

同步发电机的结构采用旋转磁极式，按转子磁极形状可分为隐机式和凸机式两种。一般隐机式结构通常应用在汽轮发电机，而凸机式结构则应用于水轮发电机。如图 8-2 所示。

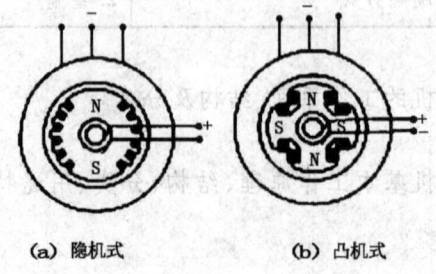

(a) 隐机式　　　(b) 凸机式

图 8-2 同步发电机类型

无论电机是隐机式还是凸机式,其基本结构均包括定子和转子两大部分。隐极式气隙是均匀的,转子做成圆柱型。凸极式有明显的磁极,气隙是不均匀的,极弧底下气隙较小,极间部分气隙较大。

1. 隐机式同步发电机的基本结构

隐机式同步发电机通常用于汽轮发电机,一般制成两级,转速为3000r/min,这是因为提高转速可以提高汽轮机的运行效率,减少机组的尺寸和造价。同时由于转速高,汽轮发电机的直径较小,在容量相同的情况下,电机的长度就要加长,故一般汽轮发电机的转子长度 L 和定子内径 D 之比为 2~2.6。

1) 定子

定子又称电枢,由定子铁芯、定子绕组、机座、端盖等部件组成。它是同步发电机用于产生三相交流电能,实现机械能与电能转换的重要部件。

(1) 定子铁芯

定子铁芯一般由由厚度为 0.35mm 或 0.5mm 的涂漆硅钢片叠成,每叠厚 3~6cm。各叠之间留有 1cm 的通风槽,以利于铁芯散热。当定子铁芯的外径大于 1m 时,其每层钢片常由若干块扇形片。整个铁芯固定于机座上,如图 8-3(a)所示。

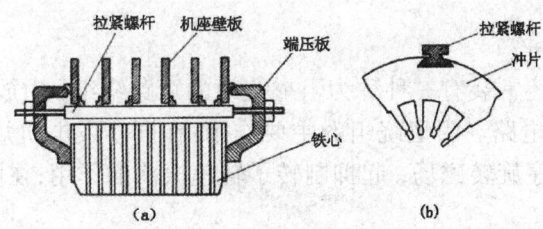

图 8-3 定子铁芯夹紧结构

(2) 定子绕组

汽轮发电机定子绕组一般采用三相双层叠绕组构成三相交流电路。定子绕组在定子铁芯内圆槽内嵌放定子线圈,并按一定规律连接成三相对称绕组。为了减小由于集肤效应引起的附加损耗,绕组导线常由若干股相互绝缘的扁铜线并联,并且在槽内及端部还要按一定方式进行编织换位。三相定子绕组对铁芯绝缘强度的要求,取决于电机额定电压的高低。为了防止电晕,6.3kV 及以上的定子绕组经绝缘处理后还要涂以半导体漆。定子的每一槽内放置上、下两线圈边,并垫以层间绝缘,线圈放置槽内,采用槽楔固定。为了能够承受短路产生的巨大电磁力而引起的端部变形,以及正常运行时不致产生的较大振动,定子绕组端部需用线绳或压板夹紧在非磁性钢制作的端箍。

(3) 定子机座

机座用来支撑和固定定子铁芯和端盖。应有足够的强度和刚度,机座与定子铁芯之间需要留有适当的通风道,以利于电机冷却。机座一般均由钢板焊接而成。

2) 转子

转子由转子铁芯、励磁绕组、阻尼绕组、紧固件及风扇等部件组成。它也是汽轮发电机的重要部件。

(1) 转子铁芯

转子铁芯既是电机磁路的主要组成部分,又承受着由于高速旋转产生的巨大离心力,因而其材料既要求有良好的导磁性能,又需要有很高的机械强度。一般采用整块的含铬、镍和钼的合金钢锻成,与转轴锻成一个整体。

在转子铁芯表面铣有槽,槽内嵌放励磁绕组。槽的排列形状有辐射式和平行式两种,如图8-4(a)、(b)所示,前者用得较普遍。由图8-4可见沿转子外圆在一个极距内约有1/3部分没有开槽,叫做大齿。即主磁极。

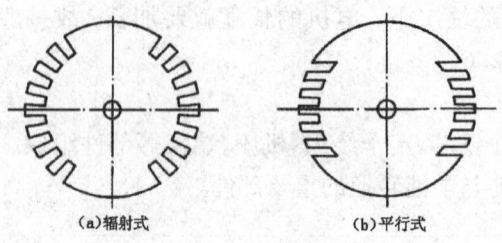

图8-4 隐极转子槽的两种排列

(2) 励磁绕组

励磁绕组由矩形的绝缘扁铜线绕成的同心式线圈且利用不导磁、高强度材料做成的槽楔将励磁绕组在槽内压紧。

(3) 阻尼绕组

同步电机的转子上还常装有一种称为阻尼绕组的短路绕组,由放在槽楔下的铜条和转子两端的铜环焊接成闭合电路。阻尼绕组的主要作用:在同步发电机短路或不对称运行时,利用其感应电流来削弱负序旋转磁场,起抑制转子转速振荡的作用;在同步电动机和补偿机中,起动绕组用。

(4) 紧固件

转子紧固件包括护环和中心环。

由于汽轮发电机转速高、绕组端部具有很大电磁力,所以必须采用护环和中心换来可靠固定。护环将励磁绕组的端部套紧,使绕组不致因离心力而甩出。中心环用以支持护环,并阻止励磁绕组的轴向移动。

(5) 滑环

滑环装在转轴一端,通过引线接到励磁绕组的两端,直流励磁电流经电刷与滑环的滑动接触而引入励磁绕组。

2. 凸极式同步发电机的基本结构

凸极同步发电机通常分为卧式(横式)和立式两种结构。大中型水轮发电机通常都是立式结构。而大部分的同步电动机、同步补偿机和用内燃机或冲击式水轮机拖动的同步发电机则一般采用卧式结构。

由于水轮发电机转速很低,为了得到额定频率,发电机的极数就需增加,发电机的转子直径则需加大,在容量一定的情况下,发电机的长度便可缩短。在立式水轮发电机中,整个机组转动部分的重量以及作用在水轮机转子上的水推力均由推力轴承支撑,并通过机架传递到地基上。凸极同步发电机的结构组成与作用基本上与隐机式同步发电机相同,在此不再累述。

8.3 同步电机的额定值及励磁方式

1. 同步电机的额定值

额定值是制造厂对电机正常工作所作的使用规定，也是设计和试验电机的依据。同步电机的铭牌上注明了该电机的额定值。主要有：

(1) 额定容量 S_N 或额定功率 P_N

指电机在额定运行工况下，输出功率的保证值。对同步发电机是指输出的额定视在功率或有功功率，常用 kVA 或 kW 表示。对同步电动机指轴端输出的额定机械功率一般都用 kW 表示。对同步调相机则用线端输出额定无功功率表示，单位为 kVA 或 kvar。

(2) 额定电压 U_N

指电机在额定运行时的三相定子绕组的线电压，常以 kV 为单位。

(3) 额定电流 I_N

指电机在额定运行时流过三相定子绕组的线电流，单位为 A 或 kA。

(4) 额定功率因数 $\cos\varphi_N$

指电机在额定运行时的功率因数。

(5) 额定效率 η_N

指电机额定运行时效率。

综合上述定义，额定值间有下列关系：

对发电机：$P_N = \sqrt{3} U_N I_N \cos\varphi_N$ (8-3)

对电动机：$P_N = \sqrt{3} U_N I_N \cos\varphi_N$ (8-4)

除上述额定值外，铭牌上还列出电机的额定频率 f_N、额定转速 n_N，额定励磁电流 I_{fN}、额定励磁电压 U_{fN} 和额定温升等。

2. 同步电机的励磁方式

供给同步电机励磁电流的电源及其附属设备称为励磁装置，又称励磁系统。目前应用较广的励磁系统分为直流发电机励磁系统和半导体整流励磁系统两类。但不论哪种励磁系统都应有足够的功率，以保证励磁调节范围和调节的稳定性。

(1) 同轴直流励磁机励磁

同轴直流发电机励磁是将与同步发电机同轴的一台较小的直流并励发电机发出的直流电流，直接供给同步发电机励磁绕组，如图 8-5(a) 所示。直流励磁电流经过直流发电机的电刷流出，然后通过电刷和集电环流入励磁绕组，改变并励发电机的端电压，同步发电机的励磁电流就随之改变，主磁通也随之改变，从而实现调节同步发电机端电压的目的。

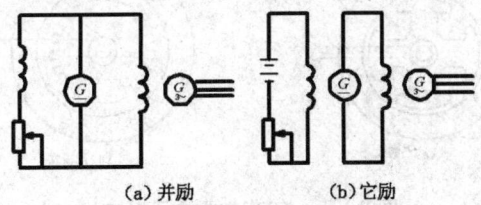

图 8-5 直流发电机励磁系统

对容量较大的同步发电机，常采用它励直流发电机提供励磁电流，它励直流发电机的励磁电流往往由另一台功率更小的直流发电机供给，如图8-5(b)所示。它励励磁方式励磁电压升速更快且在低压调节时更为灵敏，电压也较稳定，缺点是多一台励磁机，降低了运行的稳定性。

(2) 晶闸管整流励磁

晶闸管整流励磁是将同步发电机发出的交流电流用晶闸管整流后，在供给同步发电机作为自身励磁电流的励磁方式，如图8-6所示。晶闸管整流的输出电压可以方便地调节，所以调节同步发电机端电压更为便利。并且也不需要附加小型同轴直流发电机。

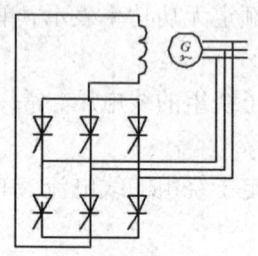

图8-6　晶闸管整流励磁

除此之外，还有同轴交流发电机励磁系以及三次谐波励磁方式。

3. 同步电机的分类

同步电机按运行方式，可分为发电机、电动机和调相机三类。按原动机类别，同步电机又可分为汽轮发电机、水轮发电机和柴油发电机等。

按结构型式，同步电机可分为旋转电枢式和旋转磁极式两种。前者适用于小容量同步电机，近来应用很少；后者应用广泛，是同步电机的基本结构型式。

旋转磁极式同步电机按磁极的形状，又可分为隐极式和凸极式两种类型，如图8-7所示。隐极式气隙是均匀的，转子做成圆柱型。凸极式有明显的磁极，气隙是不均匀的，极弧底下气隙较小，极间部分气隙较大。

汽轮发电机由于转速高，转子各部分受到的离心力很大，机械强度要求高，故一般采用隐极式；水轮发电机转速低、极数多，故都采用结构和制造上比较简单的凸极式；同步电动机、柴油发电机和调相机，一般也做成凸极式。

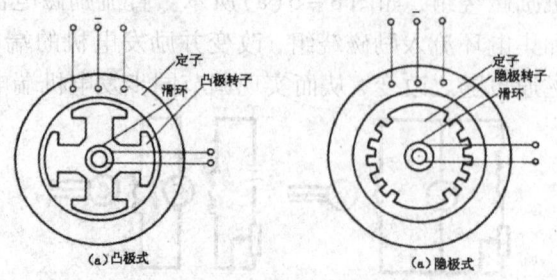

图8-7　旋转磁极式同步电机

【本章小结】

同步电机是根据电磁感应原理工作的，其最基本的特点是电枢电流的频率和极对数与转速有着严格的关系。当电网频率一定时，同步电机转速为恒定值。在结构上一般采用旋转磁极式。

汽轮发电机由于转速和容量大，采用卧式隐极结构，水轮发电机则多为立式凸极结构。一般用途的同步电动机和调相机多数为卧式凸极结构。

【思考题与习题】

8-1 什么叫同步电机？试问 150r/min、50Hz 的同步电机是几极的？该电机应是隐极结构，还是凸极结构？

8-2 为什么大容量同步电机都采用旋转磁极式结构？

8-3 一台汽轮发电机的额定功率为 10 万 kW，额定电压为 10.5kV，额定功率因数为 0.85，试求额定电流。

8-4 简述同步电机与异步电机在结构上的不同之处。

第九章 同步发电机运行

知识要点	能力要求	相关知识	所占分值（100分）	自评分数
交轴电枢反应	1. 理解内功率因素角 Ψ 的定义； 2. 理解电枢反应磁动势的作用	磁动势	40	
直轴电枢反应	1. 理解感性无功电流的去磁作用； 2. 理解容性无功电流的助磁作用	1. 感性电流 2. 容性电流	30	
有功调节	了解同步发电机有功调节的方法	1. 制动力矩 2. 频率恒定	15	
无功调节	了解同步发电机无功调节的方法	1. 励磁电流 2. 电压恒定	15	

【学习目标】 学会同步发电机的并联运行及有功、无功功率调节方法。

【学习要求】 理解对称负荷时的电枢反应，理解电枢反应对机电能量转换和极端电压的影响；掌握同步发电机的并联运行及有功、无功功率调节方法；了解同步电动机的有功、无功功率调节及起动方法。

【引例】发电厂师徒间口口相传的"有功调开度，无功调励磁"口诀其真谛为何？本章将从本质上揭示其真实内涵。

9.1 同步发电机空载运行

同步发电机被原动机拖动到同步转速,励磁绕组中通以直流电流,定子绕组(电枢绕组)开路,电枢电流为零,称为同步发电机空载运行。

空载运行时,由于三相定子电流均为零,只有直流励磁电流磁动势 F_f 建立的主磁场,因此又称空载磁场。空载磁场磁通分成主磁通 ϕ_0 和漏磁通 $\phi_{f\sigma}$ 两部分。主磁通既交链转子绕组,又经过气隙交链定子绕组,故又称为气隙磁通,其磁通密度波形沿气隙圆周呈近似正弦空间分布;而漏磁通不穿过气

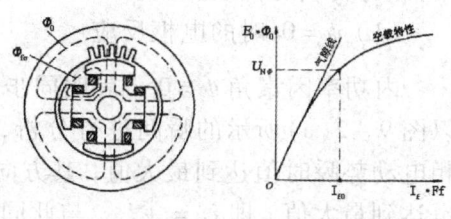

图 9 - 1 四级电机空载时的磁通示意图

隙,仅与转子励磁绕组本身交链,因而不参与电机的机——电能量转换。图 9 - 1 表示一台四极电机空载时的磁通示意图。从图清晰可见,主磁通的路径(即主磁路)主要由定、转子铁芯和两段气隙构成,而漏磁通的路径主要由空气和非磁性材料组成,因此主磁路的磁阻比漏磁路的磁阻小得多,主磁通数值远大于漏磁通。

同步发电机空载运行时,空载磁场与转子一同旋转,其主磁通切割定子绕组,并在定子绕组中感应频率为 f 的三相基波电动势

$$\dot{E}_{OU} = E_0 \angle 0°, \dot{E}_{OV} = E_0 \angle -120°, \dot{E}_{OW} = E_0 \angle -240° \qquad (9-1)$$

忽略高次谐波时,相电动势的有效值为

$$E_0 = 4.44 f k_{w1} N_1 \phi_0 \qquad (9-2)$$

式中 ϕ_0 - 每极的基波磁通,Wb;N_1 - 定子绕组每相串联匝数;k_{w1} - 定子绕组系数。

改变直流励磁电流 I_f 时,主磁通 ϕ_0 和电动势 E_0 相应变化,从而可以得到空载特性 $E_0 = f(I_f)$,如图 9 - 1 所示。空载特性是同步电机的一条基本特性。

由图可见,空载特性曲线的下部是一条直线,与下部相切的直线称为气隙线。随着 ϕ_0 的增大,铁芯逐渐饱和,空载曲线就逐渐弯曲。

9.2 同步发电机负载运行

同步发电机空载运行时,气隙中只有转子的励磁磁动势建立的主磁场,并在定子绕组中感应出空载电动势 $\dot{E}_0$。当接上三相对称负载后,三相定子绕组中流过三相对称电流(也称作电枢电流 $\dot{I}$),产生电枢磁动势,因此,负载时在同步发电机的气隙中同时存在着转子励磁磁动势和定子电流磁动势(电枢磁动势)并共同建立磁场。由于定子绕组感应电动势和电流的频率决定于转子的转速 n 和极对数 p,即 $f = \dfrac{pn}{60}$,而定子绕组的极对数是按转子同一极对数设计,所以电枢磁动势基波的转速 $n_1 = \dfrac{60f}{p}$,显然,转子励磁磁动势的转速 n 等于电枢磁动势基波的转速 n_1,二者非但同速,而且同向,彼此没有相

对运动，共同建立负载时的气隙合成磁动势。从另一视角解析：对称负载时的电枢磁动势基波对转子励磁磁动势波产生了影响，这种现象称为电枢反应。从磁场角度电枢反应也可描述成：电枢磁场的存在将使气隙磁场的大小及位置均发生变化，这种影响称为电枢反应。电枢反应的性质，取决于励磁电动势 $\dot{E}_0$ 和电枢电流 $\dot{I}$ 之间的夹角（内功率因数角）ψ 与负载的性质有关。

(1) $\psi = 0°$ 时的电枢反应

内功率因素角 $\psi = 0°$，表明同步发电机负载（定子）电流 $\dot{I}$ 与空载电动势 $\dot{E}_0$ 同相，现以图9-2(a)所示的瞬间进行分析，U相绕组导体正处在旋转的转子磁极轴线位置，U相电动势瞬时值达到最大值，其方向可按右手定则决定。由于 $\psi = 0°$，U相电流瞬时值也达到最大值，即 $i_U = +I_m$，与此同时，$i_V = i_W = -I_m/2$，如图9-2(c)所示。根据旋转磁动势某相电流达到最大值时，合成磁动势基波的幅值就落在该相绕组轴线上的理论可知，当U相电流最大时，三相合成磁势 $\vec{F}_a$ 的轴线恰好处在U相绕组轴线位置上。此时电枢磁势 $\vec{F}_a$ 滞后励磁磁势 $\vec{F}_f$ 90°，如图9-2(b)，通常将转子磁场的轴线成为直轴（或称纵轴）用符号 d 表示；两相邻主磁极间的中性线称为交轴（或称横轴），用符号 q 表示。显然，当 $\psi = 0°$ 时，电枢磁势 $\vec{F}_a$ 的轴线位于交轴（q 轴）上，称此为交轴电枢反应，而将此时的电枢反应磁势 $\vec{F}_a$ 称为交轴电枢反应 $\vec{F}_{aq}$。从图9-2(b)可知，两相量相加得气隙合成磁势 $\vec{F}_\delta = \vec{F}_f + \vec{F}_a$。因此，交轴电枢反应使气隙磁场轴线位置从空载时的直轴处逆转向后移了一个角度。

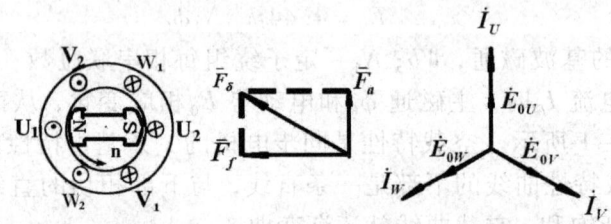

(a) 电枢位置图　(b) 空间向量图　(c) 时间相量图

图9-2　$\psi = 0°$ 时的电枢反应

(2) $\psi = 90°$ 时的电枢反应

此时同步发电机负荷电流 $\dot{I}$ 滞后空载电动势 $\dot{E}_0 = 90°$。当U相电流瞬时值达到最大值时，当U相电动势瞬时值为零，如图9-3(c)所示。此时，主磁极轴线位于U相轴线的反向位置。这样，处于U相轴线位置的电枢磁势 $\vec{F}_a$ 也就位于直轴（d轴）的反向位置，故称其为直轴电枢反应，而将这时的电枢磁势 $\vec{F}_a$ 称为直轴电枢反应磁势 $\vec{F}_{ad}$，如图9-3(b)所示。因此，电枢磁势 $\vec{F}_a$ 与励磁磁势 $\vec{F}_f$ 反向，两者之差即为气隙合成磁势 $\vec{F}_\delta$，气隙磁场被消弱了，故该直轴电枢反应的性质为去磁作用。

第九章 同步发电机运行构

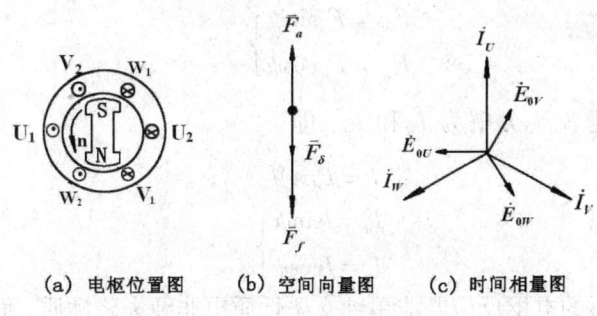

(a) 电枢位置图　　(b) 空间向量图　　(c) 时间相量图

图 9-3　$\psi = -90°$ 时的电枢反应

(3) $\psi = -90°$ 时的电枢反应

此时同步发电机负荷电流 $\dot{I}$ 超前空载电动势 $\dot{E}_0 = 90°$。当 U 相电流瞬时值达到最大值时，U 相电动势瞬时值为零，如图 9-4(a) 所示。由于此时主磁极轴线位于 U 相轴线位置，这样，处于 U 相轴线位置的电枢磁势 $\vec{F}_a$ 也就位于直轴（d 轴）的位置，故同样称其为直轴电枢反应，如图 9-4(b) 所示。显然，电枢磁势 $\vec{F}_a$ 与励磁磁势 $\vec{F}_f$ 同向，两者相加即为气隙合成磁势 $\vec{F}_\delta$，气隙磁场被增强了，故该直轴电枢反应的性质为助磁作用。

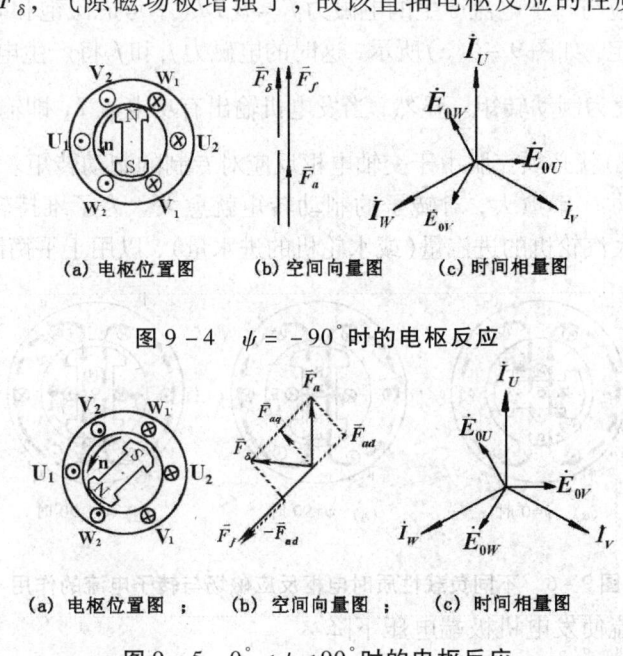

(a) 电枢位置图　　(b) 空间向量图　　(c) 时间相量图

图 9-4　$\psi = -90°$ 时的电枢反应

(a) 电枢位置图；　(b) 空间向量图；　(c) 时间相量图

图 9-5　$0° < \psi < 90°$ 时的电枢反应

(4) 一般情况下的电枢反应

同步发电机正常运行时，在一般情况下 $0° < \psi < 90°$，即负荷电流 $\dot{I}$ 滞后空载电动势 $\dot{E}_0 = 90°$，当 U 相电流瞬时值达到最大值时，U 相电动势已过最大值又转过 ψ，如图 9-5(a) 所示。此时，主磁极处于如图 9-5(b) 所示位置。显然 $\vec{F}_a$ 滞后 $\vec{F}_f (90° + \psi)$ 为分析方便，可将电枢磁势 $\vec{F}_a$ 分解为直轴分量 $\vec{F}_{ad}$ 和交轴分量 $\vec{F}_{aq}$，即

$$\vec{F}_a = \vec{F}_{ad} + \vec{F}_{aq} \tag{9-1}$$

$$F_{ad} = F_a \sin\psi \\ F_{aq} = F_a \cos\psi \} \quad (9-2)$$

相应地可将负荷电流 $\dot{I}$ 分解为 $\dot{I}_d$ 和 $\dot{I}_q$，即

$$\dot{I} = \dot{I}_d + \dot{I}_q \quad (9-3)$$

$$I_d = I\sin\psi \\ I_q = I\cos\psi \} \quad (9-4)$$

可见在一般情况下的电枢反应既非单纯交磁性质也非纯去磁性质，而是两者兼而有之。

3. 电枢反应对机电能量转换和极端电压的影响

同步发电机空载时不存在电枢反应，也不存在机电能量转换。带上负荷后，定子电流产生了电枢磁场，它对转子励磁电流产生的主磁场有去磁作用。负载性质的不同，电枢磁场对转子励磁电流产生的主磁场的作用也不同。下面分析不同负荷性质时，电枢反应对机电能量转换和极端电压的影响。

(1) 有功电流在电机内部产生的制动力矩

当同步发电机负荷电流 $\dot{I}$ 和 $\dot{E}_0$ 同相（此时 $\dot{I}$ 基本上为有功电流）时，电枢磁势产生交轴电枢反应。交轴电枢反应与转子电流产生的电磁力 $f_1 = B_a I_f L$（不考虑磁饱和时 $B_a \propto \Phi_a \propto F_a \propto I$）的情况可由左手定则决定，如图 9-6(a) 所示，这时的电磁力 f_1 和 f_2 将产生电磁转矩，其方向与转子转动方向相反，因此为制动转矩。显然，当发电机输出有功电流 I，即输出有功功率 P 时，原动机（汽轮机或水轮机）就必须克服由于交轴电枢反应对专制的制动转矩。负荷电流 $\dot{I}$ 的交轴成份愈大，输出的有功功 P 率愈大，对转子的制动转矩就愈大。为了维持转子转速（或频率）不变，就需要相应地增大汽轮机的进汽量（或水轮机的进水量），以用于平衡制动转矩。

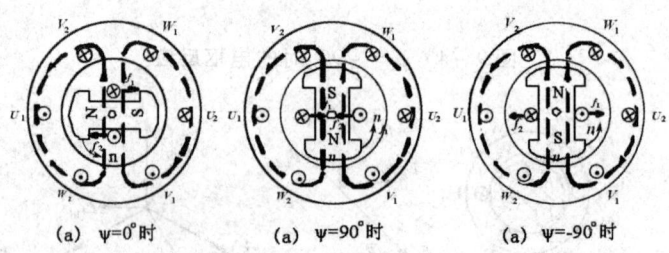

图 9-6 不同负载性质时电枢反应磁场与转子电流的作用

(2) 感性无功电流使发电机极端电压下降

同步发电机负荷电流 $\dot{I}$ 滞后 $\dot{E}_0 90°$（此时 $\dot{I}$ 基本上是感性无功电流）时，电枢磁势产生直轴电枢反应。直轴电枢磁场与转子电流相互作用产生的电磁力并不产生力矩，如图 9-6(b) 所示。因此，不需要原动机增加能量，但此时电枢磁势对转子磁场起纯粹起去磁作用，因而使气隙磁场消弱，$F_\delta^\downarrow = F_f - F_a$，发电机极端电压下降，$U^\downarrow \approx E_0 = B_\delta^\downarrow Lv$（不考虑饱和时 $B_\delta \propto F_\delta$, $F_a \propto I$）要维持极端电压恒定，只有相应增加转子励磁电流。

(3) 容性无功电流使发电机极端电压升高

同步发电机负荷电流 $\dot{I}$ 超前 $\dot{E}_0 90°$（此时 $\dot{I}$ 基本上是容性无功电流）时，电枢磁势产生直轴

电枢反应。直轴电枢磁场与转子电流相互作用产生的电磁力同样不产生力矩,如图9-6(c)所示。因此,不需要原动机增加能量,但此时电枢磁势对转子磁场起助磁作用,因而使气隙磁场增强,发电机极端电压升高,若要维持极端电压恒定,只有相应减少转子励磁电流。

在一般情况下,发电机负荷电流往往呈感性($0°<\psi<90°$),即电枢电流既有有功分量,又有无功分量,也就是发电机既带有功负载,又带感性无功负载。有功电流的变化会影响发电机的转速,从而影响到发电机的频率;无功电流的变化会影响发电机的电压。为了保持发电机的电压和频率的稳定,必须随负载的变化及时调节发电机的输入功率和励磁电流。

综上所述,交轴电枢反应的存在是实现机-电能量转换的关键。

4. 同步电抗

同步电抗分为定子漏抗和电枢反应电抗。

当同步发电机负载运行时,定子绕组电流建立的电枢磁动势基波产生的磁通,大部分经过气隙与转子励磁绕组交链,只有一小部分磁通仅与定子绕组交链。前者称为电枢反应磁通,后者称为漏磁通,而漏磁通又分为定子槽漏磁通和绕组端部漏磁通,如图9-7所示。

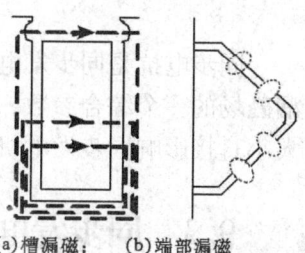

(a)槽漏磁; (b)端部漏磁

图9-7 定子漏磁通

(1) 漏抗

同步发电机与变压器类似,漏电抗可用 x_σ 表征漏磁场的作用,因此,漏磁通在定子绕组中感应漏电动势 $\dot{E}_\sigma$ 可以表示为

$$\dot{E}_\sigma = -J\dot{I}x_\sigma \tag{9-5}$$

定子漏磁通对同步发电机运行性能有很大影响,如槽漏磁通将使到体内的电流产生集肤效应,增加绕组铜损耗;端部漏磁通将使绕组端部附近的压板、螺栓等构件中产生涡流引起局部发热。同时,漏抗还将影响端电压随负载变化的程度,也影响到稳定短路电流和瞬变过程中电流的大小。

(2) 同步电抗

分析同步发电机电枢反应时,通常将负载电流分解为直轴分量和交轴分量,即 $\dot{I} = \dot{I}_d + \dot{I}_q$,直轴分量电流建立直轴电枢磁动势 $\vec{F}_{ad}$,交轴分量电流建立叫轴电枢磁动势 $\vec{F}_{aq}$,并相应产生对应直轴电枢磁通 $\dot{\phi}_{ad}$ 和交轴电枢磁通 $\dot{\phi}_{aq}$,其磁路如图9-8(a)、(b) 所示。

从图9-8(c)所示,凸极同步发电机交轴磁路的磁阻远大于直轴磁路的磁阻。同样可以用直轴电枢反应电抗 x_{ad} 和交轴电枢反应电抗 x_{aq} 分别表示直轴电枢反应磁场和交轴电枢反应磁场的作用。

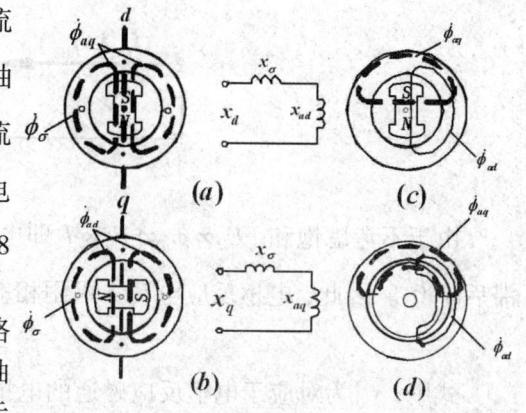

图9-8 同步电机磁路及等值电路

因此,ϕ_{ad} 和 ϕ_{aq} 可在定子绕组中分别感应直轴电枢反应磁动势和交轴电枢反应磁动势

$$\left.\begin{array}{l}\dot{E}_{ad} = -jI_d x_{ad}\\ \dot{E}_{aq} = -jI_q x_{aq}\end{array}\right\} \quad (9-6)$$

对于凸极同步发电机，由于直轴磁阻比交轴磁阻小，故 $x_{ad} >> x_{aq}$，考虑到凸极同步发电机的电枢反应磁场及漏磁场的存在，可用直轴同步电抗 x_d 和交轴同步电抗 x_q 表示

$$\left.\begin{array}{l}x_d = x_\sigma + x_{ad}\\ x_q = x_\sigma + x_{aq}\end{array}\right\} \quad (9-7)$$

对于隐极同步发电机，由于交轴与直轴磁路磁阻相同，如图 9-8(d) 所示，则 $x_{ad} = x_{aq} = x_a$（电枢反应电抗），于是同步电抗

$$x_t = x_\sigma + x_a \quad (9-8)$$

同步电抗是同步发电机的重要参数，表征同步发电机对称稳态运行时，电枢反应磁场和漏磁场的一个综合参数，综合反映了电枢反应磁场和漏磁场对各相电路的作用。同步电抗的大小直接影响同步发电机端电压随负载变化的程度以及运行的稳定性等问题。

9.3 同步发电机的电动势方程式、相量图、等值电路及时空图

凸极同步发电机磁路和隐极同步发电机磁路不同并且相比更为复杂，下面我们将从隐极同步发电机入手，对隐极和凸极同步发电机逐一分析，分析过程中只考虑磁路未饱和情况，故可利用叠加原理。

1. 隐极同步发电机的电动势方程、相量图及等效电路

(1) 电动势方程

隐极同步发电机负荷运行时，气隙中存在着两种磁场，即由交流电枢旋转磁场和转子励磁旋转磁场。在不计饱和的情况下，可以应用叠加原理进行分析，即认为励磁磁势和电枢磁势分别产生对应的基波磁通和电动势，它们之间的物理关系：

$$\begin{array}{l}\dot{I}_f \longrightarrow \bar{F}_f \longrightarrow \dot{\phi}_0 \longrightarrow \dot{E}_0\\ \dot{I}\xrightarrow{(i_U, i_V, i_W)} \dot{F}_a \longrightarrow \dot{\phi}_a \longrightarrow \dot{E}_a\\ \phantom{\dot{I}\xrightarrow{(i_U, i_V, i_W)}} \longrightarrow \dot{\phi}_\sigma \longrightarrow \dot{E}_\sigma\end{array} \Bigg\} \longrightarrow \dot{E}_\delta$$

由于不考虑饱和，$E_a \propto \phi_a \propto F_a \propto I$ 即电枢反应电动势 E_a 正比于电枢电流 I 且相位上 $\dot{E}_a$ 滞后 $\dot{I}$ 90°。因此，电枢反应电动势可用相应的电抗压降来表示

$$\dot{E}_a = -jI x_a \quad (9-10)$$

式中，x_a 为对应于电枢反应磁通的电抗，称为电枢反应电抗。电枢电抗相当于异步电动机中的励磁电抗 x_m。由于同步电机具有较大的空气隙，在数值上 x_a 要比 x_m 小。

电枢磁动势产生与转子无关的漏磁通 ϕ_σ。ϕ_σ 在定子绕组中感应漏磁电动势 E_0，同样可以写成电抗压降的形式

$$\dot{E}_\sigma = -jI x_\sigma \quad (9-11)$$

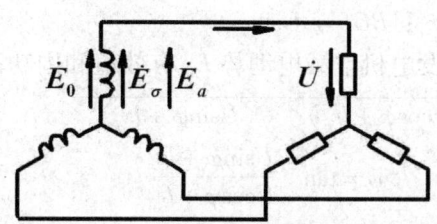

图9-9 同步发电机各电量正方向

图9-9为同步发电机各电量的正方向,由于三相对称,图中仅标一相。根据基尔霍夫回路电压定律,可写出电枢回路的相电动势方程式为

$$\dot{E}_0 + \dot{E}_a + \dot{E}_\sigma = \dot{U} + \dot{I} r_a \tag{9-12}$$

$$\begin{aligned}\dot{E}_0 &= \dot{U} + \dot{I} r_a - \dot{E}_\sigma - \dot{E}_a \\ &= \dot{U} + \dot{I} r_a + j\dot{I} x_\sigma + j\dot{I} x_a \\ &= \dot{U} + \dot{I} r_a + j\dot{I}(x_\sigma + x_a) \\ &= \dot{U} + \dot{I} r_a + j\dot{I} x_t \end{aligned} \tag{9-13}$$

$$\dot{E}_\delta = -\dot{E}_\sigma + \dot{U} + \dot{I} r_a = \dot{U} + \dot{I}(r_a + jx_\sigma) \tag{9-14}$$

式中气隙磁动势 $\dot{E}_\delta = \dot{E}_0 + \dot{E}_a$

因 $r_a \approx 0, x_\sigma \approx 0$

式(9-12)可简化为

$$\dot{E}_0 \approx \dot{U} + \dot{I} x_a \tag{9-15}$$

式(9-14)可简化为

$$\dot{E}_\delta \approx \dot{U} \tag{9-16}$$

(2)相量图

不考虑磁路饱和时,如果已知发电机带负载的情况,即已知 U、I 及 $\cos\varphi$,并且知道发电机的参数 r_a 和 x_t,根据式(9-13)可以画出隐极同步发电机的相量图和简化相量图,如图9-10所示。

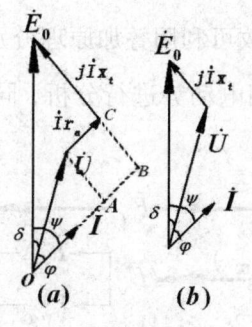

图9-10 不计磁饱和时的隐极同步发电机相量图和简化相量图

从图 9-10(a) 隐极同步发电机相量图辅助线可知：
$|OA| = U\cos\varphi$；$|AB| = Ir_a$；$|BC| = U\sin\varphi$

因此，可求得隐极同步发电机空载电动势 E_0 有效值和内功率因数角 ψ 为

$$E_0 = \sqrt{(U\cos\varphi + Ir_a)^2 + (U\sin\varphi + Ix_t)^2} \qquad (9-17)$$

$$\psi = \tan^{-1}\frac{U\sin\varphi + Ix_t}{U\cos\varphi + Ir_a} \qquad (9-18)$$

(3) 同步发电机的等值电路

根据式 (9-13) 知，隐极同步发电机的等值电路相当于空载励磁电动势 E_0 和同步阻抗 $Z_t = r_a + jx_t$ 的串联的电路，如图 9-11 所示。其中 E_0 反映了励磁磁场的作用，r_a 代表电枢电阻，x_t 反映了漏磁场和电枢反应磁场的总作用。由于这个电路极为简单，而且物理概念明确，故在隐极机分析和工程计算上得到了广泛的应用。

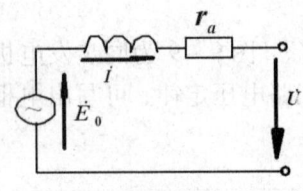

图 9-11 不计磁饱和时的隐极同步发电机的等值电路

(4) 时空图

同步发电机时空图是分析发电机运行的辅助手段，其最大特点是直观、易懂，由式 (9-13) 忽略 r_a 后的简化相量图 9-10(b) 和磁动势与产生磁动势的电流关系，可方便地画出隐极同步发电机时空图，如图 9-12 所示。

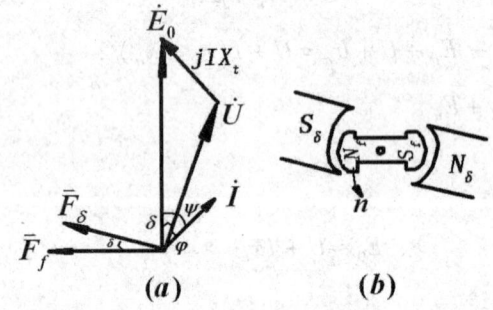

图 9-12 隐极同步发电机时空图及等效磁极图

从图可知，当原动机拖动转子旋转时，转子励磁磁势产生的主机磁场同步旋转，而由于异性磁极相互吸引作用，则必然牵引气隙磁势产生的气隙磁场旋转，这就是同步发电机将输入到转子的机械能转换为定子绕组的输出电能的内在本质。

2. 凸极同步发电机的电压方程和相量图

由于只考虑磁路不饱和情况，故可利用叠加原理分别对励磁电动势 $\vec{F}_f$ 和电枢反应磁动势 $\vec{F}_{ad}$、$\vec{F}_{aq}$ 单独作用时产生的磁通和相电动势进行分析，同时注意漏磁通的影响。凸极同步发电机各电磁量的物理关系如下：

$$\dot{I}_f \longrightarrow \vec{F}_f \longrightarrow \dot{\phi}_0 \longrightarrow \dot{E}_0$$

$$\dot{I} \xrightarrow{(i_U, i_V, i_W)} \vec{F}_a \begin{cases} \vec{F}_{ad} \rightarrow \dot{\phi}_{ad} \rightarrow \dot{E}_{ad} \\ \vec{F}_{aq} \rightarrow \dot{\phi}_{aq} \rightarrow \dot{E}_{aq} \\ \phantom{\vec{F}_{aq}} \rightarrow \dot{\phi}_\sigma \rightarrow \dot{E}_\sigma \end{cases}$$

图 9-13 所示为按发电机惯例假设的凸极同步发电机各电量正方向，由于三相对称，图中仅标一相。

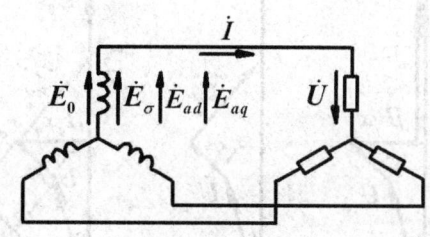

图 9-13 凸极同步发电机各电量正方向

根据基尔霍夫回路电压定律，可写出电枢回路的相电动势方程式为

$$\dot{E}_0 + \dot{E}_\sigma + \dot{E}_{ad} + \dot{E}_{aq} = \dot{U} + \dot{I}r_a \quad (9-19)$$

$$\dot{E}_0 = -\dot{E}_\sigma - \dot{E}_{ad} - \dot{E}_{aq} + \dot{U} + \dot{I}r_a$$

$$= \dot{U} + \dot{I}r_a + j\dot{I}x_\sigma + j\dot{I}_d x_{ad} + j\dot{I}_q x_{aq}$$

由于 $\dot{I} = \dot{I}_d + \dot{I}_q$ 故

$$\dot{E}_0 = \dot{U} + \dot{I}r_a + j(\dot{I}_d + \dot{I}_q)x_\sigma + j\dot{I}_d x_{ad} + j\dot{I}_q x_{aq}$$

$$= \dot{U} + \dot{I}r_a + j\dot{I}_d(x_\sigma + x_{ad}) + j\dot{I}_q(x_\sigma + x_{aq}) \quad (9-20)$$

$$= \dot{U} + \dot{I}r_a + j\dot{I}_d x_d + j\dot{I}_q x_q$$

在已知 U、I、$\cos\phi$ 和电机参数 r_a、x_d、x_q 的情况下，若还已知 $\dot{E}_0$ 和 $\dot{I}$ 之间的相位差 ψ（内功因数角），便可根据电动势平衡方程式（9-20）很容易作出凸极同步发电机相量图，如图 9-14(a) 所示。但内功率因数角 ψ 往往事先并未已知，因而无法直接确定 d 轴和 q 轴的位置，也就无法求得 $\dot{I}_d$ 和 $\dot{I}_q$，相量图显然无法作出。因此，必须首先根据已知的条件先求 ψ 角，即已知 $\dot{I}$ 便就可以确定 $\dot{E}_0$ 的相位，后续作图便可顺理成章完成。

然而如何 $\dot{E}_0$ 的相位呢？为此我们对电动势方程式 9-20 的右边增加 $\pm j\dot{I}_d x_q$

$$\dot{E}_0 = \dot{U} + \dot{I}r_a + j\dot{I}_d x_d + j\dot{I}_q x_q - j\dot{I}_d x_q + j\dot{I}_d x_q$$

$$= \dot{U} + \dot{I}r_a + j(\dot{I}_d + \dot{I}_q)x_q + j\dot{I}_d(x_d - x_q)$$

$$= \dot{U} + \dot{I}r_a + j\dot{I}x_q + j\dot{I}_d(x_d - x_q)$$

对上式进行移项，得

$$\dot{E}_0 - j\dot{I}_d(x_d - x_q) = \dot{U} + \dot{I}r_a + j\dot{I}x_q \quad (9-21)$$

从图 9-14(a) 知，$\dot{E}_0$ 与 $\dot{I}_d$ 垂直，故相量 $-j\dot{I}_d(x_d - x_q)$ 与 $\dot{E}_0$ 同相，所以只要作出式（9-21）右边向量和，即 $(\dot{U} + \dot{I}r_a + j\dot{I}x_q)$ 便可确定 $\dot{E}_0$ 位置线（$\overline{OC}$），如图 9-14(b) 所示。

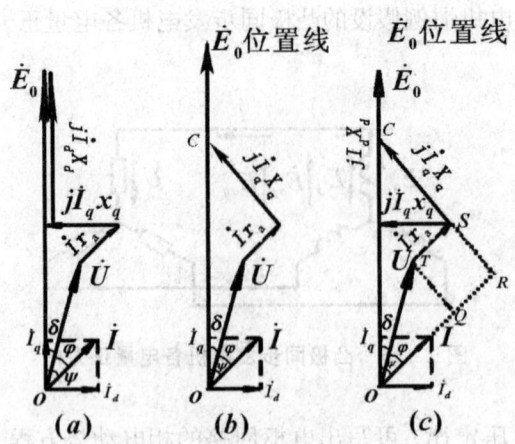

图 9-14 凸极同步发电机相量图
(a)相量图;(b)位置确定图;(c)绘制相量图

作图步骤如下:

(1)以端电压 $\dot{U}$ 作为参照相量,并设置在纵向位置;

(2)根据负载的功率因数角 φ,作出相量 $\dot{I}$;

(3)在相量 $\dot{U}$ 末端作出与 $\dot{I}$ 同相位的相量 $\dot{I}r_a$;

(4)在相量 $\dot{I}r_a$ 末端作出超前相量 $\dot{I}90°$ 的相量 $j\dot{I}x_q$,并将原点 O 与相量 $j\dot{I}x_q$ 末端 C 连接并延长,显然相量 $\dot{E}_0$ 便在线段 $\overline{OC}$ 线上所在直线上,或者说到此确定了 $\dot{E}_0$ 位置线;

(5)按 ψ 角将 $\dot{I}$ 分解成 $\dot{I}_d$ 和 $\dot{I}_q$;

(6)在 $\dot{I}r_a$ 末端连接超前相量 $\dot{I}_q 90°$ 的相量 $j\dot{I}_q x_q$;

(7)在 $j\dot{I}_q x_q$ 末端连接超前相量 $\dot{I}_d 90°$ 的相量 $j\dot{I}_d x_d$;

(8)连接原点 O 与相量 $j\dot{I}_d x_d$ 末端,便可求得相量 $\dot{E}_0$,最终完成凸极同步发电机相量图,如图 9-14(c)所示。

从图图 9-14(c)分析知:$\overline{OQ} = U\cos\varphi$;$\overline{QR} = Ir_a$;$\overline{TQ} = \overline{SR} = U\sin\varphi$;$\overline{CS} = Ix_q$,于是

$$\psi = \tan^{-1} \frac{Ix_q + U\sin\varphi}{Ir_a + U\cos\varphi} \tag{9-22}$$

【应用实例 9-1】 已知一台同步发电机定子绕组 Y 接法,额定电压 $U_N 380V$,$I_N = 165A$,$\cos\varphi_N = 0.8$(滞后),且 $x_d = 36.7\Omega$,$x_q = 22\Omega$,忽略定子绕组 r_a,试求额定负载运行时的 ψ、I_d、I_q、E_0 各为多少(不计饱和影响)?

解:(1)电机参数

$$x_d^* = \frac{I_N x_d}{U_{N(P)}} = \frac{165 \times 36.7}{\frac{10.5}{\sqrt{3}} \times 10^3} = 1.0$$

$$x_q^* = \frac{I_N x_q}{U_{N(P)}} = \frac{165 \times 22}{\frac{10.5}{\sqrt{3}} \times 10^3} = 0.6$$

$$\psi = \tan^{-1}\frac{Ix_q + U\sin\varphi}{Ir_a + U\cos\varphi} = \tan^{-1}\frac{1\times 0.6 + 1\times 0.6}{0 + 1\times 0.8} = 56.3°$$

(2) I_d、I_q、E_0

$$I_d^* = I_N\sin\varphi = 1\times\sin 56.3° = 0.832$$
$$I_q^* = I_N\cos\varphi = 1\times\cos 56.3° = 0.555$$
$$I_d = I_d^* \cdot I_N = 0.832\times 165 = 137.28(A)$$
$$I_q = I_q^* \cdot I_N = 0.555\times 165 = 91.575(A)$$
$$E_0^* = U_{N(P)}\cos(\psi-\varphi) + I_d^* x_d^*$$
$$= 1\times\cos(56.3°-36.8°) + 1\times 0.832$$
$$= 1.775$$
$$E_0 = E_0^* \cdot U_{N(P)} = 1.775\times\frac{10.5}{\sqrt{3}} = 10.76(kV)$$

【本章小结】

在对称负载时，电枢磁场对气隙磁场的影响称为电枢反应，电枢反应的性质取决于负载的性质和电机内部的参数，即取决于励磁电动势 E_0 和电枢电流 I 之间的夹角 ψ 的数值。一般带感性负载运行时，电枢磁动势可分解为交轴电枢反应磁动势和去磁的直轴电枢反应磁动势。交轴电枢反应是机–电能量转换的关键。

基本方程式和相量图对分析同步电动机各物理量之间的关系非常重要。在不考虑饱和时，可认为各个磁通势分别产生磁通及感应电动势，并由此作出电动势方程式及相量图。

【思考题与习题】

9-1 何谓同步发电机的电枢反应？

9-2 有一台 $P_N = 300kW$，$U_N = 380V$ 星形联结，$\cos\varphi_N = 0.85$（滞后）的汽轮发电机，$x_t^* = 2.18$（不饱和），电枢电阻略去不计，当发电机运行在额定情况下，试求：(1) 不饱和的励磁电动势 E_0；(2) 功率角 δ_N；(3) 电磁功率 P_M；(4) 过载能力 λ。

第十章 同步发电机的并联运行

现代电力网将许多不同类型的发电机并列运行,组成强大的电力系统共同向用户供电,以便有效提高整个电力系统运行的稳定性、经济型和安全性。

知识要点	能力要求	相关知识	所占分值（100分）	自评分数
并列条件	理解发电机电压和电网电压：(1)大小相等；(2)相位相同；(3)频率相等；(4)波形相同；(5)相序一致	电压的单位、大小、相位、相序及波形	30	
并列方法	掌握准同期并列方法；掌握自同期并列方法	同期表	30	
静态稳定	理解 $\dfrac{dP_m}{d\delta} > 0$	同步发电机失步	15	
有功、无功调节	(1)了解同步发电机有功功率调节方法；(2)了解同步发电机无功功率调节方法	(1)功角特性 (2)"V"形曲线	25	

【学习目标】 掌握同步发电机并列方法；掌握同步发电机并列运行时的有功无功调节。

【学习要求】 理解同步发电机并列条件,了解同步发电机静态稳定,了解同步发电机 U 形曲线。

【引例】 同步发电机并列在水电厂一直是项技术活,特别是在自动化程度不是很高的过去尤甚,否则,不是转轴受到突然的冲击扭矩而遭损坏,就是导致发电机振动。

10.1 并联运行条件与方法

同步发电机与电力系统并列合闸时,为了避免产生冲击电流,以及维持并列后稳定运行,需要满足一定的并列条件。根据待并发电机励磁情况的不同,并列条件与并列方法也不同。

1. 准同期并列法

(1) 准同期并列条件

同步发电机投入电力系统并联运行,必须具备一定的条件,否则可能造成严重的后果。采用准同期并列,首先使待并发电机处在空载励磁状态下,然后调节发电机使其满足一定的并列条件方可并入电力系统,并列条件如下:

①待并发电机电压 U_F 与电网电压 U 大小相等且波形相同;

②待并发电机电压相位与电网电压相位相同;

③待并发电机的频率 f_F 与电网频率 f 相等;

④待并发电机与电网的相序相同。

上述四个条件中,条件④决定于发电机的旋转方向,制造厂已有明确的规定,同时在发电机出线端标明了相序,只要安装时符合规定要求,条件④也就自然满足;而发电机电压波形在制造电机时已得到保证。这样并联投入时只要调节待并发电机电压大小、相位和频率与电网相同,即满足了并联条件。事实上绝对地符合并联条件只是一种理想,通常允许在小的冲击电流下将发电机投入电网并联运行。以下以隐极同步发电机为例,分别讨论前三个条件其中之一不完全满足时并列,对发电机所造成的不良后果。

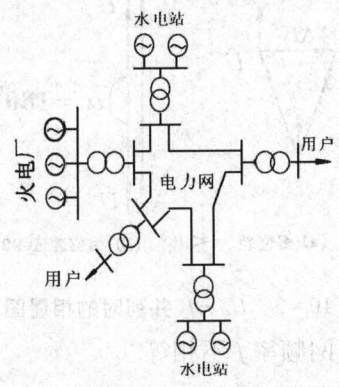

图 10-1 电力系统并列运行发电机

(2) 准同期并列条件分析

①待并发电机电压 U_F 与电网电压 U 大小不相等

当 $\dot{U}_F \neq \dot{U}$ 时,则断路器两端存在电压差 $\Delta \dot{U} = \dot{U}_F - \dot{U}$,在电压差的作用下,发电机与电力系统组成的回路中将产生冲击电流 $\dot{I}_h$,如图 10-2 所示。假定电力系统为无穷大系统(U = 常数,f = 常数,综合阻抗为零),当忽略待并发电机的定子绕组电阻,根据图 10-2(b) 中所示的正方向,断路器合闸时的冲击电流为

$$\dot{I}_h = \frac{\Delta \dot{U}}{jx} = \frac{\dot{U}_F - \dot{U}}{jx} \tag{10-1}$$

式中 x – 发电机并列过程中的电抗，$x < x_t$。

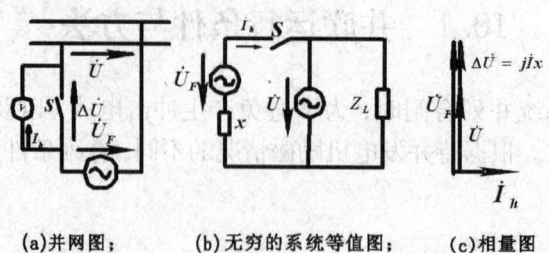

(a)并网图；　　(b)无穷的系统等值图；　　(c)相量图

图10-2　待并发电机与系统并列时的等值电路

根据仅有待并发电机电压 $\dot{U}_F$ 与电网电压 $\dot{U}$ 大小不相等的条件和式(10-1)可作出对应相量图，如图10-2(c)所示。从图可知：$\dot{U}_F$ 与 $\dot{U}$ 同相，滞后 $\Delta \dot{U} 90°$ 为无功性质。由于发电机电抗 x 属于瞬变电抗且其值很小，因此，即使 ΔU 较小，也会产生很大的 I_h，该电流将对发电机定子绕组产生巨大的的电磁力。

②待并发电机电压 $\dot{U}_F$ 与电力系统电压 $\dot{U}$ 不同相

仅当待并发电机电压 $\dot{U}_F$ 与电力系统电压 $\dot{U}$ 不同相时，同样会在断路器两端存在电压差 $\Delta \dot{U} = \dot{U}_F - \dot{U}$，在发电机与电力系统组成的回路中也将产生冲击电流 $\dot{I}_h$，如图10-3所示。当 $\dot{U}_F$ 与 $\dot{U}$ 的相位差达到180°时，ΔU 最大，冲击电流 I_h 也达到极值，其值可达额定电流的20～30倍，巨大的电磁力将损坏发电机。

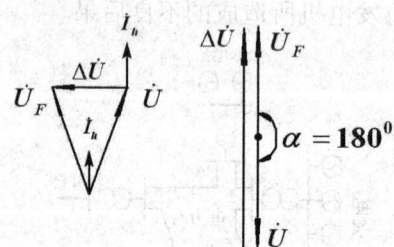

(a)相位差 $\alpha < 90°$　(b)相位差 $\alpha = 90°$

图10-3　$\dot{U}_F \neq \dot{U}$ 并列时的相量图

③待并发电机的频率 f_F 与电网频率 f 不相等

SS 由于频率不等，$\dot{U}_F$ 与 $\dot{U}$ 两相量的旋转角速度也不相等，两相量之间出现了相对运动。若以相量 $\dot{U}$ 作为参照量，则相量 $\dot{U}_F$ 将以角速度 $(\omega_F - \omega)$ 旋转，如图10-4所示。两相量之间的相位差 α 在 0°～360°之间变化，电压差 ΔU 的值忽大忽小，其值在 0～$2U_N$ 之间变化，称为拍振电压。

在拍振电压的作用下，将产生大小和相位都不断变化的拍振电流 $\dot{I}_h$，$\dot{I}_h$ 滞后 $\Delta \dot{U}$ 近90°，拍振电流的有功分量 I_{hp} 和转子磁场相互作用所产生的转矩也时大时小，导致发电机振动。

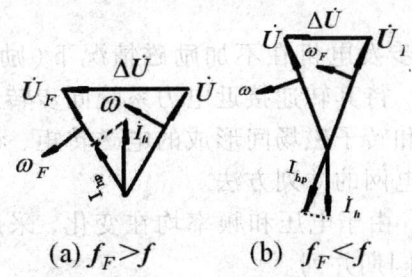

(a) $f_F > f$ (b) $f_F < f$

图 10-4 $f_F \neq f$ 并列时的自整步作用

当频率差较小时，合闸后变化缓慢的电压差 ΔU 将起到"自整步"作用。

当 $f_F > f$ 时，即 $\omega_F > \omega$，如图 10-4(a)，$\dot U_F$ 超前 $\dot U$。图中所示瞬间，$\dot I_h$ 与 $\dot U_F$ 相位差小于 90°，即发电机输出有功功率，其相应的转矩为制动转矩，将使发电机转子减速而拖入同步。

当 $f_F < f$ 时，即 $\omega_F < \omega$，如图 10-4(b)所示。$\dot U_F$ 滞后 $\dot U$。图中所示瞬间，$\dot I_h$ 与 $\dot U_F$ 相位差大于 90°，即发电机从电网吸取有功功率，其相应的转矩为驱动转矩，将使发电机转子增速而牵入同步。

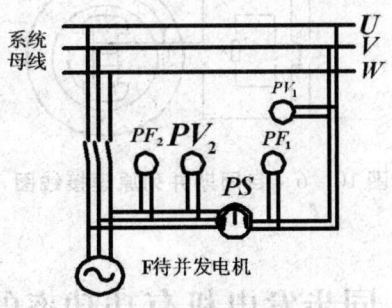

图 10-5   同步表准同期并列原理接线图

通常使待并发电机的频率略高于电力网频率，并且在 $\Delta U = 0$ 的瞬间将待并发电机投入系统。

（3）同步表准同期并列操作

同步表准同期是在仪表的监视下，调节待并发电机的电压和频率，使之符合与电力系统的并列条件，其原理接线如图 10-5 所示。电力系统电压和待并发电机电压分别由电压表 PV1 和 PV2 监视，调节待并发电机的励磁电流，可达到电压调节的目标。电力系统的频率和待并发电机的频率分别由频率表 PF1 和 PF2 监视，调节待并发电机原动机的转速，即可达到频率调节的目标。准同期并列前三个条件均可由同步表 PS 监视，同步表的指针向"快"的方向摆，则表明待并发电机的频率高于电力系统频率，此时应降低待并发电机的转速。反之亦然。调节待并发电机的励磁和转速，使仪表 PV2、PF2 与 PV1、PF1 的读数相同，同步表 PS 的指针偏摆变慢。当同步表 PS 的指针接近红线时，表示待并发电机与电力系统已达到准同期条件，应立即完成并列操作。

并列操作过程包括监视量的条件及并列断路器的投入操作，可由自动准同期装置自动完成，也可由运行人员手动完成。

2. 自同期并列

所谓自同期并列是指同步发电机在不加励磁情况下(励磁绕组经过电阻短接),用原动机拖动起动发电机旋转,待其转速接近电力系统同步转速时迅速合上并联开关,随即加上直流励磁,依靠定子和转子磁场间形成的电磁转矩,将待并发电机转子迅速地牵入同步,使待并发电机投入电网的并列方法。

在电力系统事故状态下,由于电压和频率均在变化,采用准同期并列较为困难,故此时待并发电机往往采用自同期并列。

自同期并列操作原理简图见图 10-6 所示。首先要验证待并发电机相序是否与系统相同,同时待并发电机励磁绕组既不能开路,以免产生高电压并击穿绕组匝间绝缘,但也不能短路,以免合闸瞬间定子电流出现过大的冲击值,因此并列操作时,将发电机的转子绕组经灭弧电阻 R 短接。灭弧电阻阻值约为转子绕组电阻的 10 倍。自同期法操作简单、迅速,缺点是合闸及投入励磁时有电流冲击。

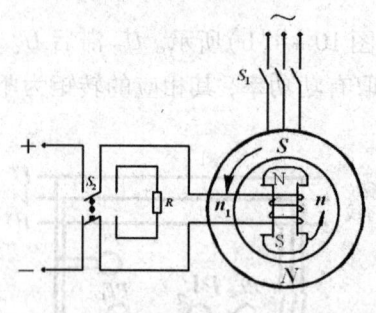

图 10-6 自同期并列原理接线图

10.2 同步发电机有功功率的调节

同步发电机转轴上输入机械功率,通过电磁感应作用转换为电功率输送给负荷,发电机能量传递过程如图 10-7 所示。同步发电机并入电网后,必须向电网输送功率,并根据电力系统的需要随时进行调节,以满足电网中负载变化的需要。下面讨论如何使已并入电网的发电机增加或减少有功功率。

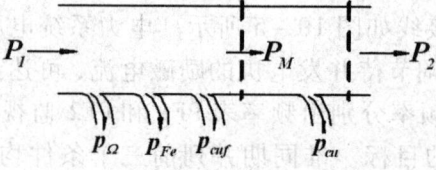

图 10-7 同步发电机的功率流程图

1. 电磁功率和功角特性

从同步发电机功率流程图 10-7 可知,原动机转轴上输入输入机械功率为 P_1,减去机械损耗 p_Ω、铁芯损耗 p_{Fe} 和附加损耗 p_Δ 后,通过电磁感应媒介将机械能转换为电磁功率 P_M 即

$$P_1 - (p_\Omega + p_{Fe} + p_\Delta) = P_1 - p_0 = P_M \tag{10-2}$$

式中 $p_0 = (p_\Omega + p_{Fe} + p_\Delta)$ ——为空载损耗。

对于同轴励磁机，P_1 还应扣除励磁机的输入功率后才是 P_M。

而电磁功率 P_M 再扣除电枢绕组铜损耗 $p_{cu} = 3I^2 r_a$，才为输出的电功率 P_2，即

$$P_2 = P_M - p_{cu} \tag{10-3}$$

对大、中型同步发电机，定子铜损耗不超过额定功率的 1%，可略去不计，则

$$P_M \approx P_2 = mUI\cos\varphi \tag{10-4}$$

(1) 凸极同步发电机功角特性

从图 9-14 凸极同步发电机的相量图可得

$$\begin{aligned}P_M &= mUI\cos(\psi - \delta)\\ &= mUI\cos\psi\cos\delta + mUI\sin\psi\sin\delta\\ &= mUI_q\cos\delta + mUI_d\sin\delta\end{aligned} \tag{10-5}$$

且

$$I_q = \frac{U\sin\delta}{x_q}$$

$$I_d = \frac{E_0 - U\cos\delta}{x_d} \tag{10-6}$$

将式 (10-6) 代入 (10-5) 便有

$$P_M = m\frac{E_0 U}{x_d}\sin\delta + m\frac{U^2}{2}\left(\frac{1}{x_q} - \frac{1}{x_d}\right)\sin 2\delta = P_M' + P_M'' \tag{10-7}$$

$$P_M' = m\frac{E_0 U}{x_d}\sin\delta$$

$$P_M'' = m\frac{U^2}{2}\left(\frac{1}{x_q} - \frac{1}{x_d}\right)\sin 2\delta$$

式中 P_M' — 基本电磁功率；P_M'' — 附加电磁功率。

(2) 隐极同步发电机功角特性

对于隐极同步发电机，由于 $x_d = x_q = x_t$，所以只有基本功率，即

$$P_M = P_M' = m\frac{E_0 U}{x_d}\sin\delta$$

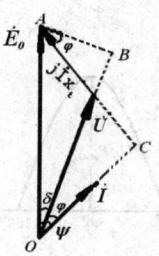

图 10-8　不计磁路饱和时的隐极同步发电机的相量图

也可由隐极同步发电机简化相量图 10-8 得出

因 $\overline{AB} = E_0 \sin\delta$

$\overline{AB} = Ix_t \cos\varphi$

于是有 $I\cos\varphi = \dfrac{E_0\sin\delta}{x_t}$，代入式（10-4）即得

$$P_M = mUI\cos\varphi = \dfrac{E_0 U}{x_t}\sin\delta \tag{10-8}$$

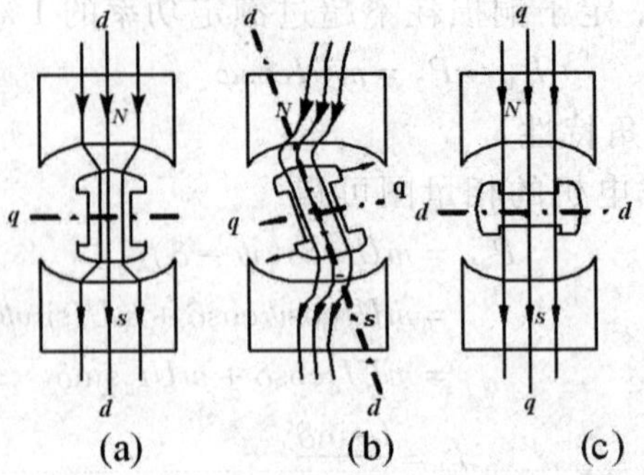

图10-9 产生磁阻转矩的物理模型图

(a)、(b)、(c)分别为旋转磁场轴线与直轴同向、小于90°三种情形

对于凸极同步发电机，因为 $x_d \neq x_q$，电磁功率 P_M 包括两部分，基本电磁功率 P'_M 和附加电磁功率 P_M。从式（10-7）可知，附加功率是由直轴和交轴磁阻不同引起 $x_d \neq x_q$ 造成的，与励磁无关，故附加电磁功率也称磁阻功率。与此相对应，附加功率必然也有一对应的电磁转矩，其物理意义可由图10-9解释：当凸极发电机不加励磁且定子绕组已与系统联结（如自同期并列瞬间），则旋转气隙磁场仍会由定子绕组电流单一产生，图中用等效磁极 N、S 表示。当旋转磁场轴线与转子直轴方向一致时，定子磁路磁阻最小，如图10-9(a)所示；若旋转磁场轴线与转子交轴方向一致时，磁路磁阻最大，如图10-9(c)所示；而其它位置时，磁路磁阻则介于二者之间，如图10-9(b)所示。从图可知，当旋转磁场轴线与转子直轴方向错开一个角度δ时，磁力线将被拉长并扭曲，由于磁力线有择取最小磁阻路径的本能，因此，当可旋转的转子 d 轴或 q 轴与旋转磁场轴线不相一致时，必然存在一个是其回复的转矩，也就是所说的附加电磁转矩。

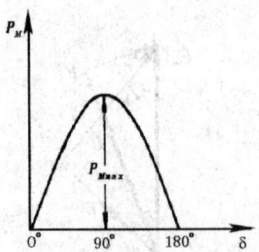

图10-10 同步发电机的功角特性

从式（10-8）可知：当电网电压 U = 常数，f = 常数，参数 x_t = 常数，励磁电动势 E_0 不变（即 I_f 不变）时，同步发电机的电磁功率只决定于 E_0 与 U 的夹角功角δ，由此便得到同步电机的功角特性 $P_M = f(\delta)$，如图10-10所示。

当 $0° < \delta < 90°$ 功角δ增加，电磁功率 P_M 跟着增加；当 $\delta = 90°$ 时，电磁功率达到极限值

$P_{Mmax} = m \dfrac{E_0 U}{x_d}$；当 $\delta > 180°$ 时，电磁功率由正变负，这说明发电机不再向电网输送有功功率，而是从电网吸收有功功率，此时电机转入电动机运行状态。

将隐极同步发电机时空图及等效磁极图 9-12(a)、(b) 合二为一，可得到功角物理意义图，如图 10-11。从图可知：功角 δ 有着双重物理意义，由于电机的漏阻抗远小于同步电抗，因此电动势 $\dot{E}_0$ 和电压 $\dot{U}$ 间的时间相角差 δ，与 $\dot{E}_0$ 与气隙电动势 $\dot{E}_\delta$ 间的夹角 δ_i（内功率角）近乎相等，即 $\delta_i = \delta$。又由于 δ_i 也就是空间矢量 $\vec{F}_f$ 和 $\vec{F}_\delta$ 的夹角，因而功角又可近似认为是 $\vec{F}_f$ 和 $\vec{F}_\delta$ 的空间相角差，也即是转子主磁场轴线和气隙合成等效磁场轴线在空间的夹角。对功角的正负作如下规定：沿着转子旋转方向 $\dot{E}_0$ 超前 $\dot{U}$，功率角 δ 为正，这表明 $\vec{F}_f$ 超前 $\vec{F}_\delta$，对应的电磁功率 P_M 为正，同步电机输出有功功率，即工作于发电机状态；若 $\dot{E}_0$ 滞后于 $\dot{U}$，则功率角为负值，这表明 $\vec{F}_f$ 滞后于 $\vec{F}_\delta$，对应的 P_M 为负，同步电机自电网吸取有功功率，同步电机工作于电动机状态。

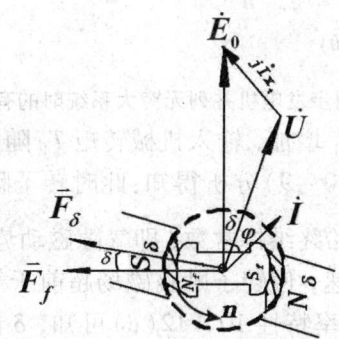

图 10-11 功角的物理意义

2. 同步发电机有功功率的调节

现代电力系统的显著特点就是容量愈来愈大，其电压和频率不受负载变化或其它扰动影响而维持常量，即所谓无穷大系统。以下以隐极发电机为例，分析同步发电机有功功率调节特点。

假定隐极同步发电机励磁电流不变且略去磁路饱和的影响和电枢电阻。

准同期并列初始，同步发电机尚处于空载状态，此时发电机的输入机械功率 P_1 恰好和空载损耗 p_0 平衡，没有多余的部分可以转化为电磁功率（$P_M = 0$），即 $P_1 = p_0$，$T_1 = T_0$，根据转矩方程

$$T_1 - T_L = J \dfrac{d\Omega}{dt} \quad (10-9)$$

$$T_L = T_M + T_0$$

$$\delta = \Omega t$$

式中 T_1—发电机机械输入转矩；T_L—发电机制动转矩；T_M—电磁制动转矩；T_0—空载转矩；Ω—机械角速度。

由转矩方程(10-9)分析得知：由于空载时由于 $T_1 = T_0$，因此 $\delta = 0$；由于空载时 $P_M = 0$，从

同步电机功角特性，图10-12(c)同样可以得到δ=0的结论。

从同步发电机时空图和等效磁极图10-12(a)可以想象地看到，空载时原动机输入的机械功率T_1仅需克服空载转矩T_0即可，励磁磁动势$\vec{F_f}$轴线与气隙磁动势$\vec{F_\delta}$轴线重合，它们之间的夹角δ=0，发电机不向电网输送电能。

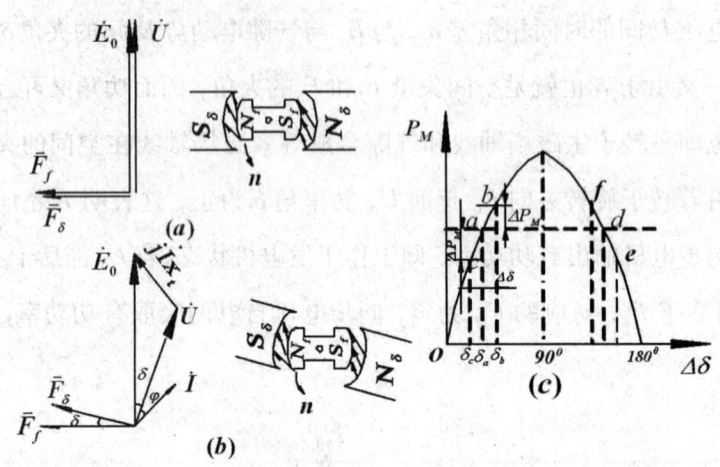

图10-12 同步发电机并列无穷大系统时的有功功率调节

当原动机的机械输入功率P_1增加，输入机械转矩T_1随之增大，这时$T_1 > T_0$，出现了剩余转矩$T_1 - T_0$，从式转矩方程(10-9)分析得知：此时转子瞬时加速，原来的平衡状态被打破，而无穷大系统的电压和频率始终维持常数，即气隙磁动势$\vec{F_\delta}$产生的气隙磁场的大小和转速固定不变，因此，只有转子加速，使转子励磁磁场超前于气隙磁场，出现一个正的角位移δ，如图10-12(b)所示。而由功率特性10-12(c)可知，δ的增大，引起电磁功率P_M的增大，发电机便有了输出电功率($P_2 = P_M - p_{cu}$)，当δ增大到某一数值，$P_1 = P_M + P_0$时，对应的$T_1 = T_M + T_0$，转子加速停止，发电机达到一个新的平衡。

由此可见，要调节同步发电机的有功功率的输出，就必须调节来自原动机输入的机械功率，这时发电机内部会自行改变功角δ，相应地改变电磁功率和输出功率，达到新的平衡状态。

需要说明的是：并不是无限制地加大发电机的输入功率，发电机的输出总会相应增大。当功率角达到90°时，电磁功率将达到功率的极限值P_{Mmax}，若再增加输入，剩余功率将使转子继续加速，δ角继续增大，电磁功率反而减小，结果使得电机的转速连续上升直至失步，或叫做失去"静态稳定"。

3. 静态稳定

所谓"静态稳定"是指电网或原动机方面出现某些微小扰动时，同步发电机能在这种瞬时扰动消除后，继续保持原来的平衡运行状态。反之则是静态不稳定。如图10-12(c)中的a点是静态稳定的，而d点是静态不稳定的。

假设发电机运行在a点，输入功率为P_1，电磁功率为P_{Ma}，$P_1 = P_{Ma} + p_0$，则电机稳定运行在a点且功角为δ_a，假若因某种原因使得原动机的输入功率瞬时增加了$\triangle P_1$，使得发电机加速，转子的功角从δ_a增至$\delta_b = \delta_a + \triangle\delta$，由图可见，发电机的电磁功率也增大了$\triangle P_M$，电磁功率变为$P_{Mb} = P_{Ma} + \triangle P_M$，发电机运行到$b$点。

当扰动消失（$\triangle P_1 = 0$）时，由于发电机的输入功率仍维持原来的数值 P_1，而电磁功率已变为 P_{Mb}，显然这时功率平衡已被破坏（$P_1 < P_{Mb} + p_0$），转子将减速，功角自 δ_b 开始减少，直至回复 δ_a，使得功率重新趋于平衡，发电机又恢复到 a 点稳定运行。

与此类似，若某种瞬时小扰动使得 P_1 减小，则转子减速，功角从 δ_a 变为 δ_c，电磁功率减小 $\triangle P_{Mc}$ 变为 P_{Mc}，当扰动消失，由于功率关系变为 $P_1 > P_{Mc} + p_0$，转子将加速，功角增大，待到功角重新回复到 δ_a 时，功率才又趋平衡，发电机也能恢复到 a 点稳定运行。

类似的分析可以得到，若发电机原来工作在 d 点，当发电机受到一个小的瞬时扰动后，它的工作点不能再恢复到 d 点。不是功角不断地增大，转子不断加速而失步，就是功角不断减小，最后达到工作点 a。因此我们说 d 点静态不稳定。

分析表明：凡处于功角特性曲线上升部分的工作点均静态稳定；下降部分的工作点静态不稳定。或者说功角特性单调上升静态稳定，单调下降静态不稳定。其静态稳定条件的数学表达式为

$$\frac{dP_M}{d\delta} > 0 \qquad (10-10)$$

显然 $\frac{dP_M}{d\delta} = 0$ 就是同步发电机静态稳定的极限。而 $\frac{dP_M}{d\delta} < 0$ 发电机静态不稳定。可见 $\frac{dP_M}{d\delta}$ 的正负和大小表征同步发电机抗干扰保持静态稳定的能力，故将它称为稳比整步功率，用 P_{syn} 表示。

对于隐极机来说

$$P_{syn} = \frac{dP_M}{d\delta} = m\frac{E_0 U}{x_t}\cos\delta \qquad (10-11)$$

可见，功角 δ 在 $0°\sim90°$ 范围内 $P_{syn} > 0$，发电机静态稳定，且 δ 值愈小 P_{syn} 愈大，发电机稳定性愈好。而功角 δ 在 $90°\sim180°$ 范围，$P_{syn} < 0$，因此发电机静态不稳定。

为了使同步发电机能稳定运行，在电机设计时，就使发电机的极限功率比其额定功率大一定的倍数，这个倍数称为静态过载能力，用 λ 表示。对于隐极机

$$\lambda = \frac{P_{Mmax}}{P_N} = \frac{m\dfrac{E_0 U}{x_t}}{m\dfrac{E_0 U}{x_t}\sin\delta_N} = \frac{1}{\sin\delta_N} \qquad (10-12)$$

一般要求 $\lambda > 1.7$，通常在 $1.7\sim3$ 之间，与此对应的发电机额定运行时的功率角 δ_N 在 $25°\sim35°$ 左右。

10.3 同步发电机的无功功率调节及 V 形曲线

从能量守恒的观点来看，同步发电机与电网并列运行时，如果仅调节无功功率，是不需要改变原动机的输入功率的。只要调节励磁电流，就可改变同步发电机发出的无功功率，调节无功功率，对有功功率不会产生影响；但调节无功功率将改变功率极限值和功角的大小，从而影响静态稳定度。另外需指出的是，当调节有功功率时，由于功角大小发生变化，无功

功率也随之改变。

下面仍以隐极同步发电机为例，不计磁路饱和的影响且忽略电枢电阻。当发电机的端电压恒定，在保持发电机输出的有功功率不变时，应有

$$P_M = m\frac{E_0 U}{x_t}\sin\delta = 常数，即 E_0\sin\delta = 常数 \quad (10-13)$$

$$P_2 = mUI\cos\varphi = 常数，即 I\cos\varphi = 常数 \quad (10-14)$$

式(10-13)和式(10-14)表明：在输出恒定的有功功率时，如调节励磁电流，电动势相量 $\dot{E}_0$ 端点的轨迹为图10-5中的 CD 线，电流相量 $\dot{I}$ 端点的轨迹为 AB 线。不同励磁电流时的 $\dot{E}_0$ 和 $\dot{I}$ 的相量端点在轨迹线上有不同的位置。

在图10-13中，E_0 为正常励磁电流下功率因数为1时的空载电动势，即电枢电流全为有功分量。当过励时，$I_f > I_{f0}$，从而 $E_{01} > E_0$，则电枢电流 I_1 除有功电流分量 I_{1p} 外，还出现一个滞后的无功分量 I_{1q}，向电网输出一个感性的无功功率。反之，当欠励时，$I_f < I_{f0}$，$E_{01} < E_0$，则电枢电流 I_2 中除有功分量 I_{2p} 外，还出现一个超前的无功分量 I_{2q}，向电网输出一个容性的无功功率，即从电网吸收感性无功功率。如果进一步减少励磁电流，E_0 将更小，功率角将增大，当 $\delta = 90°$ 时，发电机达到稳定运行的极限。若再进一步减小励磁电流，发电机将失去同步。

在有功功率保持不变时，表示电枢电流 I 和励磁电流 I_f 的关系曲线 $I = f(I_f)$，由于其形状像字母"V"，故称为V形曲线，如图10-14所示。由图可见，对应于不同的有功功率都可作出一条V形曲线，功率值越大，曲线越上移。每条曲线的最低点，表示 $\cos\varphi = 1$，这点的电枢电流最小，全为有功分量，这点的励磁就是"正常励磁"。将各曲线最低点连接起来得到一条 $\cos\varphi = 1$ 的曲线，在这条曲线的右面，发电机处于过励状态，输出感性的无功功率；在该曲线的左面，发电机处于欠励状态，输出容性无功功率。V形曲线左侧有一个不稳定区，对应于 $\delta > 90°$。

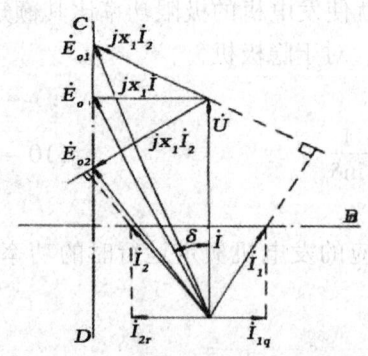 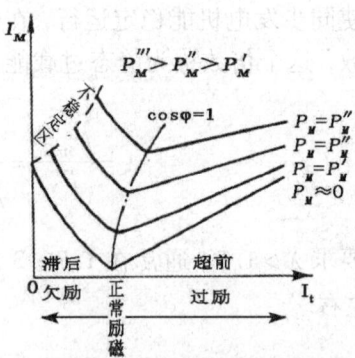

图10-13　不同励磁电流时同步发电机的相量图　　图10-14　同步发电机的V形曲线

【应用实例10-1】 一台三相隐极同步发电机与无穷大电网并联运行，电网电压为380V，发电机定子绕组为Y联结，每相同步电抗 $x_t = 1.2\Omega$，此发电机向电网输出线电流 $I = 69.5A$，空载相电动势 $E_0 = 270V$，$\cos\varphi = 0.8$(滞后)。若减小励磁电流使相电动势 $E_0 = 250V$，保持原动机输入功率不变，若不计定子电阻，试求：(1)改变励磁电流前发电机输出的有功功率和无功功率；(2)改变励磁电流后发电机输出的有功功率、无功功率、功率因数及定子电流。

[解]　(1)改变励磁电流前，输出的有功功率为输出的无功功率

$$P_2 = \sqrt{3}UI\cos\varphi = \sqrt{3} \times 380 \times 69.5 \times 0.8 = 36600\text{W}$$

输出的无功功率
$$Q_2 = \sqrt{3}UI\sin\varphi = \sqrt{3} \times 380 \times 69.5 \times 0.6 = 27400\text{Var}$$

(2)改变励磁电流后因不计电阻,所以

$$P_2 = P_M = 3\frac{E_0 U}{x_t}\sin\delta$$

$$\sin\delta = \frac{P_2 x_t}{3E_0 U} = \frac{36600 \times 1.2}{3 \times 250 \times 220} = 0.266$$

所以 $\delta = 15.4°$

根据相量图知

$$\psi = \tan^{-1}\frac{E_0 - U\cos\delta}{U\sin\delta} = \tan^{-1}\frac{250 - 220\cos15.4°}{220 \times 0.266}$$

$$\varphi' = \psi - \delta = 33° - 15.4° = 17.6°$$

故 $\cos\varphi' = \cos17.6° = 0.953$

因为有功功率不变,即 $I\cos\varphi = I'\cos\varphi' = $ 常数

故改变励磁电流后,定子电流为

$$I' = \frac{I\cos\varphi}{\cos\varphi'} = \frac{69.5 \times 0.8}{0.953} = 58.3\text{A}$$

有功功率不变 $P_2 = \sqrt{3}UI'\cos\varphi' = \sqrt{3} \times 380 \times 58.3 \times 0.953 = 36600\text{W}$

向电网输出的无功功率 $Q_2 = \sqrt{3}UI'\sin\varphi' = \sqrt{3} \times 380 \times 58.3\sin17.6° = 11600\text{Var}$

10.4 同步电动机

同步电机与其他旋转电机一样也是可逆的,即可以作为发电机运行,也可以作为电动机运行,完全取决于它的输入功率是机械功率还是电功率。作发电机运行时,除向电力系统输送有功功率外,还可以向电力系统输送感性无功功率;作电动机运行时,从电网吸收有功功率,并吸收感性无功功率励磁。

同步电动机具有功率因数高的优点,在恒速大功率拖动的场合,同步电动机的经济性能和技术性能均比异步电动机优越。因此,在驱动大型空气压缩机、球磨机、鼓风机和水泵等机械设备多采用同步电动机。

同步电动机还可用作调相运行,用以改善电力系统功率因数,维持电力系统电压稳定。

1. 同步电机调相运行

同步电机调相运行,实质上就是同步电机在不带任何负载的情况下,专门向电力系统输送感性无功功率的空载运行状态。其维持空在转动和补偿各种损耗均取自电力系统。下面以隐极同步发电机为例进行分析。

(1)同步电机从发电运行状态向电动机运行状态过渡的物理过程

若发电机已并列无穷大电力系统,向电力系统输送有功功率和无功功率,转子磁极轴线超前气隙等效磁极轴线一个正直的 δ 功角,转子磁极拖动气隙等效磁极以同步转速旋转。电机产生的电磁功率为正值(制动功率),电磁转矩与原动机驱动转矩相平衡,即 $T_1 = T_M + T_0$,原动机

输入的机械功率转换为电功率输送电力系统,即运行在发电机状态。如图 10-15(a)所示。

若减少原动机输入的机械功率,功角和电磁功率均随之减少,当从原动机输入的机械功率减少到只能抵偿发电机空载损耗并维持空载转动时,即 $T_1 = T_0$,发电机的电磁转矩 T_M 和对应功角 δ 均为零,如图 10-15(b)所示。此时发电机处于不输出有功功率的发电机空载运行状态。若继续减少从原动机输入的机械功率,即关闭原动机汽门或水门,转子磁极开始落后气隙等效磁极,但仍以同步转速旋转,功角 δ 开始变为负值,电磁功率 P_M 和电磁转矩 T_M 也变为负值(驱动转矩),电机开始从电力系统吸收空在转动所需的少量有功功率,同步电机处于电动机空载运行状态。此时,调节励磁电流,仅向电力系统输送感性无功功率,同步电动机将处于调相运行状态。如果在轴上加上机械负载,机械负载产生的制动转矩将使转子磁极更为滞后,负值功角 $|\delta|$ 将会增大,从电力系统吸收的电功率和作为驱动转矩的电磁功率也将变大,以平衡电动机的输出机械功率,故此时同步电机处于电动机负载运行状态。如图 10-15(c)所示。

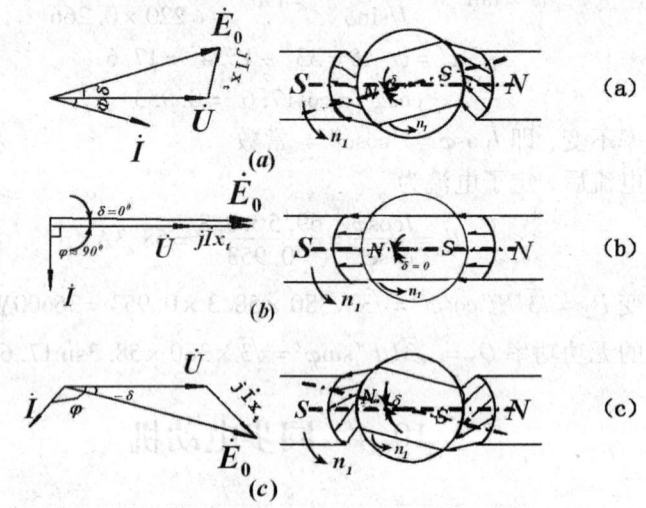

图 10-15 同步发电机过渡同步电动机的过程
(a)发电机负载运行;(b)发电机空载;(c)电动机负载运行

综上分析,同步电机可由如下几种运行状态:

(1) $0° < \delta < 90°$,同步电机处于发电机运行状态,向电网输送有功功率,同时可向电力系统输送或吸收无功功率。

(2) $\delta = 0°$,同步电机处于发电机空载运行状态,只向电力系统输送或吸收无功功率。

(3) $-90° < \delta < 0°$,同步电机处于电动机负载运行,从电力系统吸收有功功率,同时可向电力系统输送或吸收无功功率。

(4) $\delta \approx 0°$(负值),同步电机处于电动机空载运行状态,从电力系统吸收少量有功功率以抵偿电机空在运转所需的各种损耗,,并可向电力系统输送或吸收无功功率,此时为同步机调相运行状态。

2. 同步电动机的 V 形曲线

按照电动机惯例假定正方向,隐极同步电动机的等值电路如图 10-16 所示。其对应电动势方程式为

$$\dot{U} = \dot{E}_0 + \dot{I}_M r_a + j\dot{I}_M x_t \tag{10-15}$$

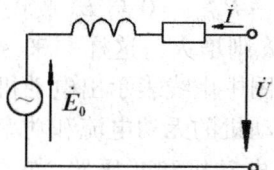

图 10-16 同步调相机等值电路

同步电动机的电磁功率 P_M 与功率角 δ 的关系，与发电机的 P_M 与 δ 关系一样，所不同的是在电动机中功率角 δ 变为负值。因此，只需在发电机的电磁功率公式中用 $\delta_M = -\delta$ 代替 δ 即可。于是，同步电动机电磁功率公式为

$$P_M = \frac{mE_0 U}{x_t} \sin\delta_M \qquad (10-16)$$

与同步发电机相似，当同步电动机输出的有功功率恒定而改变其励磁电流时，也可以调节电动机的无功功率输出。为简单起见，仍以隐极电机为例，不计电枢电阻和磁路饱和的影响，且认为空载损耗不变，则电动机的电磁功率即为输入功率不变，即：

$$P_M = \frac{mE_0 U}{x_t} \sin\delta_M = 常数，即 E_0 \sin\delta = 常数$$

$$P_2 = mUI_M \cos\varphi = 常数，即 I_M \cos\varphi = 常数$$

由图 10-17 所示，当励磁电流变化时，$\dot{E}_0$ 的端点将在垂直线 CD 上移动，$\dot{I}_M$ 的端点将在水平线 AB 上移动。正常励磁时，电动机的功率因数等于 1，电枢电流全部为有功电流，故电流的数值最小。当励磁电流大于正常励磁电流，即 $I_f > I_{f0}$，电动机处于过励状态，除有功电流外，电枢电流还将出现一个超前的无功电流分量，即电枢电流增大。当励磁电流小于正常励磁电流，即 $I_f < I_{f0}$，电动机处于欠励状态，电枢电流将出现一个滞后的无功电流分量，即电枢电流也增大。所以电动机在过励时，自电网吸取超前的无功电流和无功功率，功率因数是超前的。在欠励时，自电网吸取滞后的无功电流和无功功率，功率因数是滞后的。

由以上分析可知，同步电动机在输出有功功率恒定的情况下，励磁电流的改变将引起电枢电流的变化，曲线 $I_M = f(I_f)$ 仍旧形似 V 形，故称为同步电动机的 V 形曲线，如图 10-18 所示。图中所示为对应于不同的电磁功率时的 V 形曲线，其中 $P_M = 0$ 的一条曲线对应于同步调相机的运行状态。

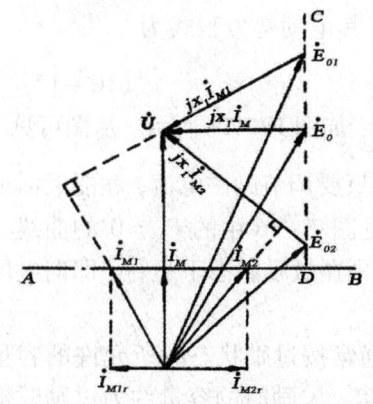
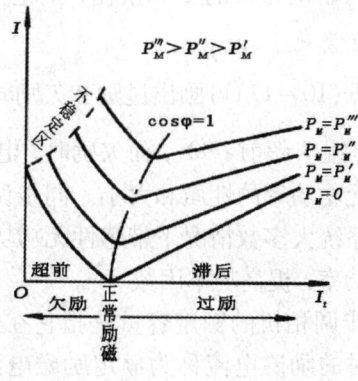

图 10-17 同步电动机励磁电流变化时的相量图　　图 10-18 同步电动机的 V 形曲线

由于同步电动机的最大电磁功率 $P_{Mmax}=0$ 与 E_0 成正比，所以，当减小励磁电流时，其过载能力也要降低，而对应的功率角 δ 则增大。这样一来，当励磁电流减小到一定数值时，电动机就不能稳定运行而失去同步。图中虚线表示出电动机不稳定区的界限。

调节励磁电流可以调节同步电动机的无功电流和功率因数，这是同步电动机最可贵的特点。由于电网上的主要负载是感应电动机和变压器，它们都要从电网中吸取感性的无功功率。如果将同步电动机工作在过励状态，从电网吸取容性无功功率，则可就地向其他感性负载提供感性无功功率，从而提高电网的功率因数。因此，为了改善电网的功率因数和提高电机的过载能力，现代同步电动机的额定功率因数一般均设计为 1~0.8（超前）。

3. 同步电动机调相运行及同步调相机

接到电网上的负载，除少数外，绝大多数负载既消耗有功功率，也消耗无功功率，因此电力系统除了要供给负载有功功率外还供给无功功率。一个现代化的电力系统，异步电动机负载需要的无功功率占电网供给的总无功功率的 70%，变压器 20%，其它设备占 10%。这些无功功率完全由电网供给，就会导致功率因数的降低。电网的传输能力是一定的，负载功率因数越低，电网能输送到用电点的有功功率越小，致使整个电力系统的设备利用率降低，此外由于功率因数降低，也使得线路损耗和压降增大，同时输电质量下降，运行很不经济。为此在负载需要大量无功功率的用电点，装上同步调相机补偿负载所需的无功功率来提高电网的功率因数。另外，还可以让同步电动机作调相运行向电网提供无功功率。

（1）同步电动机调相运行

同步电动机处于空载运行状态，从电力系统吸收少量有功功率，抵偿电机运转的各种损耗，并向电力系统送出无功功率，即为同步电动机调相运行。其方式为增加转子励磁电流，使电机在过励状态下运行，向电网输送无功功率，此时，应当控制转子电流和定子电流不超过额定值，定子端电压不超过额定值的 10%。

（2）同步调相机

通常所说的发电机和电动机，仅指有功功率而言，当电机向电网输出有功功率时便为发电机运行，当电机从电网吸收有功功率时便为电动机运行。同步电机也可以专门供给无功功率，特别是感性无功功率，这种专供无功功率的同步电机称为同步调相机或同步补偿机。

同步调相机实际上就是一台在空载运行情况下的同步电动机。它从电网吸收的有功功率仅供给电机本身的损耗，因此同步调相机总是在接近于零的电磁功率和零功率因数的情况下运行。忽略调相机的全部损耗，则电枢电流全是无功分量，其电动势方程式为

$$\dot{U}=\dot{E}_0+j\dot{I}x_t \qquad (10-17)$$

根据(10-17)可画出过励和欠励时同步调相机的相量图，如图 10-19 所示。从图可见，过励时，电流 $\dot{I}$ 超前 $\dot{U}90°$，而欠励时，电流 $\dot{I}$ 滞后 $\dot{U}90°$。所以只要调节励磁电流，就能灵活地调节它的无功功率的性质和大小。同步调相机的 V 形曲线参见图 7-16 中的 $P_M=0$ 的曲线。由于电力系统大多数情况下带感性无功功率，故调相机通常都是在过励状态下运行，即向电网提高无功功率，提高功率因数。

同步调相机的额定容量是指它在过励时的视在功率，通常按过励状态时所允许的容量而定，这时的励磁电流称为额定励磁电流。考虑到稳定等因素，欠励时的容量约为过励时额定容量的 50%~65%。同步调相机一般采用凸极式结构，由于转轴上不带机械负载，故在机械

第十章 同步发电机的并联运行构

结构上要求较低，转轴较细。静态过载倍数也可以小些，相应地可以减小气隙和励磁绕组的用铜量。为节省材料，调相机的转速较高。调相机的转子上装有鼠笼绕组，作异步起动之用。起动时常采用电抗器降压法，以限制起动电流和起动时对电网的影响。

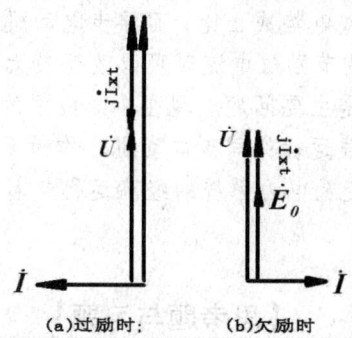

图 10-19 同步调相机相量图

【应用实例 10-2】 某工厂电源电压为 6000V，厂中使用了许多台异步电动机，设其总输出功率为 1500kW，平均效率为 70%，功率因数为 0.7（滞后），由于生产需要又增添一台同步电动机。设当该同步电动机的功率因数为 0.8（超前）时，已将全厂的功率因数调整到 1，求此同步电动机承担多少视在功率（kVA）和有功功率（kW）。

[解] 这些异步电动机总的视在功率 S 为

$$S = \frac{P_2}{\eta \cos\varphi} = \frac{1500}{0.7 \times 0.7} = 3060 \text{kVA}$$

由于 $\cos\varphi = 0.7$，$\sin\varphi = 0.713$

故这些异步电动机总的无功功率 Q 为

$$Q = S\sin\varphi = 3060 \times 0.713 = 2185 \text{kVar}$$

同步电动机运行后，$\cos\varphi = 1$，故全厂的感性无功全由该同步电动机提供，即有

$$Q' = Q = 2185 \text{kVar}$$

因 $\cos\varphi' = 0.8$，$\sin\varphi' = 0.6$，故同步电动机的视在功率为

$$S' = \frac{Q'_2}{\sin\varphi'} = \frac{2185}{0.6} = 3640 \text{kVA}$$

有功功率为 $P' = S'\cos\varphi' = 3640 \times 0.8 = 2910 \text{kW}$

【本章小结】

并联运行的主要特性是功角特性，用它可以分析同步发电机并入电网后的有功功率和无功功率的调节方法。若要调节输出的有功功率，必须改变原动机输出机械功率，此时无功功率随之改变。有功功率的调节表现为功率角的变化。而当要调节无功功率输出时，只要改变励磁电流大小，此时有功功率输出不变。无功功率的调节表现为空载电动势和功率角同时变化。有功功率的调节受到静态稳定的限制，而调节励磁电流以改变无功功率时，如果励磁电流调得过低，则也有可能使电机失去稳定而被迫停止运行。

同步电动机与同步发电机的区别在于有功功率的传递方向不同。同步发电机向电网输送有功功率，因而功率角为正值。同步电动机从电网吸收有功功率，因而功率角为负值。

同步电动机主要优点是：1. 转速恒定。只要负载在允许的范围内变化，电动机的转速就始终保持同步；2. 功率因数可调节。不但本身具有很好的功率因数，而且过励状态时还可以改善电网的功率因数；3. 电网电压变化时，过载能力变化小。对隐极机而言，同步电动机的最大电磁转矩与电网电压及空载电势成正比，而异步电动机的最大电磁转矩与电网电压的平方成正比，另外同步电动机当调节励磁电流时可以改变最大电磁转矩。

同步电动机不能自行起动是主要问题。现在广泛应用的是异步起动法。

同步调相机实质上就是空载运行的同步电动机。作为无功功率电源，同步调相机对改善电网的功率因数，保持电压稳定及电力系统的经济运行起着重要的作用。

【思考题与习题】

10-1 试简述三相同步发电机投入并联的条件。为什么通常不采用自同期法并车？为什么在采用自同期法并车时，励磁绕组需串电阻短路？

10-2 从同步发电机过渡到同步电动机时，功率角，电枢电流，电磁转矩的大小和方向有何变化？

10-3 改变励磁电流时，同步电动机的定子电流发生什么变化？对电网有什么影响？

10-4 什么叫同步电动机的 V 形曲线？它有什么用途？

10-5 同步电动机为什么不能自行起动？一般采用哪些起动方法？

10-6 三相异步电动机采用异步起动法时，为什么其励磁绕组要先经过附加电阻短接？

10-7 某工厂自 6000V 的电网上吸取 $\cos\varphi_N = 0.6$ 的电功率 2000kW，今装一台同步电动机，容量为 720kW，效率 0.9，Y 联结，求功率因数提高到 0.8 时，同步电动机的额定功率和 $\cos\varphi_N$。

第四篇 直流电机

第四篇 宜兴史林

第十一章 直流电机

直流电机是将直流电能和机械能相互转换的电机。它既可用作发电机将机械能转变为直流电能，又可用作电动机将直流电能转换为机械能。

直流电动机与交流电机相比，具有良好的调速性能，较大的起动转矩和过载能力大等优点，多用于对起动和调速要求较高的生产机械，如轧钢机、电力牵引、挖掘机械、纺织机械等，但直流电机结构复杂、金属耗量大且运行维护困难。

直流发电机具有电压波形好、过载能力大的特点。主要用作同步发电机的励磁机，化学工业中的电镀、电解等设备的直流电源。随着电力电子技术的发展，由晶闸管整流元件组成的直流电源设备将逐步取代直流发电机。

本章以直流电动机为重点，介绍其工作原理、结构和工作性能。

知识要点	能力要求	相关知识	所占分值（100分）	自评分数
基本结构	(1) 了解直流电机定子组成； (2) 了解直流电机转子组成	铁芯、绕组	15	
基本工作原理	(1) 了解电刷装置结构、组成及功用； (2) 了解换向器结构及功用	石墨、云母、铜镉合金特征	15	
起动方法	(1) 电枢回路中串接起动电阻； (2) 降低电枢端电压起动	电动势平衡方程式	20	
调速方法	(1) 改变串接电枢回路中的电阻调速； (2) 改变电枢端电压调速； (3) 改变励磁电流调速	机械特性	20	
常见故障及处理方法	(1) 熟悉直流电机常见故障种类； (2) 了解产生常见故障的原因； (3) 掌握常见故障的处理方法	直流电机检修规程、规范	30	

【学习目标】 了解直流电机的基本结构，掌握直流电机的工作原理，掌握直流电动机的起动和调速方法，熟悉直流电动机的常见故障及其处理方法。

【学习要求】 掌握直流发电机和直流电动机的工作原理，了解直流电机的基本结构及各部件的功用，了解影响电枢反应性质的因素及电枢反应对机电能量转换的作用，掌握直流电动机的起动方法，掌握直流电动机的调速方式，熟悉直流电动机的常见故障及其处理方法。

【引例】 由于变流技术的迅猛发展，直流电机逐渐淡出，但其良好的起动性能和调速性能，使其在调速要求较高的场合仍有较高的实用价值，如：轧钢机、电车、电气铁道牵引等。

直流电机是将直流电能和机械能相互转换的电机。它既可用作发电机将机械能转变为直流电能，又可用作电动机将直流电能转换为机械能。

11.1 直流电机的基本工作原理和基本结构

11.1.1 直流电机的基本工作原理

1. 直流发电机

图11-1所示为直流发电机的物理模型。定子主磁极 N、S 为一对固定的磁极（一般是电磁铁，也可以是永久磁铁）。在定子主磁极 N、S 之间有一转动的电枢铁芯。电枢铁芯与主磁极之间的间隙称为气隙。电枢铁芯表面固定一个线圈 abcd，线圈的首末端 a、d 分别接到两个互相绝缘的半圆形铜片（称换向片）上。换向片之间相互绝缘构成的圆柱体称为换向器。它固定于转轴随转轴转动且与转轴绝缘。在换向片上分别放置两个固定不动的由石墨制成的电刷 A 和 B，通过电刷 A 和 B 把旋转着的电枢电路与外部电路相联接。

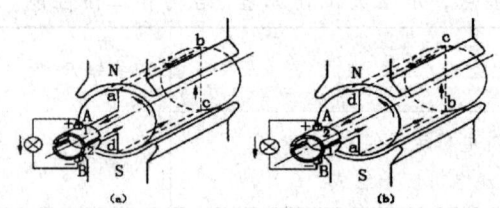

图 11-1 直流发电机的模型

当原动机拖动电枢以一定的转速逆时针转动时，根据电磁感应定律可知，在线圈 abcd 中将有感应电动势产生。感应电动势的方向按右手定则确定。在图11-1(a)所示位置时，导体 ab 在 N 极下，感应电动势的方向由 b 指向 a，即 a 为高电位，b 为低电位；导体 cd 在 S 极下，感应电动势的方向由 d 指向 c，即 c 为高电位，d 为低电位。这时电刷 A 的极性为正，电刷 B 的极性为负。当电枢旋转180°时，见图11-1(b)，导体 ab 与 cd 互换了位置，用右手定则可知，此时导体 ab 中感应电动势的方向由 a 指向 b，导体 cd 中的感应电动势方向由 c 指向 d。这时电刷 A 的极性仍为正，电刷 B 的极性仍为负。

由此可见，电枢每转一周，线圈 abcd 中感应电动势方向交变一次，因此线圈内的感应电动势是一种交变电动势，而由于换向器和电刷的作用，电刷 A 和 B 的极性不变，在电刷两端可获得脉动电动势。如图11-2(a)所示。实际直流发电机电枢上均匀嵌放了很多线圈，线圈分布在电枢铁心表面的不同位置上，并按照一定的规律连接起来，构成电机的电枢绕组。换向器由很多换向片组成，线圈与换向片按一定的连接方式互相接通。这样，就可在正负电刷间获得波形平稳的直流电动势，如图11-2(b)所示。

2. 直流电动机

直流电动机的基本结构与直流发电机相同。如图11-3所示。与直流发电机不同之处在于电枢线圈不被原动机拖动，电刷A、B接于直流电源，电刷A接电源正极，电刷B接电源负极，此时将有电流流过电枢线圈。根据电磁力定律可知，线圈上将受到电磁力

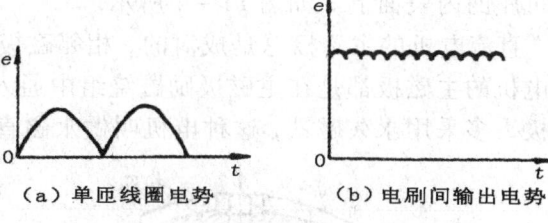

图11-2 直流发电机输出的电势波形

f的作用，方向可由左手定则确定。在图11-3(a)中，位于N极下的导体ab受力方向为从右向左，位于S极下导体cd的受力方向为从左向右。这对电磁力相对转轴形成电磁转矩，转矩的方向为逆时针，当电磁转矩大于阻转矩时，电枢沿逆时针方向旋转。当电枢旋转180°到图11-3(b)位置时，导体cd转到N极下，导体ab转到S极下时，由于直流电源供给的电流方向不变，此时导体cd的受力方向为从右向左，导体ab受力方向为从左向右，产生的电磁转矩方向仍为逆时针方向，线圈在此转矩作用下继续按逆时针方向旋转。

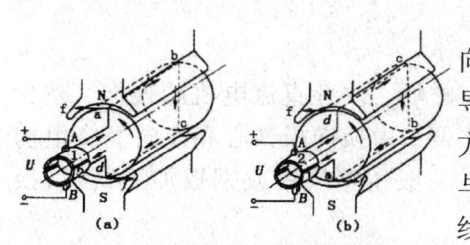

图11-3 直流电动机的模型

由此可见，电枢在转动时，由于换向器和电刷的换向作用，线圈中流过的电流虽然是交变的，但每个极下导体边中的电流始终是一个方向，驱动作用的电磁转矩方向也恒定不变，因此，电枢始终维持同一旋转方向。与直流发电机相同，实际的直流电动机的电枢并非单一线圈，磁极也并非一对。

综上所述，一台直流电机原则上既可用作发电机，也可用作电动机，只是约束条件不同。如用原动机拖动直流电机电枢旋转，将机械能从电机轴上输入，则此时可从电机电刷端引出直流电动势并输出电能，电机工作于发电机状态；如在电刷上加直流电压，将电能输入电枢线圈，则会从电机轴上输出机械能并拖动生产机械旋转，电能将工作在电动机状态。这种同一台电机，既能作为发电机又能作为电动机情形称为电机的可逆性。但在实际应用中，一般只在一个方面使用。

11.1.2 直流电机的基本结构

直流电机由定子与转子两大部分构成，通常，将产生磁场静止的部分称为定子；将产生感应电势或电磁转矩的旋转部分称为转子(又叫电枢)。定、转子之间有一定大小的间隙，称为气隙。下面介绍各主要结构部件的基本结构及其作用。

1. 定子部分

直流电机定子的主要作用是产生磁场并作为电机的机械支撑，主要由主磁极、换向极、机座、端盖和电刷装置等组成。

(1) 主磁极

主磁极的作用是产生恒定、有一定空间分布形状的气隙磁通密度。主磁极一般由主

磁极铁芯和励磁绕组组成。主磁极铁芯分成极身和极靴，极靴的作用是使气隙磁通密度的空间分布均匀并减小气隙磁阻，同时极靴对励磁绕组也起支撑作用。为了减小涡流损耗，主磁极铁芯通常用 1.0~1.5mm 厚的低碳钢板冲片冲成一定形状并叠压紧固而成。绕制好的励磁绕组套在主磁极铁芯外面，其作用是产生主磁通。整个主磁极用螺钉固定在机座的内表面上。如图 11-4 所示。

直流电机的主磁极总是成对的，相邻磁极的极性按 N 极和 S 极交替排列。大多数直流电机的主磁极都是在主磁极励磁绕组中通入直流电流来励磁的，而小型直流电机的主磁极大多采用永久磁铁，这种电机叫做永磁直流电机。

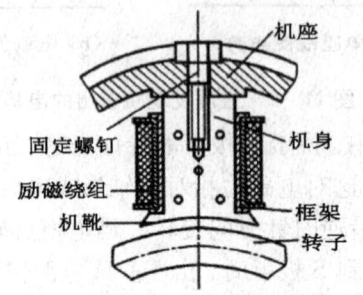 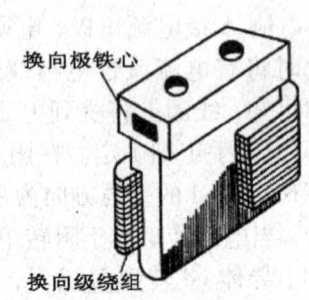

图 11-4 直流电机主磁极结构　　图 11-5 换向极结构

（2）换向极

换向极又称为附加极或间极，其作用是产生附加磁场，改善直流电机的换向，减少电刷与换向器之间的火花。它装在相邻两个主磁极之间，由换向极铁心和换向极绕组构成，如图 11-5 所示。换向极铁心比主磁极的简单，一般用整块钢或钢板加工而成；换向极绕组与电枢绕组串联。

（3）机座

机座通常用铸钢或厚钢板焊接而成，它是电机的机械支撑，用来固定主磁极、换向极和端盖；同时它也是电机磁路的一部分。在机座中有磁路经过的部分称为磁轭。

（4）电刷装置。电刷装置的作用是使转动部分的电枢绕组与外电路连通，将直流电压、电流引出或引入电枢绕组。电刷装置由电刷、刷握、刷杆、刷杆座和汇流条等零件组成，如图 11-6 所示。电刷一般采用石墨和铜粉压制烧焙而成，它放置在刷握中，由弹簧将其压在换向器的表面上，刷握固定在与刷杆座相连的刷杆上，每个刷杆装有若干个刷握和相同数目的电刷，并把这些电刷并联形成电刷组，电刷组个数一般与主磁极的个数相同。

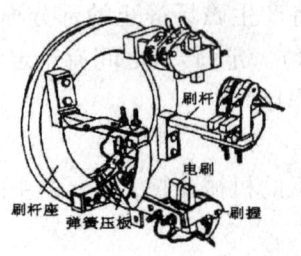 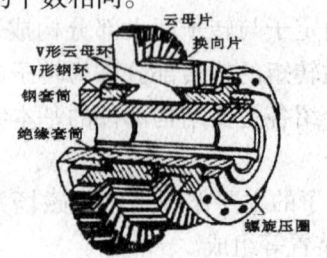

图 11-6 电刷装置　　图 11-7 换向器结构

2. 转子

转子由铁芯、绕组、换向器、转轴和风扇等组成。

(1) 电枢铁芯。电枢铁芯的作用是构成电机磁路和安放电枢绕组。通过电枢铁芯的磁通是交变的，为减少磁滞和涡流损耗，电枢铁芯常用0.35或0.5mm厚冲有齿和槽的硅钢片叠压而成，为加强散热能力，在铁芯的轴向留有通风孔，较大容量的电机沿轴向将铁芯分成长4~10cm的若干段，相邻段间留有8~10mm的径向通风沟。

(2) 电枢绕组。电枢绕组的作用是产生感应电动势和电磁转矩，从而实现机电能量的转换。电枢绕组是用绝缘铜线在专用的模具上制成一个个单独元件，然后嵌入铁芯槽中，每一个元件的端头按一定规律分别焊接到换向片上。元件在槽内部分的上下层之间及与铁芯之间垫以绝缘，并用绝缘的槽楔把元件压紧在槽中。元件的槽外部分用绝缘带绑扎和固定。

(3) 换向器。换向器又叫整流子。对于发电机，它将电枢元件中的交流电变为电刷间的直流电输出，对于电动机，它将电刷间的直流电变为电枢元件中的交流电输入。换向器的结构如图11-7所示。换向器是由换向片组合而成，是直流电机的关键部件，也是最薄弱的部分。换向片采用导电性能好、硬度大、耐磨性能好的紫铜或铜合金制成。换向片的底部做成燕尾形状，各换向片拼成圆筒形套入钢套筒上，相邻换向片间垫以0.6~1.2mm厚的云母片做为绝缘，换向片下部的燕尾嵌在两端的V型钢环内，换向片与V型钢环之间用V型云母片绝缘，最后用螺旋压圈压紧。换向器固定在转轴的一端。

11.1.3 直流电机的铭牌数据

每台直流电机的机座外表面上都钉有一块铭牌，上面标注着一些铭牌数据及电机产品数据，它是正确选择和合理使用电机的依据。

电机铭牌上所标的数据称为额定数据，直流电机常用的额定数据主要有：

1. 额定功率 P_N 是指额定运行工况下，发电机向负荷输出的电功率或电动机轴上输出的机械功率，单位为 kW。

2. 额定电压 U_N 是指额定运行工况下，发电机供给负载的端电压或加在电动机两端的直流电压，单位为 V。

3. 额定电流 I_N 是指发电机带额定负载时的输出电流或电动机带额定机械负载时的输入电流，单位为 A。

4. 额定转速 n_N 是指电机在额定运行工况下的转速，单位为 r/min。

5. 额定励磁电流 i_{fN} 是指在额定运行工况下的励磁电流。单位为 A。

此外，电机的铭牌上还标有其它数据，如励磁方式、励磁电压、出厂日期、出厂编号等。

直流电机在额定运行工况下，电机具有良好的性能。但实际应用中，由于负载的随机变化，电机往往不在额定工况。如果电机的电流小于额定电流，称为欠载运行；超过额定电流，称为过载运行。长期欠载运行时电机效率降低；长期过载运行时则可能因过热而损坏电机，致使电机使用寿命缩短。所以应根据负载的要求选择电机，尽量让电机工作在额定状态。

11.2 直流电机的电枢绕组

电枢绕组是直流电机最重要的部分，直流电机的电枢绕组是由许多个形状完全一样的元件(线圈)按一定规律连接而成的,不同的连接规律,可获得不同类型的绕组。对绕组的共同要求是:尽可能使各元件产生的合成电势或电磁转矩最大;绕组连接时尽量节约有色金属和绝缘材料,结构简单、美观、运行可靠、制造和维护方便等。

对于小型电机常采用铜导线,对于大中型电机常采用成型线圈。在电机中每一个线圈称为一个元件,多个元件有规律连接起来形成电枢绕组。绕制好绕组或成型绕组放置在电枢铁芯上的槽内,元件的直线部分在电机运转时将产生感应电动势,称为元件的有效部分;在电枢两端把有效部分连接起来的部分称为端接部分。在实际电机中,为了使元件端接部分能平整地排列,每个槽中的元件边分上下两层叠放,一个元件边放在一个槽的上层,另一个元件边放在另一个槽的下层,所以直流电机绕组一般都是双层绕组,其元件形式

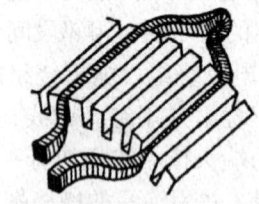

图 11-8 线圈在槽内安放示意图

如图 11-8 所示。根据连接规律的不同,电枢绕组通常可分为单叠绕组和单波绕组。单叠绕组的任何两个紧相串联的后一个元件的端接部分紧"叠"在前一个元件的端接部分上,同时元件两个端子所连的换向片之间的距离为一个换向片宽度。图 11-9 为某直流电机单叠绕组展开图,图 11-10 为其并联支路电路图。由图 11-10 可知,单叠绕组并联支路数多,每个支路里的元件数少,支路合成感应电动势较低,而允许通过的总电枢电流较大,因此单叠绕组适合用于低电压、大电流的直流电机。

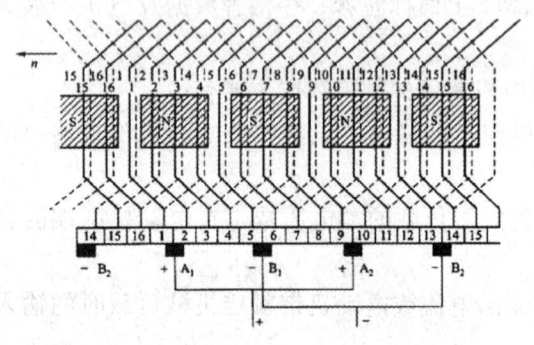

图 11-9 单叠绕组展开图

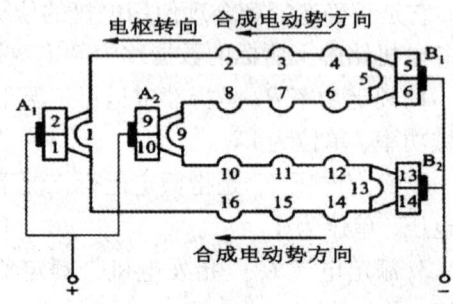

图 11-10 单叠绕组并联支路电路图

11.3 直流电机的电枢反应

11.3.1 主磁场和电枢磁场

1. 主磁场

直流电机空载时,气隙中仅有励磁磁势产生的磁场,称为主磁场。直流电机空载时的主磁场分布情况如图 11-11 所示。从图可知,主磁极磁通密度的分布为平顶波,相邻两主磁极

之间的中性线称为几何中性线,中性线上的主磁极磁通密度为零。

根据气隙大小的不同,可知主磁通在极靴下各点的磁通密度较大,偏离磁极后逐渐变小,在几何中性线处为零。当规定由电枢流出为正,反之为负时,主磁场的波形如图11-11(b)所示。

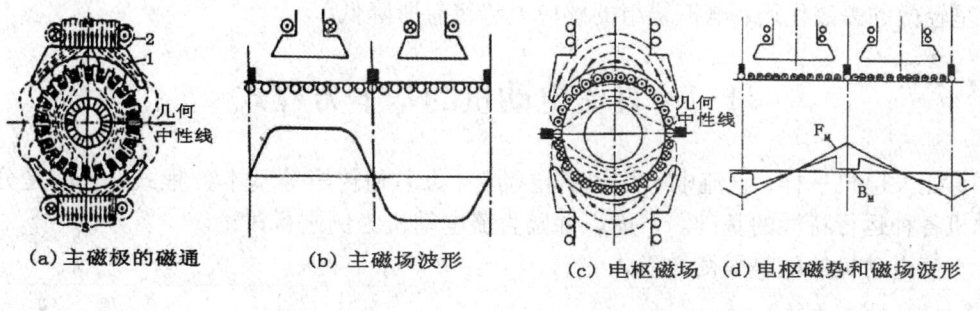

(a)主磁极的磁通　　(b)主磁场波形　　(c)电枢磁场　　(d)电枢磁势和磁场波形

图11-11　单叠绕组展开图　　　　图11-12　单叠绕组并联支路电路图

2. 电枢磁场

电机负载运行时,电枢绕组电流产生的磁场叫电枢磁场。由于电刷的位置决定了各支路所在的空间几何位置,因而影响了电枢磁场与主磁场在空间的相对位置。

图11-12(a)是去掉换向器后的直流电机模型,将电刷放置在几何中心线上,电枢导体中的电流的方向是以电刷相连的轴线为界,电枢上半部分和下半部分导体中的电流方向相反。由全电流定律可知,几何中心线上的电枢磁动势为最大值,主磁极轴线上的电枢磁动势则为零,电枢磁动势沿空间呈三角形分布,如图11-12(b)中曲线1所示。从电枢磁动势在气隙中的分布可得电枢磁通密度沿气隙中的分布曲线2,由于几何中性线上的气隙很长,磁阻很大,虽然此时几何中心线上的电枢磁动势为最大值,但磁通密度迅速减少,故电枢磁通密度沿气隙分布呈马鞍形。

由此可见,电枢磁动势及其磁场分布情况,是不因电枢旋转而改变的,电枢磁动势及其磁场的轴线就在电刷相连的轴线位置上。

1. 电刷处于几何中性线上的电枢反应

电刷处于几何中性线,电枢磁动势的轴线也就落在几何中性线上,即处于交轴位置(直轴为主磁极位置),此时的电枢磁动势称为交轴电枢磁动势。

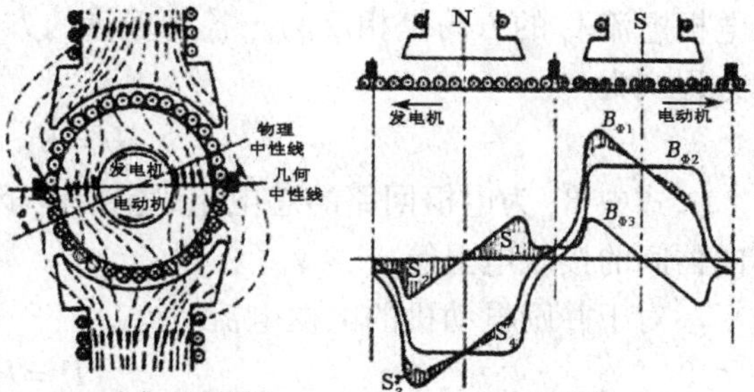

(a)气隙磁场　　(b)磁场波形

图11-13　交轴电枢反应

如果将图11-12(b)所示的电枢磁场叠加在图11-11所示的主磁场上,便可得到直流电机负载时交轴电枢反应的磁场分布,如图11-13所示。该图还表示了发电机和电动机两种运行方式的电枢反应。由于以确定了图示中的主磁场方向和电枢电流方向,所以两种运行方式的电枢旋转方向应相反。从图11-13可知:主磁极下的磁场,一半被消弱,一半被增强(图示 S1 和 S2)。作发电机运行时,主磁极前极尖(迎着电枢进入)的气隙磁场被消弱,后极尖(电枢退出)被加强,物理中性线(负载时沿电枢表面的磁场等于零处所连接的直线)顺向转过 α 角;而作电动及运行时,情况恰好相反,即主磁极前极尖气隙磁场被加强,后极尖被消弱,物理中性线则逆向转过 α 角。

当电机磁路未饱和时,主磁场被削弱的数量(面积 S_1)和增强的数量(面积 S_2)正好相等,每极的磁通保持不变。但实际上电机在空载运行时磁路已处于饱和状态,磁路的磁阻已不是常数,不能采用简单的叠加方法来确定负载时的气隙磁密。因此,实际增强的数量应为 $S_2 - S_3$,减弱的数量应为 $S_1 - S_4$,而面积 $S_3 > S_4$,故发电机交轴电枢反应使每极磁通比空载时有所减少,呈轻微的去磁作用,电枢绕组的感应电势将有所降低。

11.4 直流电动机的基本方程式

同直流发电机一样,直流电动机也有电动势、功率和转矩等基本方程式,它们是分析直流电动机各种运行特性的基础。下面以并励直流电动机为例进行讨论。

1. 直流电动机的电势平衡方程式

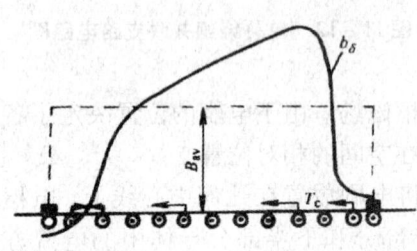 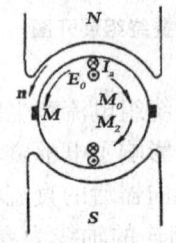 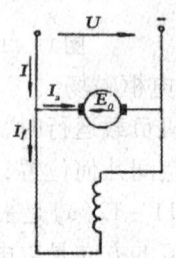

(a) 电动机作用原理;　(b) 电动势和电流方向

图 11-14　气隙磁场分布　　　　图 11-15　并励电动机的电动势和电磁转矩

直流电动机运行时,电枢两端接入电源电压 U,若电枢绕组的电流 I_a 方向以及主磁极的的极性如图 11-15 所示。可由左手定则决定电动机产生的电磁转矩 T 将驱动电枢以转速 n 旋转,旋转的电枢绕组又将切割主磁极磁场感应电动势 E_a,可由右手定则决定电动势 E_a 与电枢电流 I_a 的方向是相反的。各物理量的方向按图 11-15(b) 所示,可得电枢回路的电动势方程式为

$$U = E_a + I_a R_a \tag{11-1}$$

式中 R_a 为电枢回路的总电阻,包括电枢绕组、换向器、补偿绕组的电阻,以及电刷与换向器间的接触电阻等。

对于并励电动机的电枢电流

$$I_a = I - I_f \tag{11-2}$$

式中 I 为输入电动机的电流;I_f 为励磁电流,$I_f = \dfrac{u}{R_f}$,其中 R_f 是励磁回路的电阻。

由于电动势 E_a 与电枢电流 I_a 方向相反,故称 E_a 为"反电动势"。

由式(11-1)表明,加在电动机的电源电压 U 是用来克服反电动势 E_a 及电枢回路的总电阻压降 $I_a R_a$ 的。可见 $U > E_a$,电源电压 U 决定了电枢电流 I_a 的方向。

2. 直流电动机的功率平衡方程式

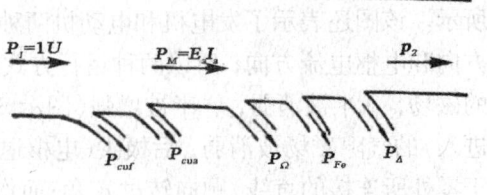

图 11-16　并励电动机的功率流程图

并励电动机的功率流程如图 11-16 所示。图中 P_1 为电动机从电源输入的电功率,

$P_1 = UI$ 输入的电功率 P_1 扣除小部分在励磁回路的铜损耗 p_{cuf} 和电枢回路铜损耗 p_{cua} 便得到电磁功率 P_M，$P_M = E_a I_a$。电磁功率 $E_a I_a$ 全部转换为机械功率，此机械功率扣除机械损耗 p_Ω、铁损耗 p_{Fe} 和附加损耗 p_{ad} 后，即为电动机转轴上输出的机械功率 P_2，故功率方程式为

$$P_M = P_1 - (p_{cua} + p_{cuf}) \tag{11-3}$$

$$P_2 = P_M - (p_\Omega + p_{Fe} + p_{ad}) = P_M - p_0 \tag{11-4}$$

$$P_2 = P_1 - \sum p = P_1 - (p_{cua} + p_{cuf} + p_\Omega + p_{Fe} + p_{ad}) \tag{11-5}$$

式中 p_0——空载损耗，$p_0 = p_\Omega + p_{Fe} + p_{ad}$；

$\sum p$——电机的总损耗，$\sum p = p_{cua} + p_{cuf} + p_\Omega + p_{Fe} + p_{ad}$。

3. 直流电动机的转矩平衡方程式

将式(11-4)除以电机的角速度 Ω，可得转矩方程式

$$\frac{P_2}{\Omega} = \frac{P_M}{\Omega} = \frac{P_0}{\Omega}$$

即

$$T_2 = T - T_0$$

或

$$T = T_2 + T_0 \tag{11-6}$$

电动机的电磁转矩 T 为驱动转矩，其值由式 $T = \frac{pN}{2a\pi}\phi I_a = C_T \phi I_a$ 决定。转轴上机械负载转矩 T_2 和 T_0 空载转矩 是制动转矩。式(11-6)表明，电动机在转速恒定时，驱动性质的电磁转矩 T 与负载制动性质的转矩 T_2 和空载转矩 T_0 相平衡。

11.5 直流电动机的机械特性

电磁转矩 T 和转速 n 是表征电动机机械特性的两个重要物理量，下面以并励电动机为例，说明二者关系。

当电动机的电源电压 U、励磁电流 I_f 为常量，电枢回路电阻不变时，电动机转速 n 与电磁转矩 T 的关系曲线 $n = f(T)$ 称为电动机的机械特性。图 11-17 为并励电动机的机械特性。下面对并励电动机的机械特性进行分析：

因 $E_a = C_e \phi n$，即：$n = \dfrac{E_a}{C_e \phi}$ \hfill (11-7)

又因 $T = C_T \phi I_a$，即：$I_a = \dfrac{T}{C_T \phi}$ \hfill (11-8)

将式(11-1)及式(11-8)代入(11-7)中，即可求得机械特性方程式为：

$$n = \frac{E_a}{C_e \phi} = \frac{U}{C_e \phi} - \frac{I_a R_a}{C_e \phi} = \frac{U}{C_e \phi} - \frac{R_a}{C_e C_T \phi^2} T \tag{11-9}$$

从式(11-9)可知，当忽略电枢反应的影响时，ϕ 为常量，则机械特性为一直线。如果 $T = 0$，则电动机转轴上没有制动性质的负载转矩和空载转矩，这时电动机转速以 n_0 表示，$n_0 = \dfrac{U}{C_e \phi}$ 称为理想空载转速。若令 $\beta = \dfrac{R_a}{C_e C_T \phi^2}$，则机械特性可写成

$$n = n_0 - \beta T \qquad (11-10)$$

根据(11-10)可作出图11-17中的略向下倾斜的直线1，这是因为 β 值很小（R_a 很小）的缘故，所以直线斜率很小，该条直线称为自然机械特性。若在电枢回路中串入附加电阻 R_{st}，式中的 β 值将变大，直线的斜率增大，如图中的曲线2，称此为人工机械特性。此时，电磁转矩 T 增加将使转速 n 显著下降。

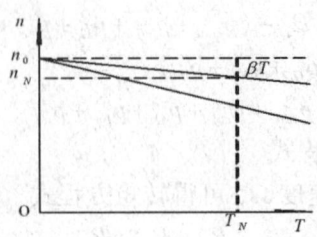

图11-17 并励电动机机械特性
1-自然机械特性 2-人工机械特性

11.6 直流电动机起动与转向改变

1. 直流电动机的起动

电动机接通电源后，转子从静止状态转动到稳定运行状态的过程称为起动过程。在起动过程中，既要求电动机有足够的起动转矩，又要使启动电流限制在允许范围内。

电动机起动瞬间，由于转子尚未转动，$E_a = 0$，由式(11-1)可得，起动电流：

$$I_{st} = \frac{U}{R_a} \qquad (11-11)$$

若电动机在额定电压下直接起动，由于电枢回路的电阻 R_a 很小，起动电流非常大，一般高达额定电流的10~20倍。这不仅会使电动机的换向情况恶化，而且会因过大的起动电流产生过大的起动转矩，使电动机本身和其驱动的机械遭受巨大的冲击以致损坏。因此，一般电动机起动时，起动电流限制在2~2.5倍，起动转矩为额定转矩的1.2~2倍。故只有容量很小的直流电动机采用直接起动方式，而一般情况下直流电动机起动通常都要对电枢电流加以限制。为保证有足够的起动转矩并使起动时间较短，多将起动电流限制在 $2 \sim 2.5 I_N$ 范围之内。同时在起动前将磁场调节电阻短路，使起动时气隙磁场磁通尽可能大些，以便使电枢电流最有效的产生起动转矩。

2. 直流电机起动方法

由式(11-11)可知，限制起动电流 I_{st} 的方法有两种，即增加电枢回路电阻或降低电枢端电压。

（1）电枢回路中串入起动电阻

电动机起动时，将起动电阻 R_{st} 串入电枢回路以限制起动电流，如图11-18所示。

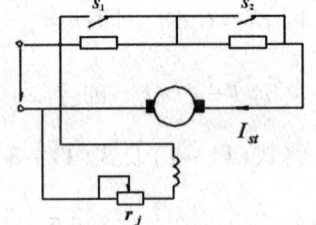

图11-18 并励电动机起动原理图

电动机起动时，先接通励磁回路，将调节电阻 r_j 短路，同时串入全部起动电阻 R_{st}（开关 $S1$、$S2$ 均断开），此时的起动电流为

$$I_{st} = \frac{U}{R_a + R_{st1} + R_{st2}} = \frac{U}{R_a + R_{st}} (\text{其中 } R_{st} = R_{st1} + R_{st2}) \tag{11-12}$$

若起动电阻 R_{st1} 和 R_{st2} 选择适当,就能将起动电流限制在允许范围内。电动机起动过程如下:当电动机接通电源时,起动电阻 R_{st1} 和 R_{st2} 串入电枢回路。由于 $n=0$、$E_a=0$,起动电流 $I_{st} = \frac{U}{R_a + R_{st}}$,根据 $T_{st} = C_T \phi I_{st}$,显然起动转矩 T_{st} 大于电动机自动转矩 T_L(包括负载转矩 T_2 和空载转矩 T_0),电机转速 n 将迅速上升,转速 n 的上升使反电动势 E_a 也随之上升。于是起动电流 I_{st} 和 T_{st} 随之下降。为了加速起动过程,必须适时切除起动电阻 R_{st1},由于切除起动电阻瞬间电枢惯性的原因,电动机转速还来不及变化,而 I_{st} 由于 R_{st1} 的切除迅速增加,使 T_{st} 增加,起动转矩 T_{st} 与制动转矩 T_L 的差值再次加大,电机继续加速。当转速上升到适当时刻切除 R_{st2},电动机转速不及反应,而起动转矩又一次加大,直至加速到转矩平衡点后进入稳定运行状态。此时电动机转速 n_N,转矩 T_N,起动过程结束。需要指出的是,起动时串入的起动电阻是按短时工作情况设计的,不应长期串接在电枢回路以免烧坏。

(2)降低电枢端电压起动

这种起动方法应将并励电动机改接成他励方式,并为电动机的电枢回路增设一套可调电压的直流电源。

从式(11-11)可知,起动时降低电枢端电压,可有效地减小电动机的起动电流,随后根据转速的升高,适当地提高电枢端电压,直至额定电压为止,起动即告结束。这种起动方法一般应用于要求电动机兼有调速和反转的场合。

(3)改变电动机的转向

如图 11-15(a)所示,由于直流电动机的电磁转矩为驱动性质,改变电动机的转向,实质上就是改变电动机的电磁转矩方向。而电磁转矩的方向决定于主磁极磁通和电枢电流的相互作用。因此,对于并励电动机,改变电磁转矩方向有两种方法。一是调换励磁绕组接入电源的两入线端,即改变励磁电流的方向,也就是改变主磁极磁通的方向;二是调换电枢绕组接入电源的两出线端,即改变励磁电流的方向。在实际应用中,常用改变电枢电流的方向来使电动机反转,这是因为励磁回路的电感大,切换时易感应较高的电动势,对励磁的绝缘构成威胁。

11.7 直流电动机调速

直流电动机具有良好的调速性能,能在宽广的范围内平滑而经济地调速。因此,调速性能要求高的生产机械拖动系统中仍然得到广泛的应用。

以并励电动机,当电枢回路中串入可调电阻 R_{dj} 时,因为 $E_a = C_e \phi n$,即 $n = \frac{E_a}{C_e \phi}$,又

$$E_a = U - I_a(R_a + R_{dj}) \tag{11-13}$$

将(11-13)代入 $n = \frac{E_a}{C_e \phi}$,即可得转速 $n = \frac{U - I_a(R_a + R_{dj})}{C_e \phi}$ \tag{11-14}

从(11-14)可知,为达到调速目的,可采用下列三种方法:改变串入电枢回路中的电阻 R_{dj};改变电枢端电压;改变励磁电流以改变磁通。

1. 改变串入电枢回路的电阻调速

图 11-19 为并励电动机电枢回路串入电阻的调速原理图。

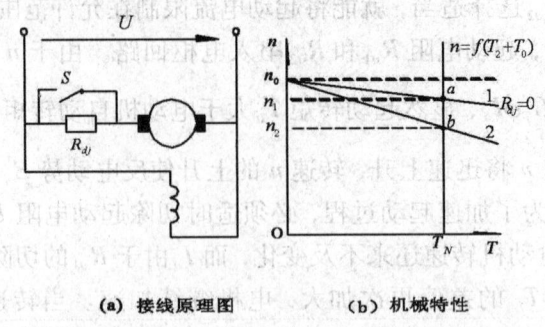

(a) 接线原理图　　　(b) 机械特性

图 11-19　改变串入电枢回路的电阻调速

调速前开关 S 闭合，电动机稳定运行于转速 n_1（a 点），设调速前后负载转矩不变。当开关 S 断开时，电枢回路中接入调节电阻 R_{dj}，转速 n 及电枢电动势 E_a 一开始不能突变，电枢电流 $I_a = \dfrac{U - E_a}{R_a + R_{dj}}$ 将减小，使电磁转矩 $T = C_T \phi I_a$ 随之减小，由于驱动的电磁转矩小于负载转矩使电机减速，且电机电动势随转速下降而减小，电枢电流及电磁转矩不断回升。当电磁转矩与负载转矩平衡时，电机重新达到稳定状态（b 点），但此时的转速 $n_2 < n_1$。

这种调速方法以 $R_{dj}=0$ 时的额定转速为最高转速。故此法只能"调低"不能"调高"。同时，由于接入的电阻将使铜耗增加，因此，此种调速方法虽然简单但不经济。

2. 改变励磁电流调速

并励电动机改变励磁电流是通过调节串入励磁回路的电阻来实现的。图 11-20 是改变励磁电流的调速原理图。当电枢端电压保持不恒定，增加串入励磁回路的电阻 r_j，励磁电流 I_f 随之减小，主磁极磁通 ϕ 也相应减小。在 ϕ 减小瞬间，由于电机转速因惯性不能发生突变，因此电枢电动势 $E_a = C_e \phi n$ 减小，使电枢电流 $I_a = \dfrac{U - E_a}{R_a}$ 增加。由于电枢回路电阻压降仅占外施电压的很小份额，这使得电枢电流的增大程度总体较每极磁通的减小程度为大，故电磁转矩 $T = C_T \phi I_a$ 增加，电机转速也因此提升。当转速上升时，电枢电动势 E_a 增大，电枢电流开始减小，电磁转矩随之减小，直至与负载转矩重新达到平衡，此时的转速较原转速高。

这种调速方法以励磁回路电阻 $r_j = 0$ 时的转速为最低转速，故此法为"调高"。由于这种调速方法简单经济且可做到平滑调速，因而应用较广。

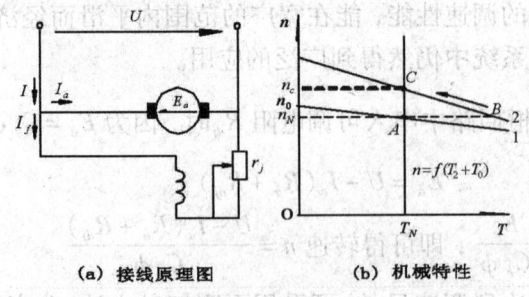

(a) 接线原理图　　　(b) 机械特性

图 11-20　并励电动机改变励磁电流调速

11.8 直流电动机的常见故障及其处理方法

直流电机常见故障、产生原因及其处理方法见表 11-1

表 11-1　　　　　　　　直流电机常见故障、产生原因及处理方法

序号	故障现象	故障原因	处理方法
1	绝缘电阻低	1. 电机绕组和导电部分有灰尘、金属屑、油污； 2. 绝缘受潮； 3. 绝缘老化	1. 用压缩空气吹净，无效时可用弱碱性洗涤剂水溶液进行清洗，然后干燥处理； 2. 烘干处理； 3. 浸漆处理或更换绝缘
2	电枢接地	1. 金属异物使线圈与地接通； 2. 绕组槽部或端部绝缘损坏	1. 用 220V 小试灯查出接地点并排除异物； 2. 用低压直流电源测量片间压降或换向片和轴间压降以找出接地点并更换故障线圈
3	电枢绕组短路	1. 接线错误； 2. 换向片片间或升高片片间有焊锡等金属物短接； 3. 匝间绝缘损坏	1. 按接线图纠正电枢线圈与升高片的连接； 2. 用测量片间压降的方法查出故障点并清除污物； 3. 更换绝缘
4	电枢绕组断路	1. 接线错误； 2. 线圈和升高片并头套焊连接不良	1. 按接线图纠正电枢线圈与升高片的连接； 2. 补焊连接部分
5	电枢绕组接触电阻大	1. 线圈和升高片并头套焊连接不良； 2. 升高片和换向片焊接不良	1. 补焊连接部分； 2. 补焊或加固升高片或换向片的连接
6	电机过热	1. 负载过大； 2. 电枢线圈短路； 3. 主极线圈短路； 4. 电枢铁芯绝缘损坏； 5. 冷却空气不足，环境温度高，电机内部不清洁	1. 减小或限制负载； 2. 按电枢绕组短路的 1.2.3. 项处理； 3. 查出短路点，补强绝缘； 4. 局部或全部进行绝缘处理； 5. 清理电机内部，增大风量，改善周围冷却条件
7	不能起动或转速不正常	1. 负载转矩过大； 2. 电枢的电源电压低于额定值； 3. 励磁线圈断路、短路、接线错误； 4. 电刷不在中性线位置； 5. 起动器接触不良，电阻不适当； 6. 换向极线圈接反	1. 减少负载阻力矩； 2. 提高电源电压至额定值； 3. 纠正接线错误； 4. 调整电刷至中性线位置； 5. 更换适当的起动器； 6. 将换向极线圈的端钮互相调换

续表

8	电流或转速发生剧烈变化	1. 电刷不在中性线位置； 2. 电源电压波动； 3. 串励绕组换向极绕组接反； 4. 励磁电流太小或励磁回路断线	1. 重新调整电刷位置； 2. 检查电源电压； 3. 改正串励绕组换向极绕组接线； 4. 增加励磁电流或找出断路点并进行修理
9	机械振动过大	1. 电机的基础不坚固或电机在基础上固定不牢固； 2. 机组、电机轴线中心不正确； 3. 电枢不平衡	1. 增强基础坚固性或加强机组在基础上的固定； 2. 重新调整机组轴线中心； 3. 重新校正电枢平衡
10	滚动轴承发热、有噪音	1. 轴承内润滑脂太满； 2. 滚珠磨损； 3. 轴承与轴配合太松	1. 减少润滑脂； 2. 更换轴承； 3. 使轴和轴承达到配合精度要求
11	滑动轴承发热、漏油	1. 轴颈与轴瓦间隙太小，轴瓦研刮不好； 2. 油环停滞，压力润滑系统的油泵有故障，油路不通畅； 3. 油标号不适合，由内含有杂质； 4. 油箱内油位太高； 5. 轴承挡油盖密封不好，轴承座上下接合面间隙大	1. 研刮油瓦，使轴颈与轴瓦间隙适当； 2. 更换新油环，排除油路系统故障，保证足够润滑油量； 3. 更换润滑油，清除杂质； 4. 减少油量； 5. 改进轴承挡油盖的密封结构，使研刮轴承接合面密合

【本章小结】

　　直流发电机的理论依据是电磁感应定律。电枢导体感应电动势为交变，经过换向器和电刷的作用才变为直流。直流电动机根据电磁力定律工作，利用通电导体在磁场中受电磁力的作用而旋转。

　　直流电机的结构包括定子和转子两大部件。定子的主要部件有主磁极、换向磁极、机座和电刷装置，主磁极产生主磁场，而换向磁极则起改善换向的作用。转子的主要部件是换向器、电枢铁芯和电枢绕组。换向器与电刷配合起整流作用，电枢绕组在运行时产生感应电动势和电磁转矩，实现机电能量的转换。

电枢绕组可分为叠绕组和波绕组两大类。电枢绕组是产生感应电动势和电磁转矩、实现机电能量转换的重要部件。

直流电机电枢反应的性质由电机的运行方式和电刷在换向器上的位置决定。当电刷放置在几何中性线上,电枢反应为交轴电枢反应。电枢反应使气隙磁场发生畸变,物理中性线随电机的运行方式而偏离几何中性线,以及交轴去磁效应使每极气隙磁通稍有减少。当电刷偏离几何中性线时,电枢反应既有交轴电枢反应,又有直轴电枢反应。直轴电枢反应的作用可能是增磁也可能是去磁,这要看电机的运行方式和电刷偏离几何中性线的方向而决定。

换向是直流电机运行的关键问题之一,影响直流电机换向的根本原因是换向元件中存在电抗电动势 e_r 和电枢反应电动势 e_a。改善换向的方法是:①装设换向磁极;②装设补偿绕组;③选择合适的电刷。

电枢电势、电磁转矩的计算公式,是直流电机的基本公式,应当掌握它的意义和本质。

直流电动机的日常维护是电动机正常运行和使用寿命延长的保证。它包括电动机起动前的检查、电动机的日常检查、电动机的事故停机和电动机的定期维护四个方面。

【思考题与习题】

11-1 直流电机有哪些主要部件?各部件的作用是什么?

11-2 直流电机的换向装置由哪些部件构成?它在电机中起什么作用?

11-3 在电枢绕组的展开图中,电刷在换向器表面位置应放在何处,才能使正、负电刷间的电动势最大?

11-4 直流电枢绕组由哪些部件构成?

11-5 什么是电枢反应?直流电机电枢反应与什么有关?对电机有什么影响?

11-6 直流电机负载时的电枢电动势与空载时是否相同?为什么?

11-7 换向元件在换向过程中可能产生哪些电动势?各是什么原因引起的?它们对换向起什么作用?

11-8 换向过程中的火花是如何产生的,怎样改善换向?

11-9 一台直流发电机,当分别把它接成他励和并励时,在相同的负载情况下,电压变化率是否相同?如果不同,哪种接法电压变化率大?为什么?

11-10 一台四极直流发电机,额定功率 P_N 为 55kW,额定电压 U_N 为 220V,额定转速 n_N 为 1500r/min,额定效率 η_N 为 0.9。试求额定状态下电机的输入功率 P_1 和额定电流 I_N。

11-11 一台直流电动机的额定数据为:额定功率 $P_N=17kW$,额定电压 $U_N=220V$ 额定转速 $n_N=1500r/min$,额定效率 $\eta_N=0.83$。求它的额定电流 I_N 及额定负载时的输入功率。

11-12 一台直流发电机,其额定功率 $P_N=17kW$,额定电压 $U_N=230V$,额定转速 $n_N=1500r/min$,极对数 $p=2$,电枢总导体数 $N=468$,单波绕组,气隙每极磁通 $\phi=1.03\times10^{-2}$ Wb,求:(1)额定电流;(2)电枢电动势。

11-13 一台单叠绕组的直流发电机,$2p=4$,$N=420$,$I_N=30A$,气隙每极磁通 $\phi=2.8\times10^{-2}$Wb,额定转速 $n_N=1245r/min$,求:额定运行时的电枢电动势、电磁转矩及电磁功率。

11-14 一台并励直流发电机额定电压 $U_N=220V$,励磁回路总电阻 $R_f=44\Omega$,电枢

回路总电阻 $R_a = 0.25\Omega$，负载电阻 $R_L = 4\Omega$，求：(1) 励磁电流 I_f、电枢电流 I_a；(2) 电枢电势 E_a；(3) 输出功率 P_2 及电磁功率。

11-15 一台额定功率 $P_N = 6\text{kW}$，额定电压 $U_N = 110\text{V}$，额定转速 $n_N = 1440\text{r/min}$，$I_N = 70\text{A}$，$R_a = 0.08\Omega$，$R_f = 220\Omega$ 的并励直流电动机，求额定运行时：(1) 电枢电流及电枢电动势；(2) 电磁功率、电磁转矩及效率。

第五篇 微控电机

第五編 軍事外交

第十二章 微控电机

微控电机是具有特殊性能的小功率电机,在自动控制系统中起着传递、变换和执行控制信号的作用,常用作执行元件、检测元件或运算元件。从工作原理上看,微控电机和普通电机没有本质上的差异,但普通电机功率大,侧重于电机的起动、运行和制动等方面的性能指标,而微控电机输出功率较小,侧重于电机的控制精度和响应速度等性能的指标要求。

微控电机按其功能和用途可分为信号元件类控制电机和功率元件类控制电机两大类。信号元件类控制电机测速电机、自整角机和旋转变压器等;功率元件类控制电机包括伺服电机、步进电机和力矩电动机等。

本节从应用的角度介绍几种常用微控电机的结构特点、基本工作原理和运行特性。

知识要点	能力要求	相关知识	所占分值（100分）	自评分数
基本结构	(1)了解交、直流伺服电动机的基本结构; (2)了解交、直流测速发电机的基本结构; (3)了解自整角机的基本结构; (4)了解步进电动机的基本结构	直流发电机、直流电动机	60	
基本工作原理	(1)了解伺服电动机的基本工作原理; (2)了解步进电动机的基本工作原理	磁通、磁路、磁阻	20	
典型应用与使用	(1)熟悉交、直流伺服电动机的典型应用; (2)熟悉步进电动机的典型应用; (3)熟悉自整角机的基本结构	负载转动惯量、额定参数、计算机应用技术	20	

【学习目标】了解常用微控电机的结构特点、基本工作原理和运行特性,熟悉常用微控电机的应用。

【学习要求】了解直流和交流伺服电机的结构特点、基本工作原理和运行特性;了解直流和交流测速发电机的结构特点、基本工作原理和运行特性;了解自整角机的结构特点、基本工作原理和运行特性;了解步进电动机的结构特点、基本工作原理和运行特性。

【引例】步进电动机以其精准的电脉冲步进运动方式,在自动控制系统中常被作为功率执行元件,如水轮机调速装置就常采用微机控制步进电动机的高精度数字控制模式。因此掌握步进电动机的结构特点、基本工作原理和运行特性对水电厂自动化控制系统运行与维护具有重要的现实意义。

12.1 伺服电机

伺服电机又称为执行电机,是应用较广的一种微控电机,它可将输入的电信号转换成电动机轴上的角位移或角速度等机械信号输出,转轴的转向与转速随控制电压的方向和大小而改变。

根据伺服电机控制电源性质的不同,可分为直流伺服电机和交流伺服电机两大类。直流伺服电机一般用于功率较大的控制系统中,其输出功率通常为 1~600W。交流伺服电机一般用于功率较小的控制系统,其输出功率一般为 0.1~100W。

自动控制系统对伺服电机的基本要求:

(1)调速范围宽。伺服电动机的转速因随着控制电压的改变在宽广的范围内连续调节。

(2)机械特性和调节特性均为线性。伺服电动机的线型机械特性和调节特性有利于提高自动控制系统的动态调节精确度。

(3)快速响应特性。伺服电动机的机电时间常数要小,相应地要有较大的堵转转矩和较小的转动惯量,以便伺服电动机的转速随控制电压的改变而迅速地发生相应的变化。

(4)无自传现象。当控制电压为零时,伺服电动机立即停转。

1. 直流伺服电机

直流伺服电动机是指使用直流电源的伺服电动机。实质上就是一台他励直流电动机。其结构、原理与一般直流电动机无异。当然也有自身的特点:气隙较小,磁路不饱和,磁通和励磁电流与励磁电压成正比;电枢电阻较大,机械特性微软特性;电枢结构细长,转动惯量小;换向性能较好,不需要换向极。

1)直流伺服电动机的结构特点

直流伺服电动机按结构可分为普通型直流伺服电动机、盘形电枢直流伺服电动机、空心杯转子直流伺服电动机和无槽直流伺服电动机等几种。

(1)普通型直流伺服电机

普通型直流伺服电机的结构与他励直流电机的结构相同,也由定子和转子两大部分组成。根据励磁方式不同又可分为电磁式和永磁式两种,电磁式直流伺服电机的定子磁极上装有励磁绕组,励磁绕组接励磁控制电压产生磁通;永磁式伺服电机的磁极是永久磁铁,其磁通是不可控的。与普通直流电机相同,直流伺服电机的转子一般由硅钢片叠压而成,转子外圆均匀开槽,槽内装有电枢绕组,绕组通过换向器和电刷与电枢控制电路相连接。为提高控制精度和响应速度,伺服电机的电枢铁心长度与直径之比比普通直流电机要大,气隙也较小。当定子中的励磁磁通和转子中的电流相互作用时,就会产生电磁转矩驱动电枢转动,恰当地控制转子中电枢电流的方向和大小，从而控制伺服电机的转动方向和转动速度。电枢电流为零时，伺服电机则停止不动。普通的电磁式和永磁式直流伺服电机性能接近，它们的惯性较其他类型伺服电机的大。

(2) 盘形电枢直流伺服电机

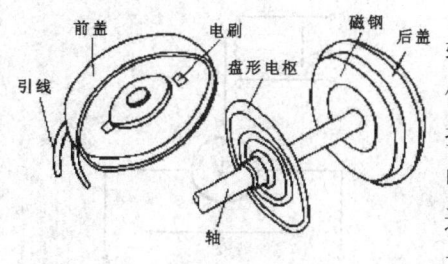

图 12-1 盘形伺服电机的结构示意图

盘形电枢直流伺服电机的定子由永久磁铁和前后铁轭共同组成，磁铁可以在圆盘电枢的一侧，也可在其两侧。盘形伺服电机的转子电枢由线圈沿转轴的径向圆周排列，并用环氧树脂浇注成圆盘形。盘形绕组中通过的电流是径向电流，而磁通为轴向的，径向电流与轴向磁通相互作用产生电磁转矩，使伺服电机旋转。图 12-1 为盘形伺服电机的结构示意图。

盘形电枢直流伺服电机的结构特点是电枢直径远大于其轴向长度，整体呈圆盘状。因此，转动惯量小，起动转矩大，适用于低速、频繁起动及反转的场合。

(3) 空心杯转子电枢直流伺服电机

空心杯转子电枢直流伺服电机有两个定子，如图 12-2 所示。外定子由永磁材料构成，用来产生磁通；内定子由软磁材料构成，仅作为磁路的一部分，以减少磁路磁阻。空心杯转子伺服电动机的转子，由若干个事先绕制成型的线圈沿轴向排列成空心杯形，并用环氧树脂浇注成型。空心杯转子电枢直接装在转轴上，在内、外定子间的气隙中旋转，电枢绕组则接到换向器上，通过电刷引出。

(4) 无槽直流伺服电机

无槽电枢直流伺服电动机的转子是直径较小的细长型圆柱铁芯，铁芯上不开元件槽，电枢绕组元件直接放置在铁心的外表面，然后用环氧树脂浇注成型，定子磁极可用永久磁铁做成，也可以采用电磁式结构，如图 12-3 所示。

无槽电枢直流伺服电动机不存在齿磁密饱和问题，可以选取较高的磁密并减少电枢外径。因此，它具有转动惯量较低，起动灵敏性高的优点，适用于功率较大的自动控制系统。

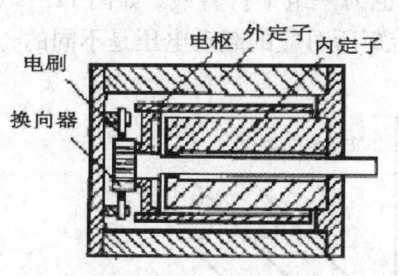 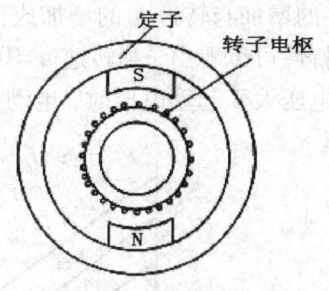

图 12-2 空心杯转子电枢直流伺服电机的结构图　　图 12-3 无槽直流伺服电机的结构图

2) 控制方式和运行特性

直流伺服电动机的工作原理和普通直流电动机相同，如图 12-4 所示。其控制方式主要有电枢控制(改变电枢电压 U)和磁场控制(改变主磁通 ϕ)两种。由于电枢控制具有机械特性和调节特性线性度好,而且特性曲线呈平行线,空载损耗小,控制回路电感小,响应迅速等优点,所以在控制系统中多采用电枢控制。磁场控制只用于小功率电机,下面仅介绍电枢控制方式时的工作原理和运行特性。

(1)工作原理

电枢控制的直流伺服电动机的原理图,如图12-4所示。励磁绕组接于恒定电压为 U_f 的直流电源上,流过励磁电流 I_f,产生恒定的主磁通 ϕ。当电枢绕组接到控制电压 U_c 上,流过电枢电流 I_a,电枢电流 I_a 与主磁通 ϕ 相互作用产生恒定的电磁转矩 $T = C_T \phi I_a$。当电磁转矩与负载转矩平衡时,电动机匀速旋转,同时在转子电枢绕组中感生反电动势 $E_a = C_e \phi I_a$。当负载转矩不变时,调节电枢控制电压 U_c 的大小,即可改变电动机的输出转速。

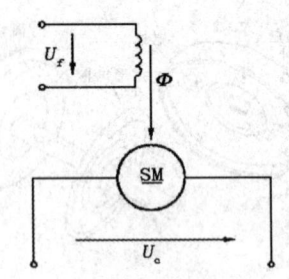

图12-4 直流伺服电动机原理图

(2)运行特性

直流伺服电动机的运行特性包括机械特性和调节特性。

①机械特性。直流伺服电动机机械特性是指在电枢控制电压 U_c 保持不变时,电枢转速 n 随电磁转矩 T 的变化关系,即 $n = f(T)$。

根据直流电动机特性方程式(11-1),由 $n = \dfrac{U_c}{C_e \phi} - \dfrac{R_a}{C_e C_T \phi^2} T_{em} = n_0 - \beta T_{em}$ 可以看出,当作用于电枢回路的控制电压 U_c 不变时,电磁转矩 T_{em} 越大,转速 n 越小,电磁转矩的增加与电动机的转速降成正比,不同控制电压作用下的机械特性如图12-5(a)所示。从机械特性曲线上看,不同控制电压下的机械特性为一组平行线,当控制电压一定时,不同的负载转矩对应不同的机械转速。

②调节特性。直流伺服电动机的调节特性是指在负载转矩 T_L 保持不变时,转速 n 与电枢电压 U_c 的变化关系,即 $n = f(U_c)$。

当电动机的负载转矩 T_L 恒定时,电磁转矩 T_{em} 也为一定值,由机械特性方程可知,控制电压 U_c 的增加与转速 n 的增加成正比,$n = f(U_c)$ 也为一组平行直线,如图12-5(b)所示。由调节特性可以看出,当转速 $n = 0$ 时,不同负载转矩所对应的起动电压是不同的,只有当电枢控制电压大于起动电压时,电动机才能转动。

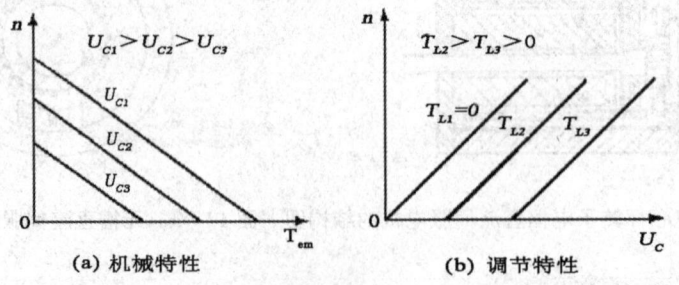

图12-5 直流伺服电动机的特性

从图12-5可知,直流伺服电动机的机械特性和调节特性的线性度好,调整范围大,起动转矩大,效率高。缺点是电枢电流较大,电刷和换向器维护工作量大,接触电阻不稳定,电刷与换向器之间的火花有可能对控制系统产生干扰。

2. 交流伺服电机

(1) 交流伺服电动机的基本结构

交流伺服电动机实质上是两相交流异步电机,主要由定子和转子构成。定子铁芯上嵌放着两套结构完全相同、空间相差90°电角度的两相绕组,其中的一相绕组作励磁用,另一相绕组作控制用。

交流伺服电动机的分为笼型转子和空心杯形转子两种结构形式。笼型转子的结构与一般笼型异步电动机的转子相同,但转子做得细而长,转子导体用高电阻率的材料制成,其目的是减小转子的转动惯量,增强起动转矩对输入信号的快速反应能力和克服自转现象。空心杯形转子交流伺服电机的结构如图12-6所示,它的定子分为内定子和外定子两部分,外定子的结构与笼型交流伺服电机的定子相同,铁心槽内放有两相绕组,内定子由硅钢片叠成并压在一个端盖上,一般不放绕组,其目的是减小磁路的磁阻。空心杯形转子由导电的非磁性材料做成薄壁圆筒形,放在内、外定子之间。杯子底部固定于转轴上,杯壁薄而轻,厚度一般为0.2~0.8mm,因而转动惯量较小,响应迅速。

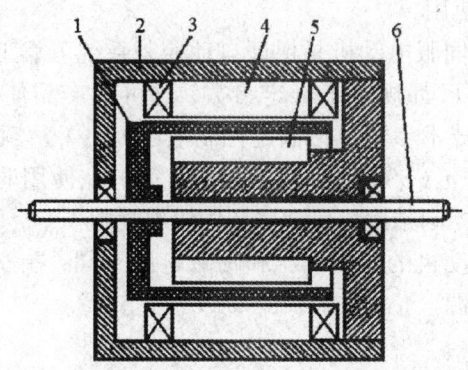

图12-6 空心杯形转子交流伺服电机结构示意图

1—空心杯转子;2—机壳;3—外定子绕组;4—外定子;5—内定子;6—转轴

(2) 交流伺服电动机工作原理

交流伺服电动机的工作原理与单相异步电动机相似。工作时,励磁绕组和控制绕组通入相位互差90°电角度的交流电压,在气隙中形成圆形旋转磁场(控制电压和励磁电压幅值相等)或椭圆形旋转磁场(控制电压和励磁电压幅值不等),此旋转磁场切割鼠笼条或空心杯导体,在鼠笼条或空心杯导体中产生感应电流,转子电流与旋转磁场相互作用,从而产生电磁转矩并驱动负载旋转。

与普通两相异步电动机相比,交流伺服电动机具有宽广的调速范围;当励磁电压不为零,控制电压为零时,气隙中只有励磁绕组产生的脉动磁场,转子因没有起动转矩而静止不动。交流伺服电机必须像直流电机一样具有伺服性,即控制电压大时,电动机转速高;控制电压小时电动机转速低;若控制电压为零则电动机立即停转。为满足上述要求,伺服电动机电阻应尽量大,转动惯量应尽量小。

(3) 交流伺服电动机的控制方式

交流伺服电动机不仅须具有起动和停止的伺服性,还须具有转速的大小和方向的可控性。

根据旋转磁场理论可知，旋转磁场的旋转方向是由电流超前相的绕组转向滞后相的绕组。控制电压 U_c 的相位改变 $180°$，可以改变两相绕组的超前、滞后关系，从而改变旋转磁场的旋转方向，交流伺服电动机转速方向也会发生变化。改变控制电压 U_c 的大小，可以改变气隙旋转磁场的磁通，从而改变电动机的电磁转矩，交流伺服电动机转速也会发生变化。所以改变控制电压 U_c 的大小和相位，就可以控制电动机的转速与转向。交流伺服电动机的控制方法有以下三种：

①幅值控制：保持控制电压 U_c 与励磁电压 U_f 的相位相差 $90°$，只改变控制电压的幅值来控制伺服电机的转速。

②相位控制：控制电压与励磁电压均为额定电压，通过调节控制电压与励磁电压的相位角 β 来控制伺服电机的转速。

③幅相控制：通过改变控制电压的幅值及控制电压与励磁电压的相位角 β 来控制伺服电机的转速。

在以上三种控制方法中，虽然幅相控制的机械特性和调节特性最差，但由于这种方法所采用的控制设备简单，不需要移相装置，因此在实际中应用最为广泛。

(4) 交流伺服电动机的使用

①正确选择和使用交流伺服电动机是保证自动控制系统可靠工作的必要条件。每一种型号的交流伺服电动机，制造厂都规定了额定参数，这可从产品使用说明书和有关手册中查询，交流伺服电动机的主要技术参数包括额定控制电压 $U_{cn}(\text{V})$、额定励磁电压 $U_{fn}(\text{V})$，额定输出功率 $P_{2N}(\text{W})$、空载转速 $n_0(\text{r/min})$ 和额定频率 f_F 等。在使用时，要保证交流伺服电动机工作在额定状态，以免影响控制精度，甚至损坏伺服电动机。

②由于有些交流伺服电动机的控制电压和励磁电压不同，在安装接线时，要注意不能将控制绕组和励磁绕组接错电源。

12.2 测速发电机

测速发电机是机械转速测量装置，它的输入是转速，输出是与转速成正比的电压信号。在自动控制系统中和计算装置中，常作为测速元件、校正元件、计算元件使用，但不能作为电源使用。根据输出电压的不同，测速发电机可分为直流测速发电机和交流测速发电机。直流测速发电机的输出电压为直流电压，包括永磁式测速发电机和电磁式测速发电机；交流测速发电机的输出电压为交流电压，包括同步测速发电机和异步测速发电机。

自动控制系统对测速发电机的性能要求：

(1) 测速发电机的输出电压信号与输入的机械转速要保持严格的线性关系；

(2) 转动惯量要小，以保证测速的快速性；

(3) 测速发电机的灵敏度要高，使得较小的转速变化也可引起输出电压的相应变化。

1. 直流测速发电机

将输入的机械转速信号变换为与转速成正比的输出直流电压信号的发电机称为直流测速发电机。直流测速发电机的工作原理、基本结构与普通小型直流发电机基本相同。按励磁方式的不同，可分为他励测速发电机和永磁式测速发电机两种。他励直流测速发电机工作时，励磁绕组发热会引起励磁绕组电阻的变化，从而引起励磁电流的变化，造成一定的测量误差;永磁式直流测速发电机由于磁极由永久磁铁构成,不需要励磁电源,因而结构简单,使用维护方便,受温度变化引起的误差也小,因而得到广泛地应用。

(1)直流测速发电机工作原理

直流测速发电机的工作原理与普通的直流发电机相同,但测速发电机电刷两端的电动势要和转速保持严格的线性关系。图12-7为他励式直流测速发电机的工作原理图。励磁绕组两端接入恒定直流电压,流过电流I_f,产生恒定磁通ϕ,电枢由被测机械拖动旋转,切割恒定磁通ϕ,在电枢绕组中感应电动势,从电刷两端输出的直流电动势为

$$E_a = C_e \phi n = K_e n \tag{12-1}$$

式中K_e为电动机系数,对已制成的电机,当磁通ϕ保持不变时,K_e为一常数。

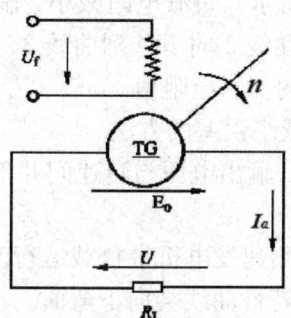

图12-7 直流测速发电机工作原理图

(2)直流测速发电机的输出特性

直流测速发电机的输出特性是指电刷两端的输出电压U_a与转子转速n之间的关系,即$U = f(n)$。

直流测速发电机空载($R_L = \infty$)时,电枢电流$I_a = 0$,电刷两端的输出电压$U_{a0} = E_a = K_e n$,空载时的输出特性如图12-8中的曲线1所示。

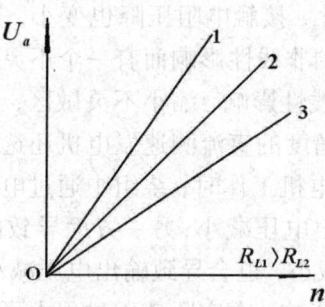

图12-8 直流测速发电机实际输出特性

直流测速发电机带上负载R_L后,R_L中流过电枢电流I_a,并在电枢回路电阻R_a上产生电压降$I_a R_a$,使电刷两端输出电压减小,即

$$U_a = E_a - I_a R_a \tag{12-2}$$

式中R_a为电枢回路电阻,包括电枢绕组电阻和电刷接触电阻。

将式(12-1)和$I_a = \dfrac{U_a}{I_a}$代入式(12-2)并简化整理,得到直流测速发电机的输出特性方

程为

$$U_a = \frac{E_a}{1+\frac{R_a}{R_L}} = \frac{K_e n}{1+\frac{R_a}{R_L}} = K_n \qquad (12-3)$$

式中 K 为直流测速发电机输出特性曲线的斜率，$K = \frac{K_e}{1+\frac{R_a}{R_L}}$。

由式(15-3)可知，在理想情况下，R_a、ϕ 均为常数，K 为一值，直流测速发电机的输出电压 U_a 与转速 n 成正比变化，输出特性 $U_a = f(n)$ 为线性。给定不同的 R_L，可得一组直线输出特性，如图 12-8 中的曲线 2、3 所示。负载电阻减小，输出特性曲线的斜率 K 减小，当负载电阻 R_L 减小为 R_{L2} 时，输出特性曲线 2 向下移到曲线 3，因此负载电阻的大小对输出特性有较大的影响，使用适应选择适合的负载电阻值。

(3) 直流测速发电机的误差及减小误差的方法

实际的直流测速发电机运行时，输出电压与转速间并不能够保持严格的线性关系，产生误差的原因主要有以下几个方面：

①电枢反应的去磁作用。直流测速发电机带负载运行时，由于电枢反应的影响，使得主磁通 ϕ 发生变化，因此实际的输出特性曲线会向下弯曲。

为了消除电枢反应的影响，除在设计时采用补偿绕组进行补偿，结构上加大气隙削弱电枢反应的影响外，对于使用者而言应使发电机的负载电阻阻值等于或大于负载电阻的规定值，这样可使负载电流对电枢反应的影响尽可能小。此外增大负载电阻还可以使发电机的灵敏性增强。所以，直流测速发电机工作时，对于外接负载电阻的最小值和转速的最高值都做了规定。

②电刷接触电阻的影响。电刷接触电阻为非线性的，尤其当测速发电机的转速和输出电压较低时，接触电阻较大，电刷接触电阻压降在总电枢电压中所占比重大，实际输出电压较小，而当转速升高时接触电阻变小，接触电阻压降也变小，这样会造成直流测速发电机在低速运行时，输出特性受接触电阻的非线性影响而有一个不灵敏区。

为了减小电刷接触电阻的非线性影响，缩小不灵敏区，直流测速发电机常选用接触压降较小的金属-石墨电刷，有些高精度的直流测速发电机还选用铜电刷。

③温度的影响。直流测速发电机工作时，绕组中通过电流时会引起温度升高。温度升高一方面会导致电枢电阻变大，输出电压减小；另一方面导致电磁式直流测速发电机励磁绕组电阻变大，励磁电流减小，磁通减小，也会导致输出电压减小。

为了减小温度对励磁电流的影响，在实际使用过程中可以在励磁回路串入温度系数较低的康铜或锰铜制成的附加电阻，限制励磁电流的变化；在设计时也可使磁路较为饱和，即使励磁电流波动较大，磁通变化也不大。

(4) 直流测速发电机的应用

直流测速发电机在民用工业中的应用十分广泛。例如：在大型轧钢机中主要用作速度伺服系统的检测元件，以保证比较高的调速精度；在高精度数控机床中，由直流测速发电机和直流宽调速伺服电动机构成的宽调速直流伺服-测速机组已广泛用于数控机床的主轴系统和进给系统；在精密低速转台中，它作为低速、宽调速范围的稳速器，及低速测速发电机试验的稳速驱动装置等。

2. 交流测速发电机

将输入机械转速信号变换为与转速成正比的交流电压信号输出的发电机称为交流测速发电机。按工作原理不同，交流测速发电机可分为异步测速发电机和同步测速发电机两种。

由于同步测速发电机的输出频率和电压幅值均随转速（输入信号）的变化而变化，因此一般用作指示式转速计，很少用于控制系统中的转速测量。异步测速发电机的输出电压频率与励磁电压频率相同而与转速无关，其输出电压与转速 n 成正比，因此在控制系统中得到广泛的应用。下面对交流异步测速发电机进行简要介绍。

1）基本结构

交流异步测速发电机分为鼠笼型和空心杯型两种。由于空心杯测速发电机的测量精度高、转动惯量小，因此应用最为广泛。

空心杯测速发电机的结构与空心杯伺服电机的结构基本相同，为了使测速发电机输出特性的线性度好、性能稳定，要求它的转子电阻比伺服电机的转子电阻更大一些，通常采用电阻率大、湿度系数小的硅锰青铜或锡锌青铜制成，杯壁厚 0.2～0.3mm。

交流异步测速发电机的定子由内定子和外定子两部分构成，在定子上嵌放有空间位置上相差 90°电角度的两相绕组，一相绕组作为励磁绕组，另一相绕组作为输出绕组。在机座号较小（即功率小）的测速发电机中，两相绕组均嵌放在内定子上；而机座号在 36 号（外径为 36mm）以上测速发电机中，励磁绕组嵌放在外定子上，输出绕组嵌放在内定子上，以便调整两相绕组的相对位置，使剩余电压最小。如图 12 - 9 是空心杯转子测速发电机的结构图。

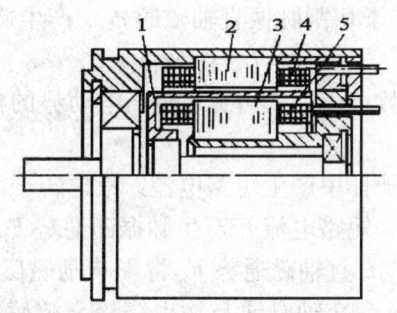

图 12 - 9　空心杯转子异步测速发电机结构
1 - 空心杯转；2 - 外定子；3 - 内定子；4 - 励磁绕组；5 - 输出绕组

2）工作原理

空心杯转子异步测速发电机的工作原理图，如图 12 - 10 所示。在励磁绕组中加入恒频恒压的励磁电压 U_f，励磁绕组中有励磁电流 I_f 流过，产生沿励磁绕组轴线与电源同频率的脉振直轴磁通势 F_d 和脉振直轴磁通 ϕ_d。电机转子和输出绕组中的电动势及由此而产生的反应磁通势，根据电机的转速可分两种情况：

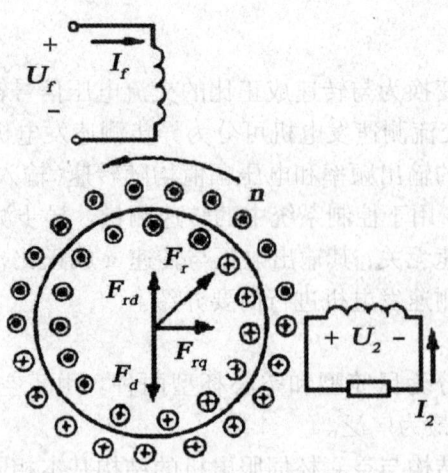

图 12-10 空心杯转子异步测速发电机的工作原理图

(1) 电机不转

当转速 $n=0$ 时,脉振磁通在杯型转子多相绕组(杯型转子可看作相数非常多的笼型转子)中感生电动势及电流,其方向可按右手螺旋定则判断。转子中的电动势为变压器性质电动势,该电动势产生的转子磁通势性质和励磁磁通势性质相同均为直轴磁通势;输出绕组由于与励磁绕组在空间位置上相差 90°电角度,因此不产生感应电动势,输出电压 $U_2=0$。

(2) 电机旋转

当转子转动时($n \neq 0$)时转子切割脉振直轴磁通 ϕ_d,产生旋转电动势 F_f

$$E_r = C_r \phi_d n \tag{12-4}$$

式中,C_r 为转子电动势常数。由上式可见,转子电动势的幅值与转速成正比,其方向可用右手定则判断。

转子中的感应电动势在转子杯中产生短路电流,考虑转子漏抗的影响,转子电流要滞后转子感应电动势一定的电角度。短路电流 I_s 产生脉振磁通势 F_r,转子的脉振磁通势可分解为直轴磁通势 F_{rd} 和交轴磁通势 F_{rq},直轴磁通势 F_{rd} 将影响励磁磁通势并使励磁电流发生变化,交轴磁通势 F_{rd} 产生交轴磁通 ϕ_q。交轴磁通与输出绕组交链感应出频率与励磁频率相同、幅值与交轴磁通 ϕ_q 成正比的感应电动势 E_2。

由于 $\phi_q \propto F_{rq} \propto F_r \propto E_r \propto n$,所以 $E_2 \propto \phi_q \propto n$,即输出绕组的感应电动势的幅值正比于测速发电机的转速,而频率为励磁电源的频率,与转速无关。

3) 异步测速发电机的误差

(1) 一台理想的交流异步测速发电机应具有以下特性:
①输出电压与转速呈严格的线性关系;
②输出电压与励磁电压相位相同;
③转速 $n=0$ 时,输出电压为 0。

(2) 异步测速发电机实际误差

实际上,由于测速发电机参数受温度变化影响和工艺的原因,难以满足上述要求,总会产生误差。异步测速发电机的主要误差包括幅值及相位误差和剩余电压误差。

①幅值及相位误差

由于输出电压除了与转速有关，还与 ϕ_d 有关。由上述分析可见，只有当直轴磁通 ϕ_d 保持恒定不变，输出电压 U_2 才能与转速 n 保持正比关系。当励磁电压为常数时，由于励磁绕组存在漏感抗，使得励磁绕组电动势与外加励磁电压有一个相位差，随着转速的变化，ϕ_d 的幅值和相位均发生变化，造成输出电压的误差。

为了减小这种误差，异步测速发电机可采用电阻值大的非磁性空心转子，但电阻值过大会使灵敏度下降；其次，可设法减小励磁绕组的漏阻抗，还可在励磁绕组串入电容给以补偿校正。

②剩余电压误差

理想的测速发电机，当转速为零时，输出电压也为零。实际上，由于加工、装配过程中存在机械上的不对称及定子磁性材料性能的不一致性，使得测速发电机转速为零时，实际输出电压并不为零，此时的输出电压称为剩余电压。因剩余电压的存在引起的测量误差称为剩余电压误差。

减小剩余电压误差的方法是：改进工艺和材料性能，选择高质量各方向特性一致的磁性材料，在机加工和装配过程中提高机械精度；也可通过装配补偿绕组的方法加以补偿。使用者可通过外电路补偿的方法去除剩余电压的影响。

4）交流测速发电机的应用

(1) 用作阻尼

当系统发生振荡时，它能够向系统提供一个加速或减速信号，产生阻尼作用，促使系统振荡加速或衰减，从而提高系统的稳定性。

(2) 用作速度伺服

在某些仪器或试验设备中，往往要求驱动设备主轴的伺服电动机的速度与某一输入电压成正比，为了实现这个要求，就需要采用速度伺服系统。异步测速发电机的输出电压反映了伺服电动机的转速，交流控制信号减去这个电压后的差值信号经放大器适当放大后，加于伺服电动机的控制组，驱动伺服电动机。

(3) 用于积分系统

如果在控制系统中需要得到代表某一输入函数积分值的电压或轴位移，就需要积分伺服系统。采用异步测速发电机作为积分元件的伺服系统可以校正微小的误差。

12.3 自整角机

自整角机是一种能对角位移或角速度的偏差自动整步的感应式控制电机。在自动控制系统中，自整角机总是成对使用或多台组合使用，将机械上的转角变换为电信号或将电信号变换为转轴的转角，使机械上互不相连的两根或多根机械轴能够保持相同的转角变化或同步的旋转变化，以实现角度的传输、变换和接收。

在随动控制系统中，多台自整角机协调工作，其中产生控制信号的主自整角机称为发送机，接受控制信号、执行控制命令与发送自整角机保持同步的自整角机为接收机。

自整角机按其工作原理不同,可分为控制式自整角机和力矩式自整角机两类。力矩式自整角机输出的力矩较大,可直接驱动接收机轴上的负载,主要用于指示系统或角传递系统中,以实现角度的传递。控制式自整角机主要用于传输系统中,作检测元件用,其接收机不直接带负载,而是在接收机上输出与发送机、接收机转子之间的角位差有关的一个电压信号。

1. 自整角机的结构与工作原理

1)力矩式自整角机的结构与工作原理

力矩式自整角机为在整个圆周范围内能够准确定位,通常采用两极电机,并且绝大部分采用凸极式结构,只在频率较高、尺寸较大的力矩电机中才采用隐极式结构。

力矩式自整角机的定、转子铁芯均采用高导磁率的薄硅钢片冲制成型。为减小铁损,薄硅钢片经过涂漆处理,然后铆制成整体定子或整体转子。力矩式自整角机的励磁采用单相励磁,励磁绕组放置在凸极铁芯上,整步绕组为三相绕组并作星形联结放置在铁芯槽中。励磁绕组可放置在定子上也可放置在转子上,当励磁绕组放置在凸极定子上时,整步绕组放置在转子铁芯上并通过滑环和电刷引出;当励磁绕组放置在凸极转子上时,通过两相滑环和电刷把励磁绕组和外部励磁电路相连,整步绕组放置在定子铁芯上。

力矩式自整角机的三种结构图,如图12-11所示。转子凸极式结构的转子质量轻,电刷和滑环数量少,适用于小容量的自整角机。定子凸极式结构的转子上放置三相分布绕组,其平衡性好,但转子质量大,电刷数量和滑环数量多,适合于较大容量的自整角机。

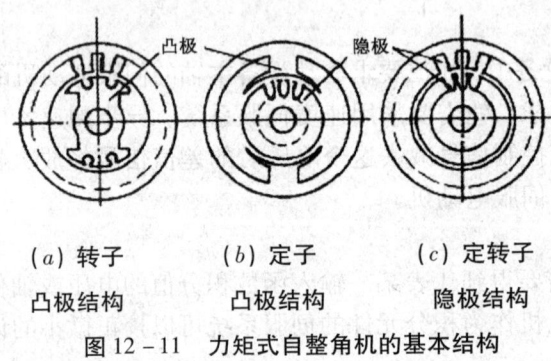

(a) 转子凸极结构　　(b) 定子凸极结构　　(c) 定转子隐极结构

图12-11　力矩式自整角机的基本结构

自整角机的接线图,如图12-12所示。两台电机的结构参数一致。图中左边的自整角机作为发送机,右边的自整角机作为接收机,它们的励磁绕组接在同一单相交流励磁电源上,两台电机的三相整步绕组彼此对应相连。为了分析方便,规定励磁绕组与整步绕组的a相的夹角作为转子的位置角。

(1) 力矩式自整角机整步绕组中的电动势与电流

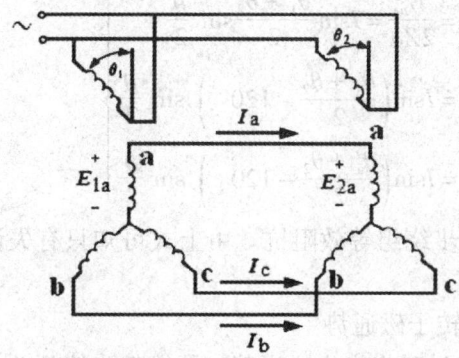

图 12-12 力矩式自整角机接线图

图中,发送机的转子位置为 θ_1,接收机的转子位置为 θ_2,失调角 θ 为

$$\theta = \theta_1 - \theta_2 \quad (12-5)$$

由于励磁绕组为单相,当励磁绕组中有励磁电流时,在电机的气隙中将产生脉振磁通势,脉振磁通势在各整步绕组中感应出变压器电动势,由于各绕组在空间的位置不同,每相整步绕组中的感应电动势幅值大小相等,相位互差120°,即

对于发送机:

$$\left.\begin{array}{l} E_{1a} = E\cos\theta_1 \\ E_{1b} = e\cos(\theta_1 - 120°) \\ E_{1c} = E\cos(\theta_1 + 120°) \end{array}\right\} \quad (12-6)$$

对于接收机:

$$\left.\begin{array}{l} E_{2a} = E\cos\theta_2 \\ E_{2b} = e\cos(\theta_2 - 120°) \\ E_{2c} = E\cos(\theta_1 + 120°) \end{array}\right\} \quad (12-7)$$

式中,为整步绕组中感应电动势的幅值,其大小为

$$E = 4.44 f K_{W1} N \phi_m \quad (12-8)$$

其中,ϕ_m 为每极磁通幅值;为励磁电源的频率,也即为主磁通的脉振频率;N 为整步绕组每相匝数;K_{W1} 为整步绕组基波绕组系数。

各相绕组中总电动势为

$$\left.\begin{array}{l} E_a = E_{2a} - E_{1a} = 2E\sin\dfrac{\theta_1 + \theta_2}{2}\sin\dfrac{\theta}{2} \\ E_b = 2E\sin\left(\dfrac{\theta_1 + \theta_2}{2} - 120°\right)\sin\dfrac{\theta}{2} \\ E_c = 2E\sin\left(\dfrac{\theta_1 + \theta_2}{2} - 120°\right)\sin\dfrac{\theta}{2} \end{array}\right\} \quad (12-9)$$

各相绕组中的电流为

$$\left.\begin{aligned}I_a &= \frac{E_a}{2Za} = I\sin\frac{\theta_1+\theta_2}{2}\sin\frac{\theta}{2} \\ I_b &= I\sin\left(\frac{\theta_1+\theta_2}{2}-120°\right)\sin\frac{\theta}{2} \\ I_c &= I\sin\left(\frac{\theta_1+\theta_2}{2}-120°\right)\sin\frac{\theta}{2}\end{aligned}\right\} \quad (12-10)$$

式中，为自整角机的整步绕组等效阻抗。由上式可知只有失调角 时，整步绕组的各相电流才为零。

(2) 力矩式自整角机的转子磁通势

当整步绕组中有电流流过时将产生磁通势，虽然整步绕组为三相绕组，但各相流过的电流同相位，因此整步绕组电流产生合成的磁通势仍为脉振磁通势。每极脉振磁通势为

$$\left.\begin{aligned}F_{1a} &= \frac{4}{\pi}\frac{\sqrt{2}}{2}\frac{INk_{W1}}{p}\sin\frac{\theta_1+\theta_2}{2}\sin\frac{\theta}{2}=F\sin\frac{\theta_1+\theta_2}{2}\sin\frac{\theta}{2} \\ F_{1b} &= F\sin\left(\frac{\theta_1+\theta_2}{2}-120°\right)\sin\frac{\theta}{2} \\ F_{1c} &= F\sin\left(\frac{\theta_1+\theta_2}{2}+120°\right)\sin\frac{\theta}{2}\end{aligned}\right\} \quad (12-11)$$

式中，$F=\frac{4}{\pi}\frac{\sqrt{2}}{2}\frac{INK_{W1}}{p}$ 为每极脉振磁通势的幅值。

将脉振磁通势分解为两个互相垂直的直轴磁通势 F_d 和交轴磁通势 F_q，则合成磁通势 F 为直轴磁通势和交轴磁通势的矢量和。

发送机的交轴磁通势分量为

$$\begin{aligned}F_q &= F_{qa}+F_{qb}+F_{qc} \\ &= -F_{1a}\sin\theta_1-F_{1b}\sin(\theta_1-120°)-F_{1c}\sin(\theta_1+120°) \\ &= -\frac{3}{4}F\sin\theta\end{aligned} \quad (12-12)$$

发送机的直轴磁通势分量为

$$\begin{aligned}F_d &= F_{da}+F_{db}+F_{dc} \\ &= F_{1a}\cos\theta_1-F_{1b}\sin(\theta_1-120°)-F_{1c}\cos(\theta_1+120°) \\ &= -\frac{3}{4}F(1-\cos\theta)\end{aligned} \quad (12-13)$$

合成磁通势的幅值为

$$F_1 = \sqrt{F_q^2+F_d^2} = \frac{3}{2}F\sin\frac{\theta}{2} \quad (12-14)$$

合成磁通势与交轴磁通势的夹角定义为合成磁通势的相位角 α_1，即

$$\tan\alpha_1 = \frac{F_d}{F_q} = \frac{1-\cos\theta}{\sin\theta}$$

由上式求得发送机合成磁通势的相位角 $\alpha_1=\frac{\theta}{2}$。

同理可求得接收机的整步磁通势为

$$F_2 = \frac{3}{2}F\sin\frac{\theta}{2} \tag{12-16}$$

接收机合成磁通势的相位角 $\alpha_2 = \frac{\theta}{2}$。

(3)力矩式自整角机的转矩

力矩式自整角机的电磁转矩由励磁磁通与整步绕组磁通势相互作用产生,当失调角较小时,直轴磁通势 $F_d \approx 0$,转矩主要由直轴磁通与交轴磁通势相互作用产生。整步转矩可通过下式计算

$$T_{em} = k_1 F_q \phi_d \cos\varphi \tag{12-17}$$

式中,K_1 为转矩系数,φ 为直轴磁通与交轴磁通势间的夹角。

当失调角不为零时,交轴磁通势不为零,因此整步转矩存在并使接收机跟随发送机转子转过 θ 角;当失调角等于零时,整步转矩为零,系统进入新的协调位置,从而实现了转角的传输。

2)控制式自整角机的结构与工作原理

控制式自整角机与力矩式自整角机的结构基本相同,所不同的是接收机的励磁绕组不再与发送机的励磁绕组接在同一励磁电源上,而是开路作信号输出端使用,如图12-13所示。当发送机转子由主令轴转过 θ 角,即出现失调时,接收机转子绕组即输出一个与失调角 θ 具有一定函数关系的电压信号,这样就实现了转角信号的变换。在这样的情况下,接收机是在变压器状态下运行,故控制式自整角机中的接收机又称为自整角变压器。

接收机整步绕组在输出绕组中感应的变压器电动势为

$$E_2 = E_{2m}\cos\theta \tag{12-18}$$

式中,$E_2 = E_{2m}\cos\theta$,E_{2m} 是 $\theta = 0°$ 时的输出绕组最大感应变压器电动势。

当接收机空载时,变压器感应电动势即为输出电压,即 $U_2 = E_2$。

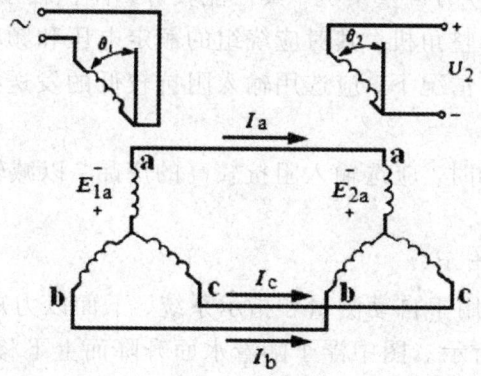

图12-13 控制式自整角机接线图

2.自整角机的误差分析与选用时应注意的问题

力矩式自整角机的整步转矩必须大于其接收机转轴的阻尼转矩(包括负载转矩和摩擦转矩等),才能驱动接收机转子跟着发送机转动,因此发送机和接收机之间必然保存一定的失调角。当力矩式自整角机系统处于静态协调时,接收机与发送机转子转角之差,称为力矩式自整角接收机的静态误差,其大小主要取决于比整步转矩(失调角 $\theta = 1°$

时产生的整步转矩称为比整步转矩)和摩擦力矩。力矩式自整角机的静态误差是衡量接收机跟随发送机的静态准确程度的指标,静态误差越小,则接收机跟随发送机的能力越强。由于凸极结构会产生反应转矩,可增大比整步转矩,因此力矩式自整角机的转子制成凸极式。

为了提高控制式自整角机的精度,其发送机和接收机的转子都制成隐极式,但实际上,由于结构、工艺、材料等方面的原因,即使在协调位置,输出绕组中仍存在某些电压,它们一方面会引起转角随动误差,另一方面会使放大器和系统工作恶化。尤其当控制式自整角变压器转速较高时,其输出绕组切割其整步绕组合成磁通会产生速度电动势,从而使接收机转子最后所处的位置偏离协调位置。

力矩式和控制式自整角机各具有不同的特点,应该根据实际需要合理选用。

力矩式自整角机的功能是直接达到转角随动的目的,即将机械角度变换为力矩输出,但无力矩放大作用,接收误差稍大,负载能力较差,其静态误差范围一般为$0.5°\sim2°$。因此力矩式自整角机只适用于轻负载转矩及精度要求不太高的开环控制伺服系统。例如:飞机和舰船的航向指示,舰船船身的横向及纵向偏摆指示,阀门开启指示,水位高低指示等。

控制式自整角机的功能是作为角度和位置检测元件,可将机械角度转换为电信号或将角度的数字量转变为电压模拟量,而且精密程度较高,误差范围一般为$3'\sim14'$。因此控制式自整角机多用于精度较高、负载较大的闭环控制的伺服系统中,如雷达高低角自动显示系统等。

选用自整角机还应注意以下几个问题:

① 自整角机的励磁电压和频率必须与使用的电源符合,若电源可任意选择时,应选用电压较高(一般是400V)的自整角机,其性能较好,体积较小。

② 相互连接使用的自整角机,其对应绕组的额定电压和频率必须相同。

③ 在电源容量允许的情况下,应选用输入阻抗较低的发送机,以便获得较大的负载能力。

④ 选用自整角变压器时,应选输入阻抗较高的产品,以减轻发送机的负载。

3. 自整角机应用

(1) 角位置的远距离指示

力矩式自整角机广泛用于自动测量和指示系统,下面以力矩式自整角机测水塔水位为例说明,如图12-14所示。图中浮子随着水面升降而上下移动,并通过绳子、滑轮和平衡锤使自整角发送机转子旋转。根据力矩式自整角机的工作原理可知,由于发送机和接收机的转子是同步旋转的,因此接收机转子上固定的指针能准地指向刻度盘所对应的角度——发送机转子所旋转的角度。若将角位移换算成线位移,就可方便地测出水面的高度,实现远距离测量的目的。这种测位器不仅可以测量水面或液面的位置,也可以用来测量阀门的位置、电梯和矿井提升机的位置、变压器分接开关位置等。

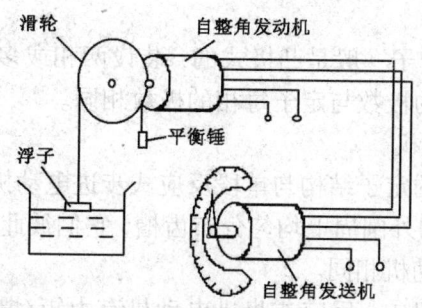

图 12-14　作为测位器的力矩式自整角机

12.4　步进电动机

步进电动机是一种将电脉冲信号转换成相应的角位移或直线位移的控制电机。它采用电脉冲信号进行控制,每当一个电脉冲加到步进电动机的控制绕组上时,它就转过一个角度或前进一步,故称之为步进电动机。

在数字控制系统中,步进电动机常作为执行元件,以实现对生产过程或设备的数字控制。近年来由于计算机应用技术的迅速发展,步进电动机常常和计算机一起组成高精度的数字控制系统,广泛应用于数控机床、计算机外围设备、机器人驱动系统、自动化仪表等领域。

步进电动机的种类很多,按相数不同可分为三相、四相、五相和六相等;按工作原理不同可分为反应式(又称为磁阻式)、永磁式和永磁感应式三种;按运动方式不同可分为旋转式和直线式两类。以下主要介绍反应时步进电动机的结构特点、工作原理、运行特性及应用。

1. 步进电动机的基本结构

(1) 反应式步进电动机

反应式步进电动机分为单段式和多段式两种类型。

①单段式。单段式又称为径向分相式,它是目前步进电动机中使用最多的一种结构型式。定子的磁极数通常为相数的两倍,即 $2p=2m$。每个磁极上都装有控制绕组,并接成 m 相。在定子磁极的极面上开有小齿。转子沿周围也有均匀分布的小齿,它们的齿形和齿距完全相同。为了获得较大的静转距,通常选取齿宽和齿距之比为 0.32~0.38。这种结构形式使电机制造简便,易于保证精度;步距角又可以做得较小,容易得到较高的起动和运行频率。

②多段式。多段式又称为轴向分相式,根据其磁路特点的不同,又可分为轴向磁路多段式和径向磁路多段式两种。轴向磁路多段式步进电动机的定、转子铁芯均沿电机轴向按相数分段,每一段定子铁芯中间放置一相环形的控制绕组。定、转子圆周上冲有齿形相近和齿数相同的均布小齿槽。定子铁芯(或转子铁芯)相邻段错开 $1/m$ 齿距。

径向磁路多段式步进电动机的定、转子铁芯沿电机径向按相数分段,每段定子铁芯的磁极上均放置同一相控制绕组。定、转子周围上有齿形相近并有相同齿距的齿槽,每一段铁芯上的定子齿都和转子齿处于相同的位置。定于铁芯(或转子铁芯)每相邻两段错开 $1/m$ 齿距。

（2）永磁式步进电动机

永磁式步进电动机，其定子一般是凸极式的，装设两相或多相绕组。转子是一对极或多对极的星形永久磁铁。转子的极数与定子每相的极数相同。

（3）永磁感应式步进电动机

永磁感应式步进电动机的定子结构与单段反应式步进电动机相同。转子由环形磁铁和两端铁芯组成，两端转子铁芯的外圆周上均匀分布齿槽，它们彼此相错1/2齿距。定、转子齿数的配合与单段反应式步进电动机相同。

在各种结构的步进电动机中，反应式步进电动机有力矩/惯性比高、步进频率高、可双向旋转、结构简单及寿命长等优点，因此在数字控制系统中大量使用的是反应式步进电动机。

2. 反应式步进电动机的工作原理

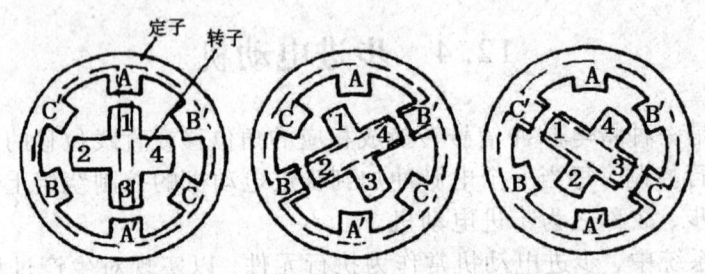

(a) A相通电情况　(b) B相通电情况　(c) C相通电情况

图12-15　三相反应式步进电动机原理图

如图12-15为三相反应式步进电动机的原理图。

它由定子和转子两大部分组成，在定子上有三对磁极，磁极上装有控制绕组。控制绕组分为三相，分别为A相、B相和C相绕组。步进电动机的转子是由软磁材料制成，在转子上均匀分布四个凸极，但不装绕组，转子的凸极也称为转子齿。

当A相绕组通入电脉冲时，气隙中产生一个沿A-A'轴线方向的磁场，由于磁通总是要经过磁阻最小的路径形成闭合磁路，于是产生磁拉力，使转子铁芯的齿1、齿3和定子的A-A'对齐，如图12-15(a)所示。此时，转子只受沿A-A'轴线方向上的拉力作用而具有自锁能力。若将通入的电脉冲由A相换到B相，同A相通电时情况一样，磁通也要经过磁阻最小的路径形成闭合磁路，这样转子逆时针转过一定角度，使转子铁芯的齿2、齿4与轴线B-B'对齐，转子在空间转过的角度为30°，如图12-15(b)所示。当C相通电而B相断电时，转子铁芯的齿1、齿3又转到与C-C'轴线对齐，转子又顺时针转过30°角，如图12-15(c)所示。若按照A-B-C-A的通电顺序往复下去，则步进电动机的转子将按一定速度沿逆时针方向旋转，步进电动机的转速取决于三相控制绕组的通、断电源的频率。当按照A-C-B-A顺序通电时，步进电动机的转动方向将改为顺时针。

在步进电动机控制过程中，定子绕组每改变一次通电方式，称为一拍，每一拍中转子转过的角度称为步距角。上述的通电方式称为三相单三拍控制方式，"单"是指每次只有一相绕组通电，"三拍"是指一个循环只换接3次，其步距角为30°。除此种控制方式外，还有三相单、双六拍工作方式和三相双三拍控制方式。在三相单、双六拍工作方式中，控制绕组通电顺序为A-AB-B-BC-C-CA-A（转子逆时针旋转）或A-AC-C-CB-B-BA-A（转子顺时针旋转），步距角为15°；在三相双三拍控制方式中，控制绕组的通电顺序为AB-BC-CA

– AB 或 AC – CB – BA – AC，步距角为 30°。

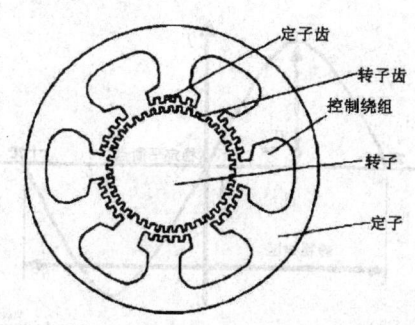

图 12 – 16　小步距角的反应式步进电动机的原理图

以上讨论的是最简单的反应式步进电动机的工作原理，这种步进电动机的步距角较大，不能满足生产实际的需要，而且在一相控制绕组断电而另一相绕组开始通电时容易造成"失步"，所以很少采用。近年来实际使用的步进电动机是定子和转子齿数都较多、步距角较小、特性较好的小步距角步进电动机。图 12 – 16 是最常用的一种小步距的三相反应式步进电动机的原理图。

步进电动机的步距角 θ_{se} 可通过下式计算

$$\theta_{se} = \frac{360°}{mZ_rC} \tag{12-19}$$

式中，m 为步进电动机的相数，对于三相步进电动机 $m=3$；C 为通电状态系数，单拍或双拍方式工作时 $C=1$，单双拍混合方式工作时 $C=2$；Z_r 为步进电动机转子的齿数。

步进电动机的转速 n 可通过下式计算

$$n = \frac{60f}{mZ_rC} \tag{12-20}$$

式中，f 为步进电动机每秒的拍数（或每秒的步数），称为步进电动机的通电脉冲频率。

3. 反应式步进电机的特性

1）反应式步进电动机的静特性

步进电动机的静特性是指步进电动机的通电状态不变，电动机处于稳定的状态下所表现的性质，包括矩角特性和最大静转矩。

（1）矩角特性

①初始平衡位置。步进电动机在空载条件下，控制绕组通入直流电流，转子最后处于稳定的平衡位置称为步进电动机的初始平衡位置。由于不带负载，此时的电磁转矩为零。

②失调角。步进电动机的转子偏离初始平衡位置的电角度，称为失调角。在反应式步进电动机中，转子的一个齿距所对应的电角度为 2π。

③距角特性。步进电动机的矩角特性是指在不改变通电状态的条件下，步进电动机的静转矩 T 与失调角 θ 之间的关系特性 $T=f(\theta)$，如图 12 – 17 所示。

静转矩的正方向取失调角 θ 的增大方向。距角特性可通过下式描述：

$$T = -kI^2\sin\theta \tag{12-21}$$

式中 k 为转矩常数；
I 为控制绕组电流。

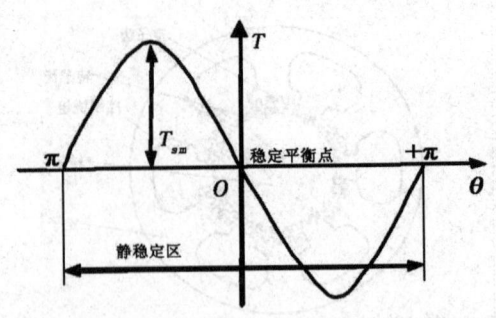

图 12-17 步进电动机的矩角特性

由图 12-17 可知，步进电动机的矩角特性为一正弦曲线。

在静转矩作用下，转子有一个平衡位置。在空载条件下，转子的平衡位置可通过令 $T=0$ 求得，当 $\theta=0$ 时 $T=0$，当因某种原因使转子偏离 $\theta=0$ 点时，电磁转矩都能使转子恢复到 $\theta=0$ 的点，因此 $\theta=0$ 的点为步进电动机的稳定平衡点；当 $\theta=\pm\pi$ 时，同样也可使 $T=0$，但当 $\theta>\pi$ 或 $\theta<\pi$，转子因某种原因离开 $\theta=\pm\pi$ 时，电磁转矩却不能再恢复到原平衡点，因此 $\theta=\pm\pi$ 为不稳定的平衡点。两个不稳定的平衡点之间即为步进电动机的静态稳定区域，稳定区域为 $-\pi<\theta<+\pi$。

(2) 最大静转矩

矩角特性中，静转矩的最大值称为最大静转矩，也叫保持转矩。当 $\theta=\pm\dfrac{\pi}{2}$ 时，T 有最大值 T_{sm}，最大静转矩 $T_{sm}=kI^2$。

3. 步进电动机驱动电源

步进电动机不能直接接到交直流电源上工作，而必须使用专用的驱动电源。步进电动机驱动系统的性能，不但取决于电动机自身的性能，也在很大程度上取决于驱动器的优劣。因此，对步进电动机驱动器的研究几乎是与步进电动机的研究同步进行的。

1) 对驱动电源的基本要求

步进电动机的驱动电源应满足下述要求：

(1) 驱动电源的相数、通电方式、电压和电流都应满足步进电动机的控制要求；

(2) 驱动电源要满足起动频率和运行频率的要求，能在较宽的频率范围内实现对步进电动机的控制；

(3) 驱动电源能抑制步进电动机的振荡；

(4) 驱动电源的工作可靠，对工业现场的各种干扰有较强的抑制作用。

2) 步进电动机驱动电源的组成

步进电动机的驱动电源一般由脉冲信号发生电路、脉冲分配电路和功率放大电路等部分组成，用于大功率步进电动机的驱动器还要有多种保护线路。

脉冲信号发生电路产生基准频率信号供给脉冲分配电路，脉冲分配电路完成步进电动机控制的各相脉冲信号，功率放大电路对脉冲分配回路输出的控制信号进行放大驱动步进电动机的各相绕组，使步进电动机转动。脉冲分配器有多种形式，早期的有环型分配器，现在逐步被单片机所取代。保护线路一般可根据需要设置过电压保护、过热保护、过压保护、欠压保护,有时还需要对输入信号进行监护,发现异常即提供保护。功率放大电路对步进电动机的性能有十分重要的作用,常用的功率放大电路有单电压、双电压、斩波型、调频调压型和细分型等多种型式。近年来出现将控制信号形成和功率放大电路为一体的集成驱动电路。

(1) 单电压功放电路

单电压功率放大电路是指在电动机工作过程中,只用1个方向电压对绕组供电,如图 7-46 所示。单电压功放电路是步进电动机控制电路中最简单的一种驱动电路,其特点是结构简单,但它的效率较低,在高频时效率更差,一般只适合小功率步进电动机的驱动。

单电压驱动电路有多种改进形式,图 12-18 为基本改进型单电源驱动电路,其特点是电容 C 改善注入步进电动机绕组的电流前沿,在高频时提高效率;电阻 R_D 使回路时间常数变小,改善控制电路的高频性能。图 12-19 为单电压恒流功放电路,该电路用三极管组成的恒流源代替了外接电阻,使线路的等效电阻大大提高,系统的时间常数变小。采用恒流源电路可有效改善驱动电源的效率,使电源效率较高。

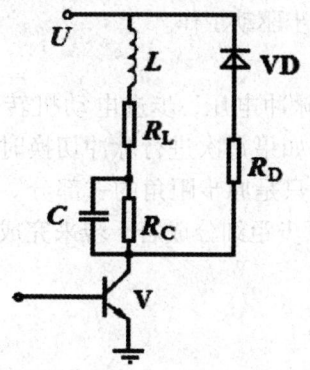
图 12-18 基本改进型驱动电路

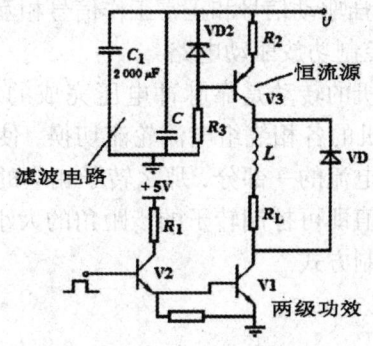
图 12-19 恒流功放驱动电路

(2) 双电压功放电路

双电压功放电路是采用高压和低压两种电源电压供电。该类功放电路主要解决驱动信号前沿上升慢、过渡时间长等问题。其特点是高压使驱动信号前沿变陡,使瞬态过程变短,相当于使系统时间常数变小,低压使步进电动机电流稳定,保持为稳态电流,步进电动机在低压电流作用下,完成步进过程。

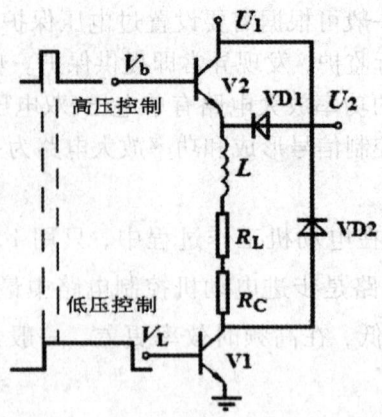

图 12-20 双电源驱动电路

采用双电压功放可有效提高步进电动机的工作频率，另一方面也使步进电动机的高频力矩得到提高，因此该类驱动电路常用于中功率和大功率步进电动机的驱动电路中。图 12-20 为一简单的双电源功放电路，U_1 为高电压电源，U_2 为低电压电源。为保证在驱动信号前沿时高压电源起作用，正常驱动时低压电源起作用，整个电路不能共用一个控制信号，必需产生一个高压驱动信号，高压驱动信号和正常工作信号相互配合完成一步驱动工作。

（3）细分控制功放驱动电路

步进电动机的转动是靠脉冲电压完成的，对应一个脉冲电压，步进电动机转子转动一步，步进电动机的各相绕组电流轮流切换，使转子旋转。如果每次进行脉冲切换时仅改变对应绕组中额定电流的一部分，那么转子相应的每步转动也只是原步距角的一部分。通过控制绕组中电流数值即可控制转子的步距角的大小。这种把原步距细分成若干步来完成的控制方式是叫细分控制方式。

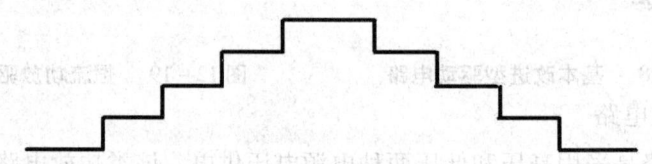

图 12-21 细分驱动绕组电流波形

步进电动机中对电流进行细分的本质是在绕组上对电流进行叠加，使原来的矩形电流供电波形变为阶梯电流波形供电，如图 12-21 所示。细分控制可使步进电动机的步距角变小，从而提高步进电动机的控制精度。

图 12-22 为由硬件构成的一种细分驱动电路一相原理图。微型计算机可提供驱动电路所需信号，D/A 转换、逻辑部分接收计算机控制的脉冲分配信号，输出相应的电压基准和时序控制信号送到 PWM 的输入端。

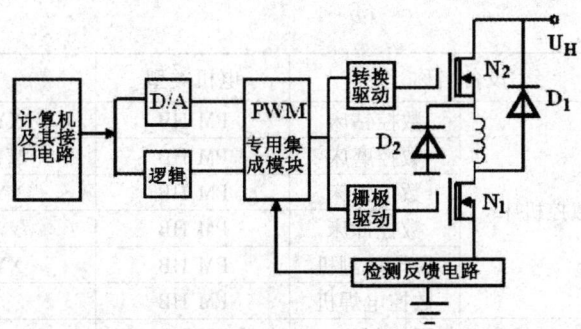

图 12 - 22　PWM 斩波细分驱动电路——相原理图

专用 PWM 电路将输入模拟量变换成输出频率固定但脉冲宽度可变的脉冲序列。微机输出的数值愈大，PWM 的脉宽越宽，产生的相电流和电动机转动的角度越大。当微机输出最大数据或 PWM 输出最宽脉冲时，步进电动机将转动一个步距角。若微机输出的数据为最大值的 $\frac{1}{64}$、$\frac{1}{32}$ 或 $\frac{1}{16}$，则电动机将以步距角的 $\frac{1}{64}$、$\frac{1}{32}$ 或 $\frac{1}{16}$ 的微步运动。

细分控制功放驱动电路特点是：
① 能提高步进电动机步距角的分辨率；
② 能使步进电动机运行平稳、提高匀速性并能减弱振荡、降低噪声；
③ 微机与硬件结合可制成智能化驱动器。

关于步进电动机的控制电路还有许多形式，如晶闸管功放电路、斩波型功放电路及调频调压功放电路等，此外市场上也有一体化步进电动机驱动电路。

4. 步进电动机应用

步进电动机在精密小型电动机、OA 机械、FA 机械和计算机外部设备等领域作为控制和驱动而被广泛利用。步进电动机的典型应用见表 12 - 1 所示。

表 12 - 1　　　　　步进电动机的典型应用

	设备名称	电机类型	使用位置
计算机外部设备	磁盘、磁头驱动器	PM	磁头
	打印机	PM	送纸、送色带、选纸
	XY 绘图仪	PM	XY 二个坐标位移
	电脑刻字机	PM	XY 二个坐标位移
	电脑雕刻机	PM	XYZ 三个坐标位移
	电脑雕花机	PM	XY 二个坐标位移
办公设备	传真机	PM	送纸、驱动器磁头
	复印机	PM	送纸、驱动器滚筒
	打字机	PM	定车、走纸
	扫描仪	PM	XY 二个坐标位移

续表

设备名称		电机类型	使用位置
工作机械	数控机床 — 数控钻床	PM HB	XYZ三个坐标位移
	数控机床 — 数控磨床	PM HB	磨头进给、拖板位移
	数控机床 — 数控铣床	PM HB	XYZ三个坐标位移
	数控机床 — 数控冲床	PM HB	自动进料
	数控机床 — 火焰切割机	PM HB	XYZ三个坐标位移
	数控机床 — 数控电焊机	PM HB	弧焊头
	轴承自动紧固控制	PM HB	紧固操作
	尼龙抽丝盘励光钻孔	PM HB	钻孔位移
	饮料罐装机	PM HB	送料进给、罐装位移
	数控椭圆齿轮成型机	PM HB	驱动转轴、变动刀具
	X-Y工作台	PM HB	X-Y定位
	自动纺织机(缝纫机)	PM HB	刻度切换
	包装设备	PM HB	包装及切纸
	包装设备	PM HB	大、小分捡
	舞台灯光	PM HB	灯光位移、旋转
	舞台灯光 — 数码扫描灯	PM HB	灯光位移、旋转
	舞台灯光 — 舞台摇头灯	PM HB	灯光位移、旋转
	医疗设备 — 核磁共振	PM HB	扫描位移
	医疗设备 — CT	PM HB	透视位移
	医疗设备 — B超	PM HB	透视位移
	医疗设备 — 输液器	PM HB	输液进量
	机器人	PM HB	机械位移
	产品编号机	PM HB	产品供给、编号
	地图标高仪	PM HB	XYZ三个坐标位移
	拉力强度试验机	PM HB	拉动位移
	记录仪	PM HB	字车、给纸

20世纪中叶,步进电动机的应用渗透到数字控制各个领域,尤其在数控机械中被广泛应用。步进电动机及其驱动器构成伺服驱动单元,它与微型计算机可构成开环点位控制、连续轨迹控制甚至半闭环控制等。经济型数控机床以微型计算机为控制核心,ISO数控标准代码编程,用软件实现数控装置全部功能,采用大功率步进电动机直接驱动机床工作台,组成了全数字化开环数控装置。

(1)在数控钻床中应用

数控钻床的工作方式是工作台沿X、Y两个方向移动,相对于钻头轴线进行坐标定位。定位精度由丝杆螺距、减速齿轮比及步进电动机步距角等决定。需要钻孔的零件(如模具)在工作上的定位固定后,起动钻床使工作台回到机械原点。而后,工作台移动根据事先编制的软件程序,由计算机发出的信号控制步进电动机先走X或Y,后走Y或X达到1个加工点,计算机收到中断请求信号后,通过输出口命令主轴头完成钻孔。主轴头退回原位后,产生一个新的中断,直到信号完成,全部孔加工完毕。计算机在收到最后1次主轴头复位信号,命令机床重新回到原点。此装置实际上属于点位控制系统。

(2)在计算机外部设备——磁头驱动系统中的应用

众所周知,磁盘驱动器通过磁头写入或读出数据,因而必须对磁头进行准确定位。通常磁头定位是先通过传动机构将步进电动机的旋转运动转换成直线运动,再驱动磁头沿盘面实现径向运动。

对软盘驱动而言,除要求步进电动机起、停速度快之外,还要求定位精度高。软盘驱动器是具有互换性的设备,即在一台软盘驱动器中记录的盘片应能在其他同样规格的驱动器上读出来,要求步进电动机驱动系统具有很高的定位精度,宜选用步距误差小于3%、静态转矩大、步进均匀的电动机产品。

高密度磁盘对定位精度要求更高。例如:标准5.25英寸(13.34mm)软盘有26个扇区,80条磁道,传送速率500kbits/s。在同样的旋转速度(360r/min)和传送速度下,使磁盘容量加倍,磁道密度必须加倍成为192道/英寸,即每面160条磁道。这时磁道宽度为$100\mu m$,磁道与磁道之间的距离很小。由于热膨胀、主轴电动机的偏心度、磁盘错位和步进电动机的定位误差等原因磁头和磁道很可能发生错位。采用常规办法不一定奏效。针对这一问题,行之有效的方案是采用更完善的磁道随动技术和微步距细分控制技术。

细分控制技术就是将步进电动机的一次整步运动细分为若干微步,每个微步走过的角度为整步(步距角)的$\frac{1}{N}$。通常绕组电流可按线性规律或正弦和余弦规律变化,此方案可采用类似线性的规律变化,即用梯形曲线近似正弦和余弦。磁道随动控制系统的原理框图如图12-23所示。

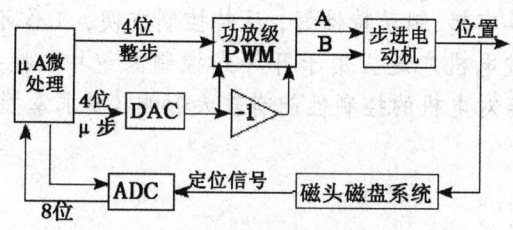

图12-23 磁道随动控制系统框图

步进电动机每转为400步,每步0.9°,1步对应走过相邻磁道之间的距离为$132\mu m$。每相绕组由具有电流反馈回路的PWM功率放大器供电。系统由μA微处理器控制。

【本章小结】

直流伺服电机的工作原理与普通直流电机相同,交流伺服电机的工作原理与两相交流电机相似。伺服电机在控制系统中,主要作为执行元件,因此要求伺服电机的起动、制动及跟随性能要好,交流伺服电机无控制电压时,应无自转现象。伺服电机的转子与普通电机不同,直流伺服电机的转子要求低惯量以保证起、制动特性;交流伺服电机除要求低惯量外,转子的电阻还要大,以克服自转现象。直流伺服电机输出功率大,交流伺服电机输出功率小。

直流伺服电机的控制方式比较简单,可通过控制电枢电压实现对直流伺服电机的控制。交流伺服电机的控制方式分为幅值控制、相位控制和幅相控制三种。三种控制方式中相位控制方式特性最好,幅相控制线路最简单。

测速发电机在自动控制系统中用作机械转速、加速度等的检测元件,将转速变为电压信号。它有交流测速发电机和直流测速发电机两大类。交流测速发电机是交流伺服电动机的逆运行。定子两套绕组中一套为励磁绕组,另一套为输出绕组。转子转动时,输出绕组输出一个与转速成正比的电压,但其频率与转速无关,仍等于励磁电流频率。交流测速发电机主要性能指标是幅值及相位误差、剩余电压误差。直流测速发电机实际上是一台小容量直流发电机,其空载输出电压与转速成正比。它存在因温度、电枢反应等影响而产生的线性误差。使用时负载电阻要大,转速不能超过额定值。

自整角机是同步传递系统中的关键元件,使用时需要成对使用,一个作为发送机,另一个作为接收机。自整角机有两种,一种为力矩式自整角机,另一种为控制式自整角机。控制式自整角机的精度比力矩式自整角机高,主要应用于随动系统;力矩式自整角机输出力矩大,可直接驱动负载,一般用于控制精度要求不高的指示系统。

步进电机是计算机控制系统中常用的执行元件,其作用是将控制脉冲信号转变为角位移或直线位移。步进电机具有起、制动特性好,反转控制方便,工作不失步,通过细分电路控制步距精度高等优点。步进电机广泛应用于开环式控制系统中,特别是数控机床的控制系统中。步进电机的驱动电路对电机的控制性能有较大影响,要求掌握各种驱动电路的特点和适用场合。

【思考题与习题】

12-1 什么叫伺服电机的自转现象?两相伺服电机如何防止自转?

12-2 如何从电磁关系上说明电枢控制方式和磁场控制方式直流伺服电动机的性能不同?

12-3 交流伺服电动机的理想空载转速为何总是低于同步转速?控制电压变化时,电动机的转速为何能发生变化?

12-4 何谓直流测速发电机的输出特性?理想输出特性和实际输出特性有何区别?为什么?

12-5 为什么直流测速发电机的转速不得高于规定的最高工作转速?负载电阻不能小于给定值?

12-6 什么是异步测速发电机的剩余电压?如何减小剩余电压?

第十二章 微控电机

12-7 什么是交流测速发电机的线性误和相位误差？产生的原因是什么？对这些误差可采取哪些措施来降低？

12-8 简要说明力矩式自整角机中发送机和接收机整步绕组中合成磁通势的性质。

12-9 力矩式自整角机运行过程中，整步绕组有一相断开，这时系统有无整步特性？

12-10 反应式步进电机的步距角如何计算？

12-11 步距角为 $1.5°/0.75°$ 的反应式三相六极步进电动机转子有多少个齿？若频率为 2000Hz，电动机转速是多少？

12-12 步进电机的转速与哪些因素有关？如何改变其转向？

12-13 影响步进电机性能的因素有哪些？使用时应如何改善步进电机的频率特性？

参考文献

1. 许实章主编. 电机学(上下册)(修订本). 北京:机械工业出版社,1990
2. 顾绳谷主编. 电机与电力拖动. 北京:机械工业出版社,1981
3. 谢明琛、张广溢主编. 电机学. 重庆:重庆大学出版社,2004

读者反馈意见

亲爱的读者:

感谢您对《电机技术应用》的支持和热爱,为了今后为您提供更好的服务,请您抽出宝贵的时间来填写下面的意见反馈表,以便我们更好地对本教材做进一步改进,同时如果您在使用本教材的过程中遇到了什么问题,或者有什么好的建议,也请您来信、来电告诉我们。

地址:北京市丰台区科学城南极星大厦108室

电话:010 - 61229894 / 83794403

电子邮箱:2568858787@qq.com　　QQ:649319527　　QQ:1694299827

教材名称:《电机技术应用》

个人资料:

姓名:_____年龄:_____所在院校/专业_____

文化程度:_____通讯地址:_____

联系电话:_____电子信箱:_____

您使用本书是作为:□指定教材□选用教材□辅导教材

您对封面设计的满意度:

□很满意□满意□一般□不满意□改进建议_____

您对本书印刷质量的满意度:

□很满意□满意□一般□不满意□改进建议_____

您对本书的总体满意度:

从语言质量角度看□很满意□满意□一般□不满意□

从科技含量角度看□很满意□满意□一般□不满意□

本书最令您满意的是:

□指导明确□内容充实□讲解详尽□实例丰富

您认为本书在哪些地方应进行修改?(可附页)

_____

_____

您希望本书在哪些方面可进行改进?(可附页)

_____

_____

读者反馈意见

尊敬的读者：

您好！感谢您购买我社的图书并阅读此反馈卡。为了更好地满足您的工作需要，进一步提高我们的图书策划和编辑出版水平，诚望您提出宝贵的意见和建议，并留下您所关心的领域和阅读建议的主要信息以便及时与您联系。本着对读者负责、对作者负责、对自己负责的精神，我社愿与读者和作者共同打造一批有价值的、高品质的图书。

地址：北京市丰台区南四环西路 128 号 诺德中心 2 号楼 A 座 108 室
电话：(010) 61229848，83701602
电子邮箱：13068537876@qq.com QQ：619319527 QQ：1694290627

资料名称：《海洋技术应用》
个人资料：
姓名：_____ 年龄：_____ 职业或职务：_____
文化程度：_____ 所在地区：_____
联系电话：_____ 电子信箱：_____
您通过哪本书获得本书：□ 书店 □ 书展 □ 图书目录 □ 邮寄 □ 网站
您选购本书的主要原因：
□ 封面装帧 □ 价格适中 □ 内容不错 □ 朋友介绍 □ 便于查找
您对本书印刷质量的满意度：
□ 非常满意 □ 满意 □ 一般 □ 不太满意 □ 不满意
您对本书内容的评价：
从结构与框架的严谨性上：□ 优秀 □ 良好 □ 一般 □ 较差 □
从难度深度理论性与实用性上：□ 满意 □ 一般 □ 不满意 □
本书最令您满意的是：
□ 内容新颖 □ 版式新颖 □ 图表精美大方 □ 装帧精美
您认为本书在各方面进行哪方面进行改进？（可简述）
_____
_____

您希望本书在哪些地方进行补充与改进？（可简述）
_____
_____